高职高专机电一体化专业规划教材

变频器原理及应用
(第2版)

徐　海　施利春　主　编

黄传金　孙佃升　王东辉　副主编

清华大学出版社

北　京

内 容 简 介

本书从变频器使用者的角度出发，从理论到实践，由浅入深地阐述了变频调速的基础知识、常用电力电子器件的选用、变频器的基本组成原理、电动机变频调速的机械特性、变频器的控制方式、变频调速系统主要电器的选用；重点阐述了变频器的操作、运行、安装、调试、维护及抗干扰，变频器在风机、水泵、中央空调、空气压缩机、提升机等方面的应用实例等。

本书注重实际、强调应用、结构合理、通俗易懂、取材新颖、叙述清晰，可作为高职高专院校工业自动化、电气工程及自动化、机电一体化、自动控制及其他相关专业的教材，也可供相关专业的工程技术人员参考。

图书在版编目(CIP)数据

变频器原理及应用/徐海，施利春主编. —2 版. —北京：清华大学出版社，2017(2025.1 重印)
(高职高专机电一体化专业规划教材)
ISBN 978-7-302-47075-5

Ⅰ. ①变… Ⅱ. ①徐… ②施… Ⅲ. ①变频器—高等职业教育—教材 Ⅳ. ①TN773

中国版本图书馆 CIP 数据核字(2017)第 114112 号

责任编辑： 陈冬梅
装帧设计： 王红强
责任校对： 宋延清
责任印制： 刘海龙
出版发行： 清华大学出版社
网　　址：https://www.tup.com.cn, https://www.wqxuetang.com
地　　址：北京清华大学学研大厦 A 座　　邮　　编：100084
社 总 机：010-83470000　　邮　　购：010-62786544
投稿与读者服务：010-62776969, c-service@tup.tsinghua.edu.cn
质量反馈：010-62772015, zhiliang@tup.tsinghua.edu.cn
课件下载：https://www.tup.com.cn，010-62791865
印 装 者： 三河市君旺印务有限公司
经　　销： 全国新华书店
开　　本： 185mm×260mm　　**印　　张：** 20.25　　**字　　数：** 416 千字
版　　次： 2010 年 9 月第 1 版　2017 年 6 月第 2 版　　**印　　次：** 2025 年 1 月第 8 次印刷
定　　价： 58.00元

产品编号：073264-02

前　言

变频器是将固定频率的交流电变换为频率连续可调的交流电的装置，其内部结构中含有微处理器芯片，可以进行算术逻辑运算和信号处理，具有多种自动控制功能。

变频器的问世，使电气传动领域发生了一场技术革命，即以交流调速取代直流调速。交流电动机变频调速技术具有节能、改善工艺流程、提高产品质量和便于自动控制等诸多优点，被国内外公认为是最有发展前途的调速方式。

本书第 1 版于 2010 年 9 月出版，该教材出版后，以其知识的实用性、内容的丰富性、编排的合理性，得到了教材使用者的广泛认同。在多年的教材使用过程中，我们一直不断地对教材内容进行审视，积累教材使用的经验，听取读者的意见；随着社会的发展，本书对应课程的教学要求也有了一定的变化。在本书第 2 版中，我们根据新的教育理念和实践，更新了部分内容，修正了相关的文字错误。

本书是一门实践性较强的综合性课程的教材。

通过该课程的理论教学和实践教学，能够使学生掌握电力电子器件、变频调速技术、变频器的应用与维护技术等多学科综合知识与基本技能，具备变频调速系统的设计、安装、调试、维护及设备改造的综合应用能力。课程的教学内容包括变频技术概述、常用电力电子器件介绍、变频调速的原理、电动机变频调速的机械特性、变频调速技术的应用、变频器的选择和参数的设置、变频器的安装与调试等。

本书由河南职业技术学院的徐海和施利春任主编，郑州工程技术学院的黄传金、滨州学院的孙佃升、河南职业技术学院的王东辉任副主编。徐海编写前言、第 4 章和第 6 章，施利春编写第 9 章，黄传金编写第 2 章和第 8 章，孙佃升编写第 3 章和第 5 章，王东辉编写第 1 章和第 7 章，刘成恩参与编写附录等。

在编写过程中，作者参阅了许多同行专家编著的文献，参考了部分变频器制造商提供的产品资料，在此一并表示衷心的感谢！

限于编者水平，不足之处在所难免，敬请广大读者批评指正。

编　者

目　录

第1章 绪　　论

本章要点

- 变频技术的发展过程。
- 变频技术及变频器发展的趋势。
- 变频器在不同方面的应用。

技能目标

- 会查阅有关变频器的相关文献。
- 能够分析比较不同厂家变频器的优缺点。
- 调查变频器在当地的使用情况。

变频器是将固定频率的交流电变换为频率连续可调的交流电的装置。变频器的问世，使电气传动领域发生了一场技术革命，即以交流调速取代直流调速。交流传动与控制技术是目前发展最迅速的技术之一，这是与电力电子器件制造技术、变流技术、控制技术、微型计算机和大规模集成电路的发展密切相关的。每当新一代的电力电子器件出现，体积更小、功能更强的新型变频器就会产生。每当出现新的微机控制技术时，功能更全、适应面更广和操作更加方便的一代新型变频器就会出现在市场上。

近 20 年来，传统中以功率晶体管(或称电力晶体管，GTR)为逆变器功率元件、8 位微处理器为控制核心、按压频比 *U/f* 控制原理实现异步电动机调速的变频器，在性能和品种上出现了巨大的技术进步。

首先是所用的电力电子器件 GTR 基本上被绝缘双极型晶体管 IGBT 所替代，进而广泛采用了性能更为完善的智能功率模块 IPM，使得变频器的容量和电压等级不断地扩大和提高；其次是 8 位微处理器基本上被 16 位微处理器所代替，进而又采用了功能更强的 32 位微处理器或双 CPU，使得变频器的功能从单一的变频调速功能发展为含有逻辑和智能控制的综合功能；最后是在改善压频比控制性能的同时，推出了能实现矢量控制和转矩直接控制的变频器，使得变频器不仅能实现调速，还可以进行伺服控制。

1.1 通用变频器的发展过程

通用变频器自 20 世纪 80 年代初问世以后，更新换代了 5 次。第一代是 20 世纪 80 年代初推出的模拟式通用变频器；第二代是 20 世纪 80 年代中期推出的数字式通用变频器；

第三代是 20 世纪 90 年代初推出的智能通用变频器；第四代是 20 世纪 90 年代中期推出的多功能通用变频器；21 世纪初研制上市了第五代集中型通用变频器。通用变频器的发展情况具有下列特点。

1.1.1 通用变频器的应用范围不断扩大

通用变频器不仅在工业的各个行业中广泛应用，就连家庭也逐渐成为通用变频器的应用市场。正因为通用变频器的应用范围不断扩大，使其产品向以下三个方向发展。

(1) 向无需调整便能得到最佳运行的多功能与高性能变频器方向发展。

(2) 向通过简单控制就能运行的小型及操作方便的变频器方向发展。

(3) 向大容量、高启动转矩及具有环境保护功能的变频器方向发展。

1.1.2 通用变频器使用的功率器件不断更新换代

变频技术是建立在电力电子技术基础之上的。在低压交流电动机的传动控制中，应用最多的器件有 GTO(门极可关断晶闸管)、GTR、IGBT(绝缘栅双极型晶体管)及 IPM(Intelligent Power Module，智能功率模块)。IGBT 集 GTR 的低饱和电压特性和 MOSFET(金属氧化物半导体场效应晶体管)的高频开关特性于一体。后两种器件是目前通用变频器中广泛使用的主流功率器件。由于采用沟道型栅极技术、非穿通技术等方法，大幅度降低“集电极—发射极”之间饱和电压产品的问世，使得变频器的性能有了很大的提高。20 世纪 90 年代又出现了一种新型半导体开关器件——集成门极换流晶闸管(Integrated Gate Commutated Thyristor，IGCT)，该器件是 GTO 和 IGBT 结合的产物。总之，电力电子器件正朝着发热少、高载波控制、开关频率高和驱动功率小的方向发展。

IPM 的投入应用大约比 IGBT 晚两年，由于 IPM 包含了 IGBT 芯片及外围驱动和保护电路，甚至还把光耦合器也集成于一体，因此是一种比较好用的集成型功率器件。目前，在模块额定电流 10~600A 范围内，通用变频器均有采用 IPM 的趋势，其优点如下。

(1) 开关速度快，驱动电流小，控制驱动更为简单。

(2) 内含电流传感器，可以高速地检测出过电流和短路电流，能对功率芯片给予足够的保护，故障率大大降低。

(3) 由于在器件内部电源电路和驱动电路的配线设计上做到了优化，所以浪涌电压、门极振荡、噪声引起的干扰等问题能有效地得到控制。

(4) 保护功能较为丰富，如电流保护、电压保护、温度保护一应俱全。

(5) IPM 的售价已逐渐接近 IGBT，在许多场合中，其性价比已经超过了 IGBT，有很好的经济性。

为此，当 IPM 在工业变频器中被大量采用之后，经济型的 IPM 在近几年也开始在一些民用品，如家用空调变频器、冰箱变频器、洗衣机变频器中得到应用；IPM 通过内部自举电路可单电源供电，并采用了低电感的封装技术，在实现系统小型化、专用化、高性能、低成本方面又迈进了一步。

1.1.3 控制方式不断发展

早期通用变频器大多数采用开环恒压频比(*U/f*)的控制方式，其优点是控制结构简单、成本较低；缺点是系统性能不高，比较适合应用在风机、水泵的调速场合。具体地说，其控制曲线随着负载的变化而变化；转矩响应慢，电动机转矩利用率不高，低速时因定子电阻和逆变死区效应的存在而使性能下降、稳定性变差等。

变频器控制方式主要经历了以下三个阶段。

(1) 第一阶段：20 世纪 80 年代初，日本学者提出了基本磁通轨迹的电压空间矢量(或称磁通轨迹法)。该方法以三相波形的整体生成效果为前提，以逼近电动机气隙的理想圆形旋转磁场轨迹为目的，一次生成二相调制波形。这种方法被称为电压空间矢量控制。如富士公司的 FRN5000G5/P5、Sanken 公司的 MF 系列变频器，就是采用这种控制技术。

(2) 第二阶段：矢量控制，也称磁场定向控制。它是 20 世纪 70 年代初由西德(即联邦德国)的 F.Blasschke 等人首先提出来的，他们以直流电动机和交流电动机相比较的方法，阐述了这一原理，由此开创了交流电动机和等效直流电动机控制的先河。它使人们看到，交流电动机尽管控制复杂，但同样可以实现转矩、磁场独立控制的内在本质。矢量控制的基本点是控制转子磁链，以转子磁通定向，然后分解定子电流，使之成为转矩和磁场两个分量，经过坐标变换，实现正交或解耦控制。从 1992 年开始，德国西门子公司开发了 6SE70 通用型系列变频器，通过 FC、VC、SC 板，可以分别实现频率控制、矢量控制、伺服控制，并于 1994 年将该系列变频器的容量扩展至 315kW 以上。

(3) 第三阶段：1985 年，德国鲁尔大学 Depenbrock 教授首先提出直接转矩控制理论(Direct Torque Control，DTC)。直接转矩控制与矢量控制不同，它不是通过控制电流、磁链等量来间接控制转矩，而是把转矩直接作为被控量来控制。转矩控制的优越性在于：转矩控制是控制定子磁链，在本质上并不需要转速信息，控制上对除定子电阻外的所有电动机参数变化鲁棒性良好；所引入的定子磁链观测器能很容易估算出同步速度信息，因而能方便地实现无速度传感器，这种控制被称为无速度传感器直接转矩控制。1995 年，ABB 公司首先推出的 ACS600 直接转矩控制系列变频器，已达到小于 2ms 的转矩响应速度，在带 PG(速度传感器)时的静态速度精度达 0.01%；在不带 PG 的情况下，即使受到输入电压变化或负载突变的影响，同样可以达到 0.1%的速度控制精度。

1.1.4 PWM 控制技术的进一步发展

PWM(脉冲宽度调制)控制技术一直是变频技术中的核心技术之一。从最初采用模拟电路完成三角调制波和参考正弦波比较，产生正弦脉宽调制 SPWM 信号以控制功率器件的开关开始，到目前采用全数字化方案完成优化的实时在线 PWM 信号输出，PWM 在各种应用场合仍占主导地位，并一直是人们研究的热点。

由于 PWM 可以同时实现变频变压反抑制谐波的特点，因此，在交流传动乃至其他能量交换系统中得到了广泛的应用。PWM 控制技术大致可以分为三类：正弦 PWM(包括电压、电流的正弦为目标的各种 PWM 方案)、优化 PWM 和随机 PWM。正弦 PWM 已广为人知，因其可以改善输出电压和电流波形、降低电源系统谐波，在大功率变频器中具有独特的优势。优化 PWM 追求实现电路谐波畸变率(THD)最小、电压利用率最高、效率最优、转矩脉动最小及其他特定的优化目标。随机 PWM 的原理是随机改变开关频率，使电动机电磁噪声近似为限带白噪声(在线性频率坐标中，各频率能量的分布是均匀的)，尽管噪声的总分贝数未变，但以固定开关频率为特征的有色噪声强度大大减弱。对于载波频率必须限制在较低频率的场合，随机 PWM 仍然有其特殊的价值(DTC 控制即为一例)；另一方面，消除机械和电磁噪声的最佳方法不是盲目地提高工作频率，因为随机 PWM 技术提供了一个分析、解决问题的全新思路。目前，采用磁通矢量控制技术的变频器，其调速性能已达到直流电动机调速的水平。

1.2 变频器的发展趋势

作为交流电动机变频调速用的高新技术产品，各种国产和进口的通用变频器在国民经济的各个部门里得到了广泛的应用。“通用”一词有两个方面的含义：首先是，这种变频器可以用来驱动通用型交流电动机，而不一定使用专用变频电动机；其次是，通用变频器具有各种可供选择的功能，能适应许多不同性质的负载机械。通用变频器也是相对于专用变频器而言的，专用变频器是专为某些有特殊要求的负载机械而设计制造的。如某些纺织专用变频器，要求其输出频率在额定频率上、下平滑地做周期性变化，变化的周期和幅度均可调(俗称横动功能)。又如电梯专用变频器，要求可以四象限运行；要求频率的上升和下降速率呈 S 形，以使电梯轿厢平稳地加速和减速。但专用变频器的价格较贵，大部分负载机械都选用通用变频器。

随着电力电子器件的自关断、模块化发展，变流电路开关模式的高频化发展，以及全数字化控制技术和微型计算机(如单片机)的应用，变频器的体积变得越来越小，性能越来越高，功能不断加强。目前，中小容量(600kVA 以下)的一般用途变频器已经实现了通用化。交流变频器是强、弱电混合，机电一体化的综合性调速装置。它既要进行电能的转换(整流、逆变)，又要进行信息的收集、变换和传输。它不仅要解决高电压、大电流有关的技术问题和新型电力电子器件的应用问题，还要解决控制策略和控制理论等问题。目前，变频器主要朝以下 5 个方向发展。

1.2.1　高水平的控制

目前，通用变频器的控制技术中比较典型的有：*U/f*(压频比)恒定控制、转差频率控制、矢量控制和直接转矩控制。除以上 4 种之外，还有基于现代控制理论的滑模变频结构技术、模型参考自适应技术、非线性解耦合鲁棒观测器技术、在某些指标意义下的最优控制技术、逆奈奎斯特阵列技术，基于智能控制的模糊控制、神经网络、专家系统以及各种自优化和自诊断技术等。

1.2.2　主电路逐步向集成化、高频化和高效率发展

集成化的主要措施，是把功率元件、保护元件、驱动元件、检测元件进行大规模的集成，变为一个 IPM 智能功率模块，其体积小、可靠性高、价格低。IPM 可以说是智能化的 IGBT，它把 IGBT 功能元件、驱动电路和保护电路集成在一个芯片上，以前上千个元件组成的各种电路，现在用一个芯片即可替代，这样，变频器的失效率就由原来几千个元件的失效率，变为一个元件的失效率，而可靠性则提高到原来的几千倍；同时，集成化减少了制造时的大量焊接点，也使可靠性提高，使用寿命延长。目前，用 IPM 制造的变频器也开始批量生产。

高频化主要是开发高性能的 IGBT 产品，提高开关频率。目前，开关频率已提高到 10~15kHz，基本上消除了电动机运行时的噪声。

提高效率的主要办法是减少开关元件的发热损耗，通过降低 IGBT 集电极—发射极间的饱和电压来实现。其次，用可控二极管整流，采取各种措施，设法使功率因数增加到 1。现在又开发了一种新型的采用 PWM 控制方式的自换相变流器，并已成功地用作变频器中的网侧变流器，其电路结构与逆变器完全相同，每个桥臂均由一个自关断器件和一个二极管并联组成。其特点是：直流输出电压连续可调，输入电流(网侧电流)波形基本为正弦，功率因数可保持为 1，并且能量可以双向流动。

1.2.3　控制量由模拟量向数字量发展

由变频器供电的调速系统是一个快速系统，在使用数字控制时，要求的采样频率较高，通常高于 1kHz，常需要完成复杂的操作控制、数学运算和逻辑判断，所以要求单片机具有较大的存储容量和较强的实时处理能力。全数字控制方式使得信息处理能力大幅度增强。从前采用模拟控制方式无法实现的复杂控制，在今天都已通过数字控制成为现实，使可靠性、可操作性、可维修性及功能得以充实。微机和大规模集成电路的引入，对于变频器的通用化起到了决定性的作用。

全数字控制具有以下特点。

(1) 控制精度高。微处理器的精度与字长有关，通用变频器使用 16 位甚至 32 位微处理器作为控制器，其精度不断提高。

(2) 稳定性好。控制信息为数字量，与模拟控制手法不同，它一般不会因温度和环境条件而发生变化。

(3) 可靠性高。由于采用了大规模集成电路，系统的硬件连线较为简单，硬件数量也大大减少，这样，故障率也就大大降低了。

(4) 存储能力强。调速装置中大量使用高性能的单片机，系统存储容量增大，存放时间可以不受限制，这一点是模拟系统无法比拟的。利用这一特点，可在存储器中存放大量的数据表格，应用查表法简化计算，从而提高运算速度。

(5) 适应能力强。调速系统中的硬件逐步向标准化、集成化方向发展，同时，可以在硬件尽可能少的情况下，由软件去完成复杂的控制功能。这样，适当修改软件，就可以改变系统的功能，以适应不同的控制对象。

(6) 逻辑运算能力强。容易实现自诊断、故障记录、故障查找等功能，使变频装置的可靠性、可使用性、可维修性大大提高。

1.2.4 向多功能化和高性能化发展

多功能化和高性能电力电子器件和控制技术的不断进步，使变频器向多功能化和高性能化方向发展。特别是微机的应用，以其简单的硬件机构和丰富的软件功能，为变频器的多功能化和高性能化提供了可靠的保证。

8 位、16 位 CPU 奠定了通用变频器全数字控制的基础。32 位数字信号处理器(Digital Signal Processor，DSP)的应用，将通用变频器的性能提高了一大步，实现了转矩控制，推出了“无跳闸”功能。目前，新型变频器开始采用新的精简指令计算机(Reduced Instruction Set Computer，RISC)，将指令执行时间缩短到纳秒级。据报道，RISC 的运算速度可达每秒 10 亿次，相当于巨型计算机的水平。指令计算时间为 1ns 量级，是一般微处理器无法比拟的。有的变频器以门 RISC 为核心进行数字控制，可以支持无速度传感器的矢量控制算法、转速估计运算、PID 调节器的在线实时运算。

正是由于全数字控制技术的实现，并且运算速度不断提高，使通用变频器的性能不断提高，功能不断增加。

目前，出现了一种“多控制方式”的通用变频器，如安川公司的 VS616-G5 变频器就有无 PG(脉冲发生器)的 *U/f* 控制、有 PG 的 *U/f* 控制、无 PG 的矢量控制和有 PG 的矢量控制 4 种控制方式。通过控制面板，可以设定上述 4 种控制方式中的一种，以满足用户的需要。

1.2.5　向大容量和高压化发展

目前，高压大容量变频器主要有两种结构：一是采用升降压变压器的“高—低—高”式变频器，也称间接高压变频器；另一种是无输出变压器的“高—高”式变频器，也称直接高压变频器。后者省掉了输出变压器，减小了损耗，提高了效率，同时也减少了安装空间，它是大容量电动机调速驱动的发展方向。

随着新型电力电子器件应用技术(如可关断驱动技术、双 PWM 技术、软开关 PWM 变流技术及现代控制技术、多变量解耦控制技术、自适应技术等)的应用，变频器一定会发展到一个更高、更新的水平。

1.3　变频器的应用

变频调速已被公认为是最理想、最有发展前途的调速方式之一，它的应用主要在以下几个方面。

1.3.1　变频器在节能方面的应用

风机、泵类负载采用变频调速后，节电效率可达 20%~60%，这是因为风机、泵类负载的耗电功率基本与转速的 3 次方成正比。当用户需要的平均流量较小时，风机、泵类采用变频调速使其转速降低，节能效果非常可观。

而传统的风机、泵类采用挡板和阀门进行流量调节，电动机的转速基本不变，耗电功率变化不大。

据统计，风机、泵类电动机的用电量占全国用电量的 31%，占工业用电量的 50%。在此类负载上使用变频调速装置具有非常重要的意义。

以节能为目的的变频器的应用，在最近几十年来，发展非常迅速，据有关方面统计，我国已经进行变频调速改造的风机、泵类负载的容量约占总容量的 5%以上，年节电约 4×10^{10}kW·h。

由于风机、水泵、压缩机在采用变频调速后，可以节省大量电能，所需的投资在较短的时间内就可以收回，因此，在这一领域中，变频调速应用得最多。目前应用较成功的有恒压供水、各类风机、中央空调和液压泵的变频调速。

特别值得指出的是，恒压供水，由于使用效果很好，现在已经成为典型的变频控制模式，广泛应用于城乡生活用水、消防、喷灌等。恒压供水不仅可以节省大量电能，而且延长了设备的使用寿命，使用操作也更加方便。

此外，一些家用电器，如冰箱、空调等，采用变频调速，也取得了很好的节能效果。

1.3.2 变频器在自动化系统中的应用

由于变频器内置有 32 位或 16 位的微处理器，具有多种算术逻辑运算和智能控制功能，输出频率精度高达 0.1%~0.01%，还设置有完善的检测、保护环节，因此，在自动化系统中获得广泛的应用。例如，化纤工业中的卷绕、拉伸、计量、导丝；玻璃工业中的平板玻璃退火炉、玻璃窑搅拌、拉边机、制瓶机；电弧炉自动加料、配料系统以及电梯的智能控制等。

1.3.3 变频器在提高工艺水平和产品质量方面的应用

变频器可以广泛应用于传送、起重、挤压和机床等各种机械设备控制领域，它可以提高工艺水平和产品质量，减少设备的冲击和噪声，延长设备的使用寿命。采用变频调速控制后，可以使机械系统简化，操作和控制更加方便，有的甚至可以改变原有的工艺规范，从而改善了整个设备的功能。例如，纺织和许多行业用到定型机，机内温度是靠改变送入热风的多少来调节的。输送热风通常用的是循环风机，由于风机速度不变，送入热风的多少只能用风门来调节。如果风门调节失灵或调节不当，就会造成定型机失控，从而影响产品质量。循环风机高速启动，传送带与轴承之间磨损非常厉害，使传送带变成了一种易耗品。在采用变频调速后，温度调节可以通过变频器自动调节风机的速度来实现，解决了产品的质量问题；此外，变频器可以很方便地实现风机在低频低速下的启动问题，减少了传送带与轴承之间的磨损，延长了设备的寿命，同时可以节能 40%。

本章小结

电力电子器件是变频器发展的基础，计算机技术和自动控制理论是变频器发展的支柱，电力电子器件由最初的半控器件 SCR，发展为全控器件 GTO 晶闸管、GTR、MOSFET、IGBT，近年来又研制出 IPM，单个器件的电压值和电流值的定额越来越大，工作速度越来越高，驱动功率和管耗越来越小。变频器内部的核心控制由单片机完成，这些新技术和自动控制新理论，使得变频器的容量越来越大，功能越来越强。

市场需求也是变频器发展的动力，据测算，我国潜在变频调速市场在 1×10^8kW 以上。

变频器技术的发展趋势为智能化、专门化、一体化和环保低噪。

变频调速已被公认为最理想、最有发展前途的调速方式之一，它的应用主要在节能、自动化系统及提高工艺水平和产品质量等方面。

思考与练习

(1) 什么是变频器？

(2) 为什么说电力电子器件是变频器发展的基础？

(3) 为什么说计算机技术和自动控制理论是变频器发展的支柱？

(4) 变频器的发展趋势如何？

(5) 简述变频器的应用。

第2章　电力电子器件

本章要点

- 常用电力电子器件的结构和工作原理。
- 常用电力电子器件的应用特点。
- 智能电力模块及其应用。

技能目标

- 会分析常用电力电子器件的特性曲线。
- 掌握常用电力电子器件的测试方法。
- 会利用相关设备做电力电子器件的试验。

2.1　电力二极管

电力二极管(Power Diode，PD)是指可以承受高电压、大电流，具有较大耗散功率的二极管，它与其他电力电子器件相配合，作为整流、续流、电压隔离、钳位或保护元件，在各种变流电路中发挥着重要的作用。

电力二极管与小功率二极管的结构、工作原理和伏安特性相似，但它的主要参数的规定、选择原则等不尽相同，使用时应当引起注意。

2.1.1　结构与伏安特性

1．结构

电力二极管的内部结构也是一个 PN 结，其面积较大，最新研制出的特殊二极管(如快速恢复二极管)，在制作工艺上有新的突破，使开关时间大为减少。

电力二极管引出两个极，分别称为阳极 A 和阴极 K，使用的符号也与中、小功率二极管一样，如图 2.1 所示。由于电力二极管的功耗较大，它的外形有螺旋式和平板式两种。螺旋式二极管的阳极紧拴在散热器上。平板式二极管又分为风冷式和水冷式，它的阳极和阴极分别由两个彼此绝缘的散热器紧紧夹住。

2．伏安特性

电力二极管的阳极和阴极间的电压和流过的电流之间的关系称为伏安特性，如图 2.2 所示。当从零逐渐增大二极管的正向电压时，一开始，阳极电流很小，这一段特性曲线很靠近横坐标轴。当正向电压大于 0.5V 时，正向阳极电流急剧上升，二极管正向导通，如果电路中不接限流元件，二极管将被烧毁。

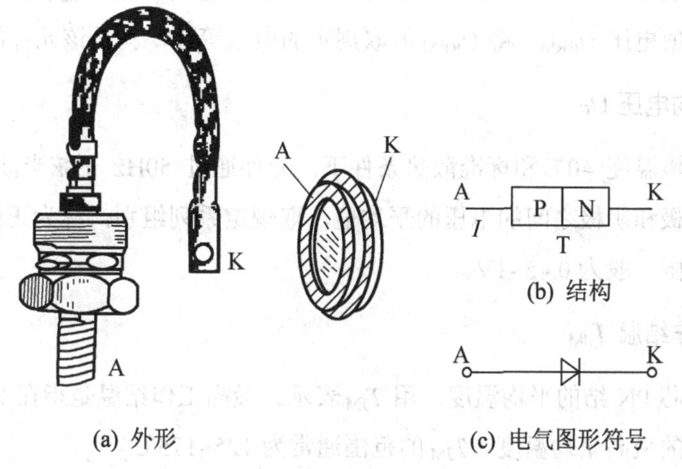

(a) 外形　(b) 结构　(c) 电气图形符号

图 2.1　电力二极管的外形、结构和电气图形符号

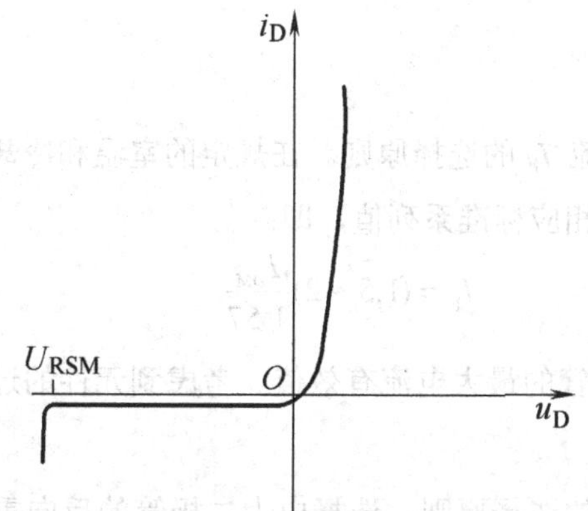

图 2.2　电力二极管的伏安特性

当二极管加上反向电压时，起始段的反向电流也很小，而且随着反向电压的增大，反向电流只略有增加，但当反向电压增加到反向不重复电压值时，如图 2.2 中的 U_{RSM} 所示，反向漏电流开始急剧增加。同样，如果对反向电压不加限制的话，二极管将被击穿而损坏。

2.1.2　主要参数

1. 额定电流(正向平均电流)I_F

在规定的环境温度为 40℃和标准散热条件下，元件 PN 结的温度稳定且不超过 140℃时，允许长时间连续流过 50Hz 正弦半波的电流平均值，取规定系列的电流等级，即为元件的额定电流。

2．反向重复峰值电压 U_{RRM}

在额定结温条件下，取元件反向伏安特性不重复峰值电压值 U_{RSM}(见图 2.2)的 80%，称为反向重复峰值电压 U_{RRM}。将 U_{RRM} 值取规定的电压等级，就是该元件的额定电压。

3．正向平均电压 U_F

在规定的环境温度 40℃和标准散热条件下，元件通过 50Hz 正弦半波额定正向平均值电流时，元件阳极和阴极之间的电压的平均值，取规定系列组别，称为正向平均电压 U_F，简称管压降，范围一般为 0.45~1V。

4．最高工作结温 T_{JM}

结温是指管芯 PN 结的平均温度，用 T_{JM} 表示。最高工作结温是指在 PN 结不致损坏的前提下所能承受的最高平均温度。T_{JM} 的范围通常为 125~175℃。

2.1.3　电力二极管的参数选择及使用注意事项

1．参数选择

(1) 额定正向平均电流 I_F 的选择原则。在规定的室温和冷却条件下，额定正向平均电流 I_F 可按式(2-1)计算后取相应标准系列值，即：

$$I_F = (1.5 \sim 2)\frac{I_{DM}}{1.57} \tag{2-1}$$

式中 I_{DM} 为流经二极管的最大电流有效值。考虑到元件的过载能力较小，因此选择时考虑 1.5~2 倍的安全余量。

(2) 额定电压 U_{RRM} 的选择原则。选择电力二极管的反向重复峰值电压 U_{RRM} 的原则是，电力二极管所工作的电路中可能承受的最大反向瞬时值电压 U_{DM} 的 2~3 倍，即：

$$U_{RRM} = (2 \sim 3)U_{DM} \tag{2-2}$$

使用时取相应系列值。

2．电力二极管使用时的注意事项

(1) 必须保证规定的冷却条件，如强迫风冷。如不能满足规定的冷却条件，必须降低使用的容量。如规定风冷元件使用在自冷条件时，只允许用到额定电流的 1/3 左右。

(2) 平板形元件的散热器一般不应自行拆装。

(3) 严禁用兆欧表检查元件的绝缘情况。如需检查整机的耐压，应将元件短接。

2.2 晶 闸 管

晶闸管(Silicon Controlled Rectifier，SCR)是硅晶体闸流管的简称，包括普通晶闸管、双向晶闸管、可关断晶闸管、逆导晶闸管和快速晶闸管等。普通晶闸管又叫可控硅，常用SCR表示，国际通用名称为Thyristor，简写为T。

2.2.1 晶闸管的外形和图形符号

晶闸管的种类很多，从外形上看，主要有螺栓形和平板形两种，如图 2.3(a)、(b)所示。3 个引出端分别叫作阳极 A、阴极 K 和门极 G，门极又叫控制极。晶闸管的图形符号如图 2.3(c)所示。

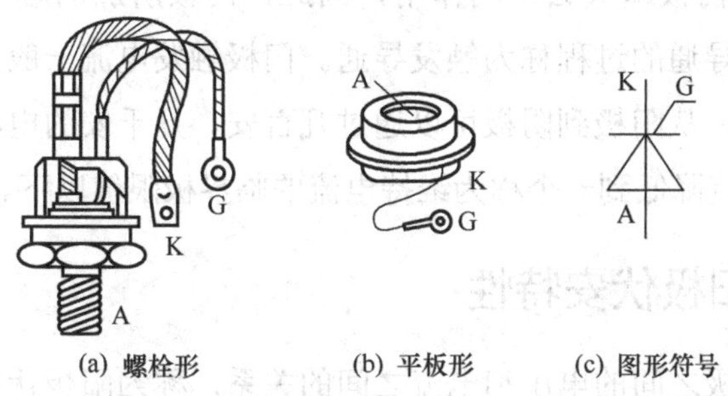

图 2.3 晶闸管的外形和图形符号

2.2.2 晶闸管的工作原理

晶闸管是四层(P_1、N_1、P_2、N_2)的三端器件，有 J_1、J_2、J_3 三个 PN 结，如图 2.4(a)所示。如果把中间的 N_1 和 P_2 分为两部分，就构成了一个 NPN 型晶体管和一个 PNP 型晶体管的复合管，如图 2.4(b)所示。

晶闸管具有单向导电特性和正向导通的可控性。需要导通时，必须同时具备以下两个条件。

(1) 在晶闸管的“阳极—阴极”之间加正向电压。

(2) 在晶闸管的“门极—阴极”之间加正向触发电压，且有足够的门极电流。

晶闸管承受正向阳极电压时，为使晶闸管从关断变为导通，必须使承受反向电压的PN 结失去阻断作用。

如图 2.4(c)所示，每个晶体管的集电极电流是另一个晶体管的基极电流。两个晶体管相互复合，当有足够的门极电流 I_g 时，就会形成强烈的正反馈，即：

$$I_g \uparrow \rightarrow I_{b2} \uparrow \rightarrow I_{c2} \uparrow = I_{b1} \uparrow \rightarrow I_{c1} \rightarrow I_{b2} \uparrow$$

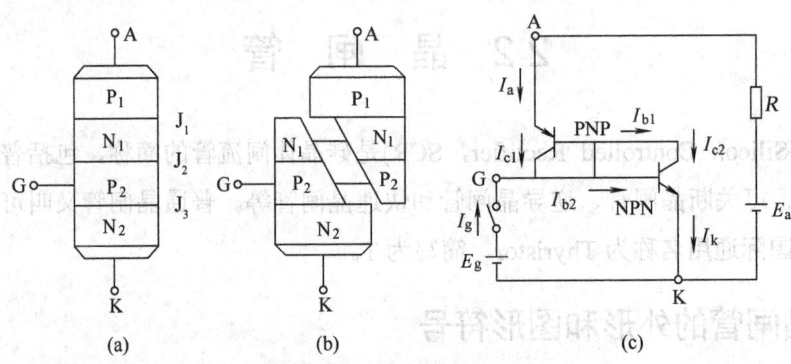

图 2.4　晶闸管的内部工作过程

这时，两个晶体管迅速饱和导通，即晶闸管饱和导通。

晶闸管一旦导通，门极即失去控制作用，因此，门极所加的触发电压一般为脉冲电压。晶闸管从阻断变为导通的过程称为触发导通。门极触发电流一般只有几十毫安到几百毫安，而晶闸管导通后，从阳极到阴极可以通过几百安、几千安的电流。要使导通的晶闸管阻断，必须将阳极电流降低到一个称为维持电流的临界极限值以下。

2.2.3　晶闸管的阳极伏安特性

晶闸管的阳极与阴极之间的电压和电流之间的关系，称为阳极伏安特性。其伏安特性曲线如图 2.5 所示。

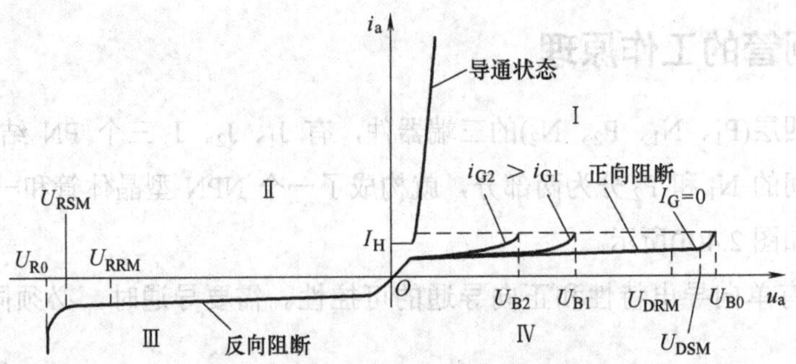

图 2.5　晶闸管的阳极伏安特性曲线

在图 2.5 中，第 I 象限为正向特性，当 i_a=0 时，如果在晶闸管两端所加的正向电压 u_a 未增加到正向转折电压 U_{B0} 时，器件处于正向阻断状态，只有很小的正向漏电流。当 u_a 增加到 U_{B0} 时，则漏电流急剧增大，器件导通，正向电压降低，其特性与二极管的正向伏安特性相仿。通常不允许采用这种方法使晶闸管导通，因为这样重复多次会造成晶闸管损坏。一般采用对晶闸管门极加足够大的触发电流使其导通，门极触发电流越大，正向转折电压就越低。晶闸管的反向伏安特性如图 2.5 中第Ⅲ象限所示，处于反向阻断状态时，只有很小的反向漏电流，当反向电压超过反向击穿电压 U_{R0} 后，反向漏电流急剧增大，造成晶闸管反向击穿而损坏。

2.2.4　晶闸管的参数

为了正确选择和使用晶闸管，需要理解和掌握晶闸管的主要参数。

1. 额定电压 U_{TM}

由图 2.5 所示晶闸管的阳极伏安特性曲线可见，当门极开路，器件处于额定结温时，根据所测定的正向转折电压 U_{B0} 和反向击穿电压 U_{R0}，由制造厂家规定减去某一数值(通常为 100V)，分别得到正向不可重复峰值电压 U_{DSM} 和反向不可重复峰值电压 U_{RSM}，再各乘以 0.9，即得到正向断态重复峰值电压 U_{DRM} 和反向阻断重复峰值电压 U_{RRM}。将 U_{DRM} 和 U_{RRM} 中较小的那个值取整后，作为该晶闸管的额定电压值。

晶闸管使用时，若外加电压超过反向击穿电压，会造成器件永久性损坏。若超过正向转折电压，器件就会误导通，经数次这种导通后，也会造成器件损坏。此外，器件的耐压还会因散热条件恶化和结温升高而降低。

因此，选择时，应注意留有充分的裕量，一般应按工作电路中可承受到的最大瞬时值电压 U_{TM} 的 2~3 倍来选择晶闸管的额定电压 U_{TN}，即：

$$U_{TN} = (2\sim3)\,U_{TM} \tag{2-3}$$

2. 额定电流 $I_{T(AV)}$

晶闸管的额定电流也称为额定通态平均电流，即在环境温度为 40℃和规定的冷却条件下，晶闸管在导通角不小于 170° 的电阻性负载电路中，当不超过额定结温且稳定时，所允许通过的工频正弦半波电流的平均值。将该电流按晶闸管标准电流系列取值，称为该晶闸管的额定电流。

由于晶闸管的过载能力差，实际应用时，额定电流一般取 1.5~2 倍的安全裕量，即：

$$I_{T(AV)} = (1.5\sim2)I_T/1.57 \tag{2-4}$$

式中 I_T 为正弦半波电流的有效值。

3. 通态平均电压 $U_{T(AV)}$

当晶闸管中流过额定电流并达到稳定的额定结温时，阳极与阴极之间电压的平均值，称为通态平均电压。当额定电流大小相同，而通态平均电压较小时，晶闸管的耗散功率也较小，该管子的质量较好。

4. 其他参数

(1)　维持电流 I_H。在室温下，当门极断开时，器件从较大的通态电流降至维持通态所必需的最小电流称为维持电流。它一般为几毫安到几百毫安。

维持电流与器件的容量、结温有关，器件的额定电流越大，维持电流也越大。结温低时维持电流大。

(2) 擎住电流 I_L。晶闸管刚从断态转入通态就去掉触发信号，能使器件保持导通所需要的最小阳极电流称为擎住电流。一般擎住电流 I_L 为维持电流 I_H 的几倍。

(3) 通态浪涌电流 I_{TSM}。由电路异常情况引起的，并使晶闸管结温超过额定值的不重复性最大正向通态过载电流称为通态浪涌电流，用峰值表示。

(4) 断态电压临界上升率 du/dt。在额定结温和门极开路情况下，不使器件从断态到通态转换的阳极电压最大上升率，称为断态电压临界上升率。

(5) 通态电流临界上升率 di/dt。在规定条件下，晶闸管在门极触发导通时所能承受的不导致损坏的最大通态电流上升率，称为通态电流临界上升率。

2.2.5 晶闸管的门极伏安特性及主要参数

1. 门极伏安特性

门极伏安特性是指门极电压与电流的关系，晶闸管的门极和阴极之间只有一个 PN 结，所以电压与电流的关系与普通二极管的伏安特性相似。门极伏安特性曲线如图 2.6 所示。

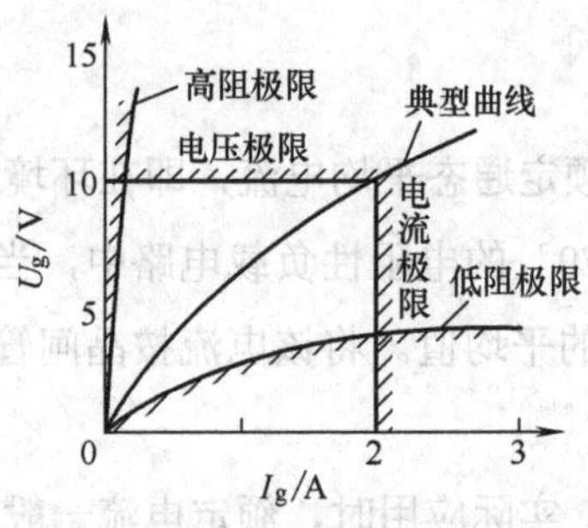

图 2.6 晶闸管的门极伏安特性

同一型号的晶闸管，门极伏安特性曲线呈现较大的离散性，通常以高阻和低阻两条特性曲线为边界，划定一个区域，其他的门极伏安特性曲线都处于这个区域内。该区域又分为不触发区、不可靠触发区及可靠触发区。

2. 门极的主要参数

(1) 门极不触发电压 U_{GD} 和门极不触发电流 I_{GD}。不能使晶闸管从断态转入通态的最大门极电压，称为门极不触发电压 U_{GD}，相应的最大门极电流称为门极不触发电流 I_{GD}。显然，小于该数值时，处于断态的晶闸管不可能被触发导通，当然，干扰信号应限制在该数值以下。

(2) 门极触发电压 U_{GT} 和门极触发电流 I_{GT}。在室温下，对晶闸管加上一定的正向阳极电压时，使器件由断态转入通态所必需的最小门极电流，称为门极触发电流 I_{GT}，相应的门极电压称为门极触发电压 U_{GT}。

需要说明的是，为了保证晶闸管触发的灵敏度，各生产厂家的 U_{GT} 和 I_{GT} 的值不得超过标准规定的数值，但对用户而言，设计的实用触发电路提供给门极的电压和电流应适当大于标准值，才能使晶闸管可靠地触发导通。

(3) 门极正向峰值电压 U_{GM}、门极正向峰值电流 I_{GM} 和门极峰值功率 P_{GM}。在晶闸管触发过程中，不会造成门极损坏的最大门极电压、最大门极电流和最大瞬时功率，分别称为门极正向峰值电压 U_{GM}、门极正向峰值电流 I_{GM} 和门极峰值功率 P_{GM}。

2.3　门极可关断晶闸管

门极可关断(Gate Turn-Off，GTO)晶闸管，具有普通晶闸管的全部优点，如耐压高、电流大、控制功率小、使用方便和价格低等；但它具有自关断能力，属于全控器件。在质量、效率及可靠性方面有着明显的优势，成为被广泛应用的自关断器件之一。

2.3.1　GTO 晶闸管的结构

门极可关断晶闸管的结构与普通晶闸管相似，也为 PNPN 四层半导体结构、三端(阳极 A、阴极 K、门极 G)器件。它的内部结构、等效电路及符号如图 2.7 所示。

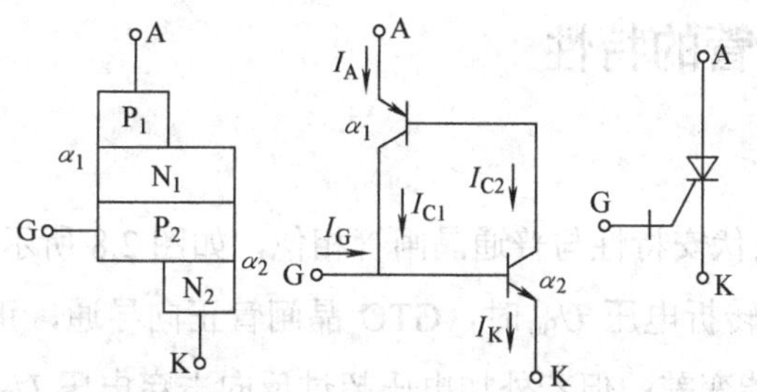

图 2.7　GTO 晶闸管的内部结构、等效电路及符号

2.3.2　GTO 晶闸管的工作原理

为了分析 GTO 晶闸管的工作原理，也可将其等效为两个三极管 $P_1N_1P_2$ 与 $N_1P_2N_2$ 互补连接，设 α_1 和 α_2 分别为晶体管 $P_1N_1P_2$ 和晶体管 $N_1P_2N_2$ 的共基极放大系数，α_1 比 α_2 小，但都是随着发射极电流 I_e 的增加而增加的。

当 GTO 晶闸管的阳极加有正向电压，门极加有正向触发电流 I_G 时，通过 $N_1P_2N_2$ 晶体管的放大作用，使 I_{C2} 和 I_K 增加，I_{C2} 又作为晶体管 $P_1N_1P_2$ 的基极电流，经晶体管 $P_1N_1P_2$ 放大，使 I_{C1} 和 I_A 增加。I_{C1} 又作为晶体管 $N_1P_2N_2$ 的基极电流，使 I_{C2} 和 I_K 进一步增加。增强式强烈的正反馈过程，使 GTO 晶闸管很快饱和导通，这一过程与普通晶闸管的导通过程是一样的。

为了表征门极对 GTO 晶闸管关断的控制作用，引入门极控制增益β，β可表示为：

$$\beta = \frac{I_A}{I_C} = \frac{\alpha_2}{[1-(\alpha_1+\alpha_2)]} \tag{2-5}$$

上式中，$I_G<0$ 时的β表示关断增益。

由式(2-5)可见，增大关断增益可以提高关断控制灵敏度，α_2 增大意味着提高 $N_1P_2N_2$ 晶体管的控制灵敏度，从而使得 GTO 晶闸管易于关断；减少$\alpha_1+\alpha_2$，可使 GTO 晶闸管在导通时接近临界饱和，利于关断控制。

GTO 晶闸管的关断过程分析如下。

当 GTO 晶闸管已处于导通状态且阳极电流为 I_A 时，对门极加负的关断脉冲，形成$-I_G$，相当于将 I_{C1} 的电流抽出，使 $N_1P_2N_2$ 晶体管的基极电流减少，从而使 I_{C2} 和 I_K 减少，I_{C2} 的减少又使 I_A 减少，也使 I_{C2} 减少，也是一个正反馈过程，但它是衰减式的。当 I_A 和 I_K 的减少使$(\alpha_1+\alpha_2)<1$ 时，等效晶体管 $P_1N_1P_2$ 和 $N_1P_2N_2$ 退出饱和，GTO 晶闸管不再满足维持导通的条件，阳极电路很快下降到零而关断。

GTO 晶闸管的外部虽然也是引出三个电极，但其内部却包含着数百个共阳极的小 GTO 晶闸管元(件)，它们的门极和阴极分别并联在一起。与普通晶闸管不同的是，GTO 晶闸管是一种多元件的电力集成器件，这是为便于实现门极控制关断所采取的特殊设计。

2.3.3 GTO 晶闸管的特性

1. 阳极伏安特性

GTO 晶闸管的阳极伏安特性与普通晶闸管相似，如图 2.8 所示。

外加电压超过正向转折电压 U_{B0} 时，GTO 晶闸管正向导通，正向导通次数多了，就会引起 GTO 晶闸管的性能变差；但若外加电压超过反向击穿电压 U_{R0}，则发生雪崩击穿，造成元件的永久性损坏。

对 GTO 晶闸管门极加正向触发电流时，GTO 晶闸管的正向转折电压随门极正向触发电流的增大而降低。

2. GTO 晶闸管的动态特性

图 2.9 给出了 GTO 晶闸管导通和关断过程中门极电流 i_G 和阳极电流 i_A 的波形。

与普通晶闸管类似，导通过程中，需要经过延迟时间 $t_d(i_A<10\%I_A)$和上升时间 t_r

(i_A=(10%~90%)I_A)。关断过程则有所不同，首先，需要经历抽取饱和导通时存储的大量载流子的时间——存储时间 t_s，从而使等效晶体管退出饱和状态；然后则是等效晶体管从饱和区退至放大区，阳极电流逐渐减小的时间——下降时间 t_f；最后还有残存载流子复合所需要的时间——尾部时间 t_t。

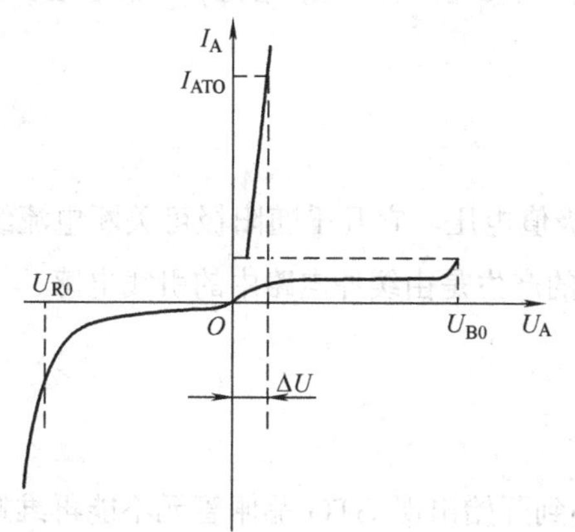

图 2.8　GTO 晶闸管的阳极伏安特性

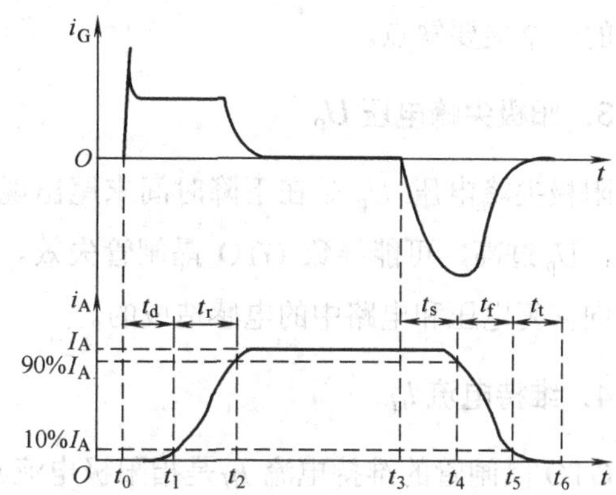

图 2.9　GTO 晶闸管的导通和关断过程中的电流波形

通常，t_f 比 t_s 小得多，而 t_t 比 t_s 要长。门极负脉冲电流的幅值越大，前沿越陡，抽走储存载流子的速度越快，t_s 就越短。若使门极负脉冲的后沿缓慢衰减，在 t_s 阶段仍能保持适当的负电压，则可以缩短尾部时间 t_t。

关断损耗基本集中在下降时间 t_f 内，过大的瞬时功耗会造成 GTO 晶闸管的损坏，其瞬时功耗与阳极尖峰电压有关。阳极尖峰电压随着阳极可关断电流的增加而增加，过高则可能导致 GTO 晶闸管失效。阳极尖峰电压的产生是由器件外接保护与缓冲电流的引线电感、二极管正向恢复电压和电容中的电感造成的，因此，应用中要尽量减少缓冲电路的杂散电感。

2.3.4　GTO 晶闸管的主要参数

GTO 晶闸管的大多数参数与普通晶闸管相同，这里仅讨论一些意义不同的参数。

1．最大可关断阳极电流 I_{ATO}

GTO 晶闸管的最大阳极电流受两个方面的限制：一是额定工作结温的限制；二是门极负电流脉冲可以关断的最大阳极电流的限制，这是由 GTO 晶闸管只能工作在临界饱和导通状态所决定的。阳极电流过大，GTO 晶闸管便处于较深的饱和导通状态，门极负电流脉冲不可能将其关断。通常，将最大可关断阳极电流 I_{ATO} 作为 GTO 晶闸管的额定电流。应用中，最大可关断阳极电流 I_{ATO} 还与工作频率、门极负电流的波形、工作温度及电路参数等因素有关，它不是一个固定不变的数值。

2．关断增益 β_{off}

关断增益为最大可关断阳极电流 I_{ATO} 与门极负电流最大值 I_{GM} 之比，其表达式为：

$$\beta_{off}=I_{ATO}/|I_{GM}| \tag{2-6}$$

β_{off} 比晶体管的电流放大系数β小得多，一般只有 5 左右，关断增益 β_{off} 低是 GTO 晶闸管的一个主要缺点。

3．阳极尖峰电压 U_p

阳极尖峰电压 U_p 是在下降时间末尾出现的极值电压，它几乎随阳极可关断电流线性增加，U_p 过高，可能导致 GTO 晶闸管失效。U_p 的产生是由缓冲电路中的引线电感、二极管正向恢复电压和电路中的电感造成的。

4．维持电流 I_H

GTO 晶闸管的维持电流 I_H 是指阳极电流减小到开始出现 GTO 晶闸管元不能再维持导通的数值。

由此可见，当阳极电流略小于维持电流时，仍有部分 GTO 晶闸管元继续维持导通，这时，若阳极电流恢复到较高数值，已截止的 GTO 晶闸管元不能再导电，就会引起维持导通的 GTO 晶闸管元的电流密度增加，出现不正常的工作状态。

5．擎住电流 I_L

擎住电流 I_L 是指 GTO 晶闸管经门极触发后，阳极电流上升到保持所有 GTO 晶闸管元导通的最低值。

由此可见，擎住电流最大的 GTO 晶闸管元对整个 GTO 晶闸管的擎住电流影响最大，若该 GTO 晶闸管元刚达到其擎住电流时，遇到门极正脉冲电流极陡的下降沿，则内部载流子增生的正反馈过程受阻而返回到截止状态，因此必须加宽门极脉冲，使所有的 GTO 晶闸管元都达到可靠导通。

2.4 电力晶体管

电力晶体管(Giant Transistor，GTR)是一种高反压晶体管，具有自关断能力，并有开关时间短、饱和压降低和安全工作区宽等优点。它被广泛用于交直流电动机调速、中频电源等电力变流装置中。

2.4.1 GTR 的结构

电力晶体管主要用作开关，工作于高电压、大电流的场合，一般为模块化，内部为 2

级或 3 级达林顿结构，如图 2.10 所示。

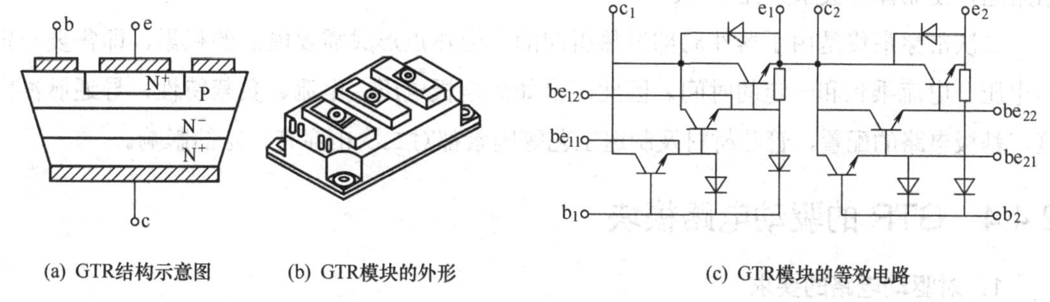

(a) GTR结构示意图 (b) GTR模块的外形 (c) GTR模块的等效电路

图 2.10 GTR 模块

图 2.10(a)所示为电力晶体管(GTR)的结构示意图；图 2.10(b)所示为 GTR 模块的外形；图 2.10(c)所示为其等效电路。为了便于改善器件的开关过程和并联使用，中间级晶体管的基极均有引线引出，即图 2.10(c)中的 be_{11}、be_{12} 等端子。目前，生产的 GTR 模块可将多达 6 个互相绝缘的单元电路做在同一个模块内，可以方便地组成三相桥式电路。

2.4.2 GTR 的主要参数

(1) 开路阻断电压 U_{CEO}。即基极开路时，“集电极—发射极”间能承受的电压值。

(2) 集电极最大持续电流 I_{CM}。即当基极正向偏置时，集电极能流入的最大电流。

(3) 电流增益 h_{FE}。集电极电流与基极电流的比值，称为电流增益，也叫电流放大倍数或电流传输比。

(4) 集电极最大耗散功率 P_{CM}。指 GTR 在最高允许结温时所消耗的功率，它受结温限制，其大小由集电结工作电压和集电极电流的乘积决定。

(5) 开通时间 t_{on}。包括延迟时间 t_d 和上升时间 t_r。

(6) 关断时间 t_{off}。包括存储时间 t_s 和下降时间 t_f。

2.4.3 二次击穿现象

当集电极电压 U_{CE} 逐渐增加到某一数值时，集电结的反向电流 I_C 急剧增加，出现击穿现象。首次出现的击穿现象称为一次击穿，这种击穿是正常的雪崩击穿。这一击穿可用外接串联电阻的方法加以控制，只要适当限制晶体管的电流(或功耗)，流过集电结的反向电流就不会太大，如果进入击穿区的时间不长，一般不会引起 GTR 的特性变坏。但是，一次击穿后，若继续增大偏压 U_{CE}，而外接的限流电阻又不变，反向电流 I_C 将继续增大，此时，若 GTR 仍在工作，GTR 将迅速出现大电流，并在极短的时间内，会使器件中出现明显的电流集中和过热点，且电流急剧增长，此现象便称为二次击穿。

一旦发生二次击穿，轻者将使 GTR 电压降低、特性变差，重者会导致集电结和发射结熔通，使晶体管被永久性损坏。

二次击穿最终是由于器件局部过热引起的，而热点形成需要能量的积累，即需要一定的电压、电流乘积和一定的时间。因此，诸如集电极电压、电流、负载特性，导通脉冲宽度，基极电路的配置，管芯材料及制造工艺等因素都对二次击穿有一定的影响。

2.4.4　GTR 的驱动电路模块

1．对驱动电路的要求

(1) 电力晶体管位于主电路，电压较高，控制电路电压较低。所以，驱动电路应对主电路和控制电路有电气隔离作用。

(2) 电力晶体管导通时，驱动电流应有足够陡的前沿，并有一定的过冲，以加速导通过程，减小损耗。

(3) 电力晶体管导通期间，在任何负载下，基极电流都应使晶体管饱和导通，为降低饱和压降，应使晶体管过饱和。而为了缩短存储时间，则应使晶体管临界饱和。两种情况要综合考虑。

(4) 关断时，应提供幅值足够大的反向基极电流，并加反偏截止电压，以加快关断速度，减小关断损耗。

(5) 驱动电路应有较强的抗干扰能力，并有一定的保护功能。

2．驱动电路的隔离

主电路和控制电路之间的电气隔离一般采用光隔离或磁隔离。常用的光隔离有普通、高速、高传速比几种类型，如图 2.11 所示。

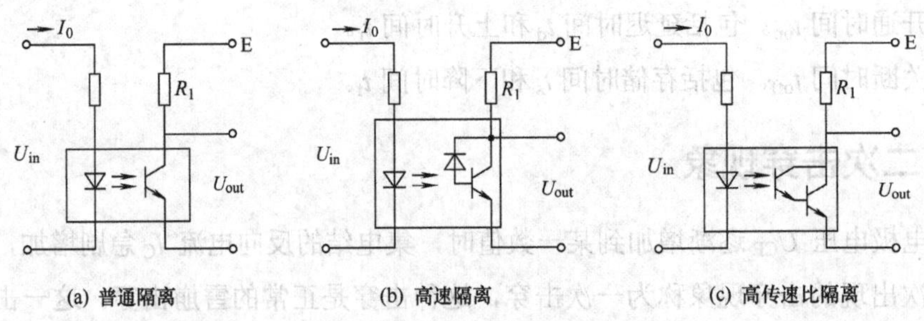

图 2.11　光隔离耦合的类型

磁隔离的元件通常是隔离变压器，为避免脉冲较宽时铁芯饱和，通常采用高频调制和解调的方法。

2.5　电力场效应晶体管

电力场效应晶体管(Power MOS Field-Effect Transistor，P-MOSFET)，是对功率小的一般 MOSFET 的工艺结构进行改进，在功率上有所突破，获得的单极性半导体器件，属于电压控制型，具有驱动功率小、控制线路简单、工作频率高的特点。

2.5.1　电力 MOSFET 的结构与工作原理

1．电力 MOSFET 的结构

由电子技术基础可知，功率较小的普通场效应管(MOSFET)的栅极 G、源极 S 和漏极 D 位于芯片的同一侧，导电沟道平行于芯片表面，是横向导电器件，这种结构限制了它的电流容量。电力 MOSFET 采取了两次扩散工艺，并将漏极 D 移到芯片另一侧的表面上，使从漏极到源极的电流垂直于芯片表面流过，这样有利于减小芯片面积和提高电流密度。这种采用垂直导电方式的 MOSFET 称为 VMOSFET。

电力 MOSFET 的导电沟道也分为 N 沟道和 P 沟道两种，栅偏压为零时“漏极—源极”之间存在导电沟道的称为耗尽型；栅偏压大于零(N 沟道)才存在导电沟道的称为增强型。下面以 N 沟道增强型为例，说明电力 MOSFET 的结构。图 2.12 表示的是其结构和符号，电力 MOSFET 是多元集成结构，即一个器件由多个 MOSFET 元(件)组成。

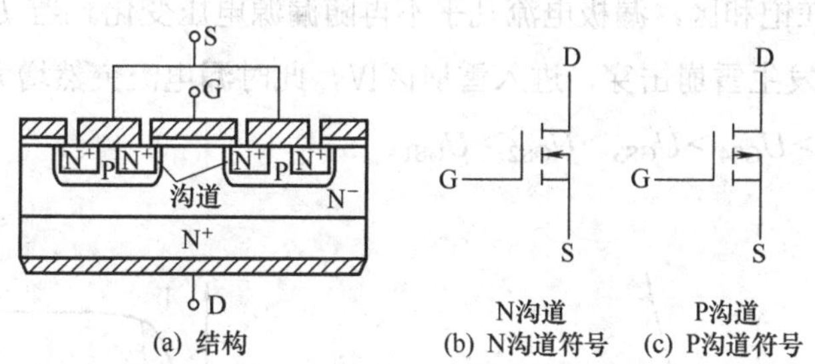

图 2.12　电力 MOSFET 的结构和符号

2．电力 MOSFET 的工作原理

当漏极接电源正极，源极接电源负极，“栅极—源极”之间的电压为零或为负时，P 型区和 N^-型漂移区之间的 PN 结反向，“漏极—源极”之间无电流流过。如果在栅极和源极间加正向电压 U_{GS}，由于栅极是绝缘的，不会有电流。但栅极的正电压所形成的电场的感应作用却会将其下面的 P 型区中的少数载流子电子吸引到栅极下面的 P 型区表面。当 U_{GS} 大于某一电压值 U_T 时，栅极下面的 P 型区表面的电子浓度将超过空穴浓度，使 P 型反转成 N 型，沟通了漏极和源极。此时，若在漏极之间加正向电压，则电子将从源极横向穿

过沟道，然后垂直(即纵向)流向漏极，形成漏极电流 I_D。电压 U_T 称为开启电压，U_{GS} 超过 U_T 越多，导电能力就越强，漏极电流 I_D 也就越大。

电力 MOSFET 的多元结构，使得每个 MOSFET 元的沟道长度大为缩短，而且使所有 MOSFET 元的沟道并联，这势必使沟道电阻大幅度减小，从而使得在同样的额定结温下，器件的通态电流大大提高。此外，沟道长度的缩短，使载流子的渡越时间减小；沟道的并联，允许更多的载流子同时渡越，使器件的开通时间缩短，提高了工作频率，改善了器件的性能。

2.5.2 电力 MOSFET 的特性

1. 转移特性

栅源电压 U_{GS} 与漏极电流 I_D 之间的关系称为转移特性，如图 2.13 所示，特性曲线的斜率 dI_D/dU_{GS} 表示电力场效应管的放大能力，用跨导 g_m 表示，即：

$$g_m = dI_D / dU_{GS} \tag{2-7}$$

2. 输出特性

以“栅—源”电压 U_{GS} 为参变量，反映漏极电流 I_D 与漏极电压 U_{DS} 间关系的曲线簇，称为电力 MOSFET 的输出特性，如图 2.14 所示。输出特性可划分为 4 个区域：非饱和区Ⅰ、饱和区Ⅱ、截止区Ⅲ、雪崩区Ⅳ。在非饱和区 U_{DS} 较小，当 U_{GS} 为常数时，I_D 与 U_{DS} 几乎呈线性关系。在饱和区，漏极电流几乎不再随漏源电压变化。当 U_{DS} 大于一定的电压值后，漏极 PN 结发生雪崩击穿，进入雪崩区Ⅳ，此时漏电流突然增大，直至器件损坏。在图 2.14 中，$U_{GS5} > U_{GS4} > U_{GS3} > U_{GS2} > U_{GS1}$。

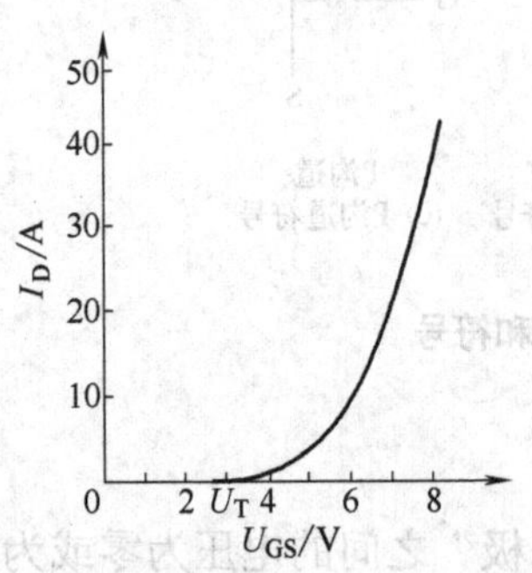

图 2.13 电力 MOSFET 的转移特性

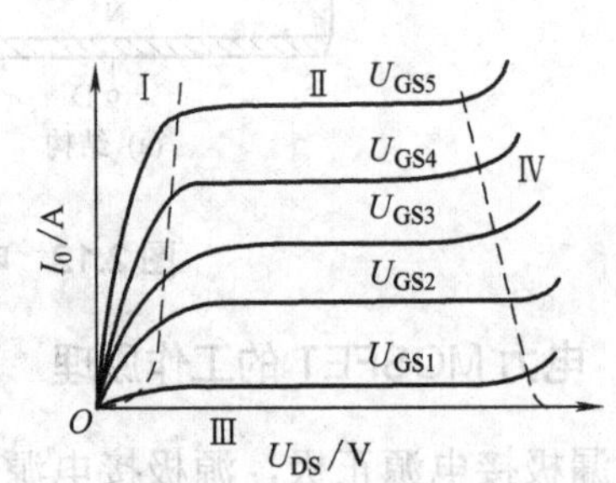

图 2.14 电力 MOSFET 的输出特性

3. 开关特性

图 2.15 是电力 MOSFET 的开关特性的测试电路及其开关过程的波形。图 2.15 中，u_P 为矩形脉冲电压信号源，R_S 为信号源内阻，R_G 为栅极电阻($\geq R_S$)，R_L 为漏极负载电阻，漏

极电流可在 R_F 两端测得。

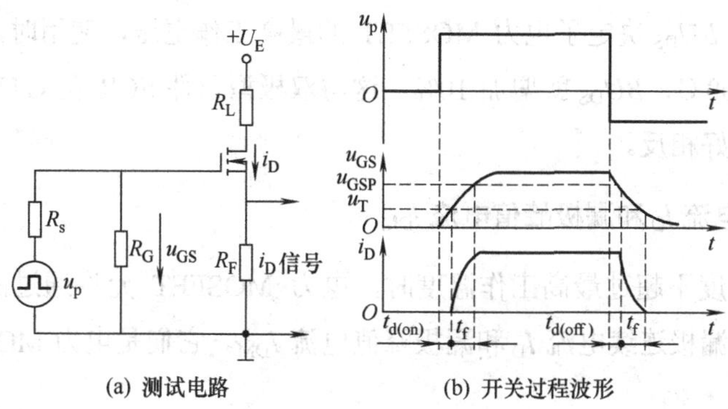

(a) 测试电路　　(b) 开关过程波形

图 2.15　电力 MOSFET 的开关特性

由于器件内部存在输入电容 C_{in}，因而 u_p 的前沿到来时，C_{in} 有充电过程，栅极电压 U_{GS} 呈指数曲线上升。当 U_{GS} 上升到开启电压 U_T 时，漏极电流 i_D 开始出现。从 u_p 前沿到 i_D 出现的这段时间定义为导通延迟时间 $t_{d(on)}$。此后，i_D 随 U_{GS} 的上升而上升，U_{GS} 从开启电压 U_T 逐渐上升到使电力场效应管刚刚进入非饱和区的栅极电压 U_{GSP}，漏极电流 i_D 也达到稳态值，这一过程对应的时间称为上升时间 t_r。i_D 稳态值的大小由漏极电源电压 U_E 和漏极负载电阻 R_L 决定，U_{GSP} 的大小与 i_D 的稳态值有关。U_{GS} 在 u_p 的作用下继续上升，直至达到稳态。但此后 i_D 不再变化。电力 MOSFET 的导通时间 t_{on} 为导通延迟时间与上升时间之和，即：

$$t_{on} = t_{d(on)} + t_r \tag{2-8}$$

当 u_p 减小到零时，栅极输入电容 C_{in} 通过 R_S 和 R_G 进行放电，U_{GS} 按指数规律下降，当降至 U_{GSP} 时，i_D 开始减小，这段时间称为关断延迟时间 $t_{d(off)}$。此后，C_{in} 继续放电，U_{GS} 从 U_{GSP} 继续下降，i_D 减小，直至 $U_{GS}<U_T$ 时，导电沟道消失，i_D 下降到零，这段时间称为下降时间 t_f。电力 MOSFET 的关断时间为关断延迟时间和下降时间之和，即：

$$t_{off} = t_{d(off)} + t_f \tag{2-9}$$

综上所述，电力 MOSFET 的开关时间与输入电容 C_{in} 的充、放电时间常数有很大的关系。使用时，C_{in} 的大小无法改变，但可以改变信号源内阻 R_S 的值，从而缩短时间常数，提高开关速度。电力 MOSFET 的工作频率可达 100kHz 以上。尽管电力 MOSFET 的栅极绝缘，且为电压控制器件，但在开关状态，驱动信号要给 C_{in} 提供充电电流，因此需要驱动电路提供一定的功率。开关频率越高，驱动功率就越大。

2.5.3　电力 MOSFET 的主要参数

除了前面已经涉及的跨导 g_m、开启电压 U_T、开通时间 t_{on} 及关断时间 t_{off} 之外，电力 MOSFET 还有以下主要参数。

1. 漏源击穿电压 BU_{DS}

漏源击穿电压 BU_{DS} 决定了电力 MOSFET 的最高工作电压，使用时，应注意结温的影响，结温每升高 100℃，BU_{DS} 就增加 10%。这与双极型器件 SCR 及 GTR 等随结温升高而耐压降低的特性恰好相反。

2. 漏极连续电流 I_D 和漏极峰值电流 I_{DM}

在器件内部温度不超过最高工作温度时，电力 MOSFET 允许通过的最大漏极连续电流和脉冲电流称为漏极连续电流 I_D 和漏极峰值电流 I_{DM}。它们是电力 MOSFET 的电流额定参数。

3. 栅源击穿电压 BU_{GS}

造成栅源极之间绝缘层被击穿的电压，称为"栅—源"击穿电压 BU_{GS}。在"栅极—源极"之间的绝缘层很薄，U_{GS}>20V 就将发生绝缘层击穿。

4. 极间电容

电力 MOSFET 的三个电极之间分别存在极间电容 C_{GS}、C_{GD} 和 C_{DS}。一般生产厂家提供的是"漏极—源极"短路时的输入电容 C_{iss}、共源极输出电容 C_{OSS} 和反馈电容 C_{rss}。它们之间有以下关系：

$$C_{iss}=C_{GS}+C_{GD} \tag{2-10}$$

$$C_{OSS}=C_{DS}+C_{GD} \tag{2-11}$$

$$C_{rss}=C_{GD} \tag{2-12}$$

电力 MOSFET 不存在二次击穿问题，这是它的一个优点。"漏—源"间的耐压、漏极最大允许电流和最大耗散功率决定了电力 MOSFET 的安全工作区。在实际使用中，应注意留有适当的裕量。

2.6 绝缘栅双极型晶体管

绝缘栅双极型晶体管(Insulated Gate Bipolar Transistor，IGBT)是 20 世纪 80 年代中期发展起来的一种新型器件。它综合了电力晶体管(GTR)和场效应管(MOSFET)的优点，既有 GTR 耐高电压、电流大的特点，又兼有单极型电压驱动器件 MOSFET 输入阻抗高、驱动功率小等优点。目前在 20kHz 及以下的中等容量变流装置中得到广泛应用，已取代了 GTR 和电力场效应管的一部分市场，成为中小功率电力电子设备的主导器件。近年来，开发的第三代、第四代 IGBT 可使装置的工作频率提高到 50~100kHz，电压和电流容量进一步提高，大有全面取代全控型器件的趋势。

2.6.1　IGBT的结构与基本工作原理

图2.16所示为IGBT的结构剖面。由图可知，IGBT也是四层的三端器件，IGBT与电力MOSFET的结构非常相似，是在VDMOSFET的基础上，增加了一层P^+注入区，因而形成了一个大面积的P^+N^+结J_1，并由此引出集电极C，而其栅极G和发射极E则完全与电力场效应管的栅极和源极相似。IGBT相当于一个由MOSFET驱动的厚基区GTR，其等效电路及图形符号如图2.17所示。可见，IGBT是以MOSFET为驱动元件，GTR为主导元件的达林顿结构器件。图中的电阻R_N是厚基区GTR内的调制电阻，R_s是体区电阻。图中器件的MOSFET为N沟道型，称为N沟道IGBT。相应的还有P沟道IGBT，其图形符号仅将箭头反向即可。

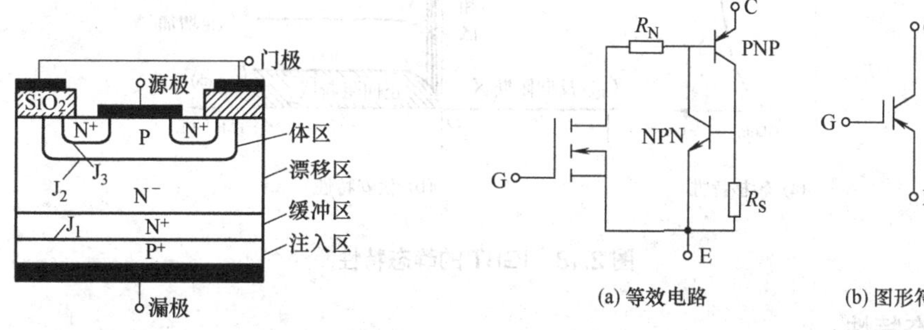

图2.16　IGBT的结构剖面

图2.17　IGBT等效电路及图形符号

IGBT的驱动原理与电力MOSFET基本相同，它是一种场控器件。其开通和关断是由栅极和发射极间的电压U_{GE}控制的，当U_{GE}为正且大于开启电压U_T时，MOSFET内形成导电沟道，其漏源电流作为内部GTR的基极电流，从而使IGBT导通。此时从P^+注入N^-区的空穴对N^-区进行电导调制，减小了N^-区的电阻R_N，使IGBT获得低导通压降。当栅极与发射极间不加信号或施加反向电压时，MOSFET内的导电沟道消失，GTR的基极电流被切断，IGBT随即关断。

2.6.2　IGBT的基本特性

1. 静态特性

IGBT的静态特性主要包括转移特性和输出特性。

(1)　转移特性。

转移特性用来描述IGBT集电极电流i_C与"栅—射"电压U_{GE}之间的关系，如图2.18(a)所示。它与电力MOSFET的转移特性类似。开启电压$U_{GE(th)}$是IGBT能实现电导调制而导通的最低"栅—射"电压。

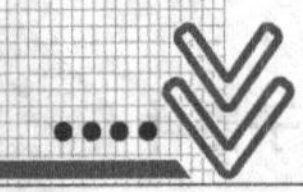

(2) 输出特性。

输出特性也称伏安特性，描述以“栅—射”电压为参变量时，集电极电流 i_C 与“集—射”极间电压 U_{CE} 之间的关系。

IGBT 的输出特性与 GTR 的输出特性类似，不同的是控制变量，IGBT 的控制变量为“栅—射”电压 U_{GE}，而 GTR 的控制变量为基极电流 I_B。IGBT 的输出特性分为三个区域：正向阻断区、有源区和饱和区，如图 2.18(b)所示，与 GTR 的截止区、放大区和饱和区相对应。当 U_{CE}<0 时，IGBT 为反向阻断状态。在电力电子电路中，IGBT 在开关状态工作，在正向阻断区和饱和区之间转换。

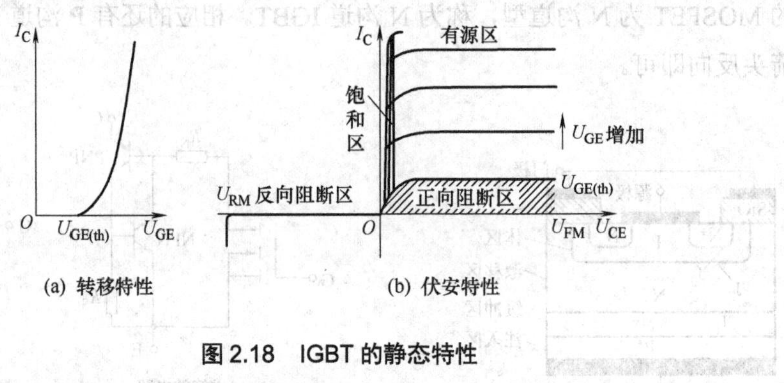

图 2.18 IGBT 的静态特性

2. 动态特性

IGBT 的动态特性包括导通过程和关断过程，如图 2.19 所示。

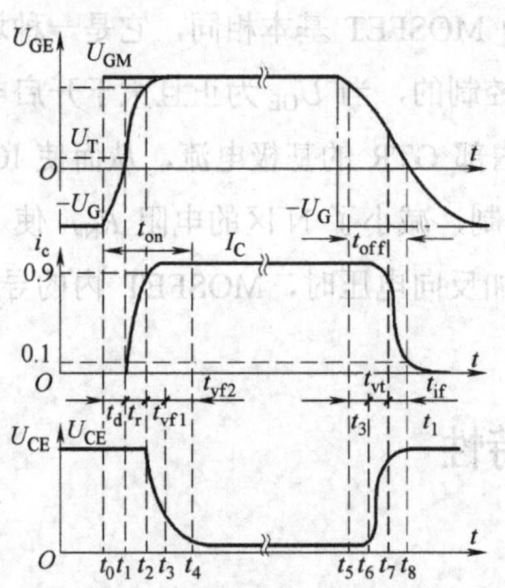

图 2.19 IGBT 的导通与关断过程

(1) 导通过程。

IGBT 的导通过程与电力 MOSFET 的开通过程相类似，这是因为 IGBT 在导通过程中大部分时间是作为电力 MOSFET 运行的。导通时间由四部分组成：一段是从外施栅极脉冲 U_{GM} 由负到正跳变开始，到“栅—射”电压充电到 U_T 的时间(对应 t_1-t_0)的导通延迟时

间 t_d。另一段是集电极电流从零开始，上升到 90%稳态值的时间(t_2-t_1)，称为电流上升时间 t_r。在这两段时间内，“集—射”极间电压 U_{CE} 基本不变。$t=t_2$ 以后，“集—射”极电压 U_{CE} 开始下降，U_{CE} 的下降过程分为 t_{vf1} 和 t_{vf2} 两段。下降时间 t_{vf1} 是 MOSFET 单独工作时“集—射”极电压下降时间(t_3-t_2)，t_{vf2} 是 MOSFET 和 PNP 晶体管同时工作时“集—射”极电压下降时间(t_3-t_4)，由于 U_{CE} 下降时，IGBT 中 MOSFET 的栅、漏电容增加，而且 IGBT 中的 PNP 晶体管由放大状态转入饱和状态也需要一个过程，因此，t_{vf2} 段电压的下降过程变缓。只有在 t_{vf2} 段结束时，IGBT 才完全进入饱和状态。所以，总导通时间 $t_{on}=t_d+t_r+t_{vf1}+t_{vf2}$。

(2) 关断过程。

欲使 IGBT 关断时，给栅极施加反向脉冲电压$-U_{GM}$，在此反向电压作用下，内部等效 MOSFET 输入电容放电，内部等效 GTR 仍然导通，$t_5\sim t_6$ 时间内，集电极电流、电压无明显变化，这段时间定义为存储时间 t_s。t_6 时刻后，MOSFET 开始退出饱和，器件电压随之上升，PNP 晶体管集电极电流无明显变化。t_7 时刻 U_{CE} 上升到接近 U_{CM}，$t_6\sim t_7$ 这段时间称电压上升时间 t_{vr}。之后，MOSFET 退出饱和，GTR 基极电流下降，集电极电流减小，从栅极电压$+U_{GE}$ 的脉冲后沿下降到其幅值的 90%的时刻起，到集电极电流下降至 90% I_{CM} 止(约为 t_5~t_7)，这段时间为关断延迟时间 $t_{d(off)}$。此后，U_{GE} 继续衰减，到 t_8 时刻，U_{GE} 下降到 U_T，MOSFET 关断，PNP 晶体管基极电流为零，集电极电流下降到接近于零。集电极电流从 90%I_{CM} 下降至 10%I_{CM} 的这段时间为电流下降时间 t_{if}。由于晶体管内部存储电荷的消除还需要一定时间，因此 $t=t_8$ 以后，还有一个尾部时间 t_t，这段时间内，由于“集—射”极电压已经建立，会产生较大的损耗。定义 $t_5\sim t_8$ 这段时间为关断时间 t_{off}，即 $t_{off}=t_{d(off)}+t_{if}=t_s+t_{vf}+t_{if}$。IGBT 内部由于双极型 PNP 晶体管的存在，带来了通流能力增大、器件耐压提高、器件通态压降降低等好处，但由于少了储存现象的出现，使得 IGBT 的开关速度比电力 MOSFET 的速度要低。

2.6.3 IGBT 的主要参数

(1) “集—射”极额定电压 U_{CES}。它是“栅—射”极短路时的 IGBT 最大耐压值，是根据器件的雪崩击穿电压规定的。

(2) “栅—射”极额定电压 U_{GES}。IGBT 是电压控制器件，靠加到栅极的电压信号来控制 IGBT 的导通和关断，而 U_{GES} 是栅极的电压控制信号额定值。通常，IGBT 对栅极的电压控制信号相当敏感，只有栅极在额定电压值很小的范围内，才能使 IGBT 导通，而不致损坏。

(3) “栅—射”极开启电压 $U_{GE(th)}$。它是指使 IGBT 导通所需的最小“栅—射”极电压。通常，IGBT 的开启电压 $U_{GE(th)}$在 3~5.5V 之间。

(4) 集电极额定电流 I_C。它是指在额定的测试温度(壳温为 25℃)条件下，IGBT 所允许的集电极最大直流电流。

(5) “集—射”极饱和电压 U_{CEO}。IGBT 在饱和导通时，通过额定电流的“集—射”极电压，代表了 IGBT 的通态损耗大小。通常，IGBT 的“集—射”极饱和电压 U_{CEO} 在 1.5~3V 之间。

2.6.4 IGBT 的驱动电路

1. IGBT 对栅极驱动电路的特殊要求

IGBT 的驱动电路在其应用中有着特别重要的作用，IGBT 应用的关键问题之一，是驱动电路的合理设计。

(1) 栅极驱动电压脉冲的上升率和下降率要充分大。

(2) IGBT 导通后，栅极驱动电路提供给 IGBT 的驱动电压和电流要具有足够的幅度。

(3) 栅极驱动电路提供给 IGBT 的正向驱动电压+U 增加时，IGBT 输出级晶体管的导通压降和导通损耗值下降，并不是说+U 值越高越好。

(4) IGBT 在关断过程中，“栅—射”极施加的反偏压有利于 IGBT 的快速关断。

(5) IGBT 的栅极驱动电路应尽可能地简单、实用，最好自身带有对被驱动 IGBT 的完整保护能力，并且有很强的抗干扰性能，且输出阻抗尽可能低。

(6) 由于栅极信号的高频变化很容易相互干扰，为防止造成同一个系统多个 IGBT 中的某个误导通，因此要求栅极配线走向应与主电流线尽可能远，且不要将多个 IGBT 的栅极驱动线捆扎在一起。

2. IGBT 栅极驱动电路应满足的条件

栅极驱动条件与 IGBT 的特性密切相关。设计栅极驱动电路时，应特别注意导通特性、负载短路能力和引起的误触发等问题。栅极串联电阻、栅极驱动电压的上升率、下降率对 IGBT 的导通和关断过程有较大的影响。

2.7 集成门极换流晶闸管

集成门极换流晶闸管(Integrated Gate Commutated Thyristor，IGCT)是 1996 年问世的一种新型半导体开关器件。

2.7.1 IGCT 的结构

IGCT 是将门极驱动电路与门极换流晶闸管(GCT)集成为一个整体而形成的。门极换流晶闸管(GCT)是基于 GTO 晶闸管结构的一种新型电力半导体器件，它不仅有与 GTO 晶闸管相同的高阻断能力和低通态压降，而且有与 IGBT 相同的开关性能，即它是 GTO 晶闸管和 IGBT 相互取长补短的结果，是一种较理想的兆瓦级、中压开关器件，非常适合用于 6kV 和 10kV 的中压开关电路。

IGCT 和 GTO 晶闸管相比，IGCT 的关断时间降低了 30%，功耗降低了 40%。IGCT 不需要吸收电路，IGCT 在使用时，只需将它连接到一个 20V 电源和一根光纤上，就可以控制它的导通和关断。

由于 IGCT 的设计比较理想，使得 IGCT 的导通损耗可以忽略不计，再加上它的低导通损耗，使得它可以在以往大功率半导体器件所无法满足的高频率下运行。它是一种耐高压大电流器件，具有很强的关断能力，开关速度比 GTO 晶闸管高 10 倍。目前 IGCT 的最高阻断电压为 6kV，工作电流为 4kA，此外，其最突出的优点是可以取消浪涌电路。

图 2.20 所示为 IGCT 的原理框图和电路符号。

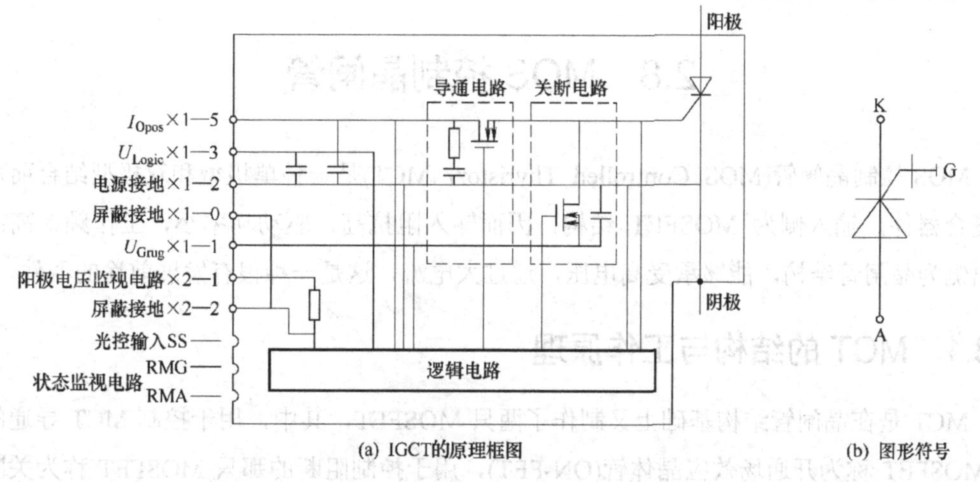

图 2.20　IGCT 的原理框图和电路符号

IGCT 采用缓冲层透明发射极(Buffer Layer Transparent Emitter)技术取代了 GTO 晶闸管阳极短路技术，从而克服了 GTO 晶闸管的触发及维持电流急剧增大的弊端，显著降低了触发电流和电荷存储时间。

IGCT 还采用了低电感封装技术，使阳极电流在 1μs 的时间内全部经门极流出，而不流经阴极，使 PNPN 的四层结构的晶闸管暂时变为稳定的 PNP 三层结构，无需 GTO 晶闸管复杂的缓冲电路。

在获得相同阻断电压的前提下，IGCT 芯片可以比 GTO 晶闸管芯片制作得更薄，薄得如同二极管，故可与反并联的续流二极管集成在同一个芯片上。

2.7.2 IGCT 的特点

由于 IGCT 像 IGBT 一样具有快速开关功能，像 GTO 晶闸管一样具有导电损耗低的特点，故在各种高电压、大电流应用领域中的可靠性更高。IGCT 装置中的所有元件装在紧凑的单元中，降低了成本。IGCT 采用电压源型逆变器，与其他类型变频器的拓扑结构相比，结构更简单，效率更高。对于 4.16kV 的变频器，逆变器中需要 24 个高压 IGBT，如使用低压 IGBT，则需 60 个；而同类型变频器若采用 IGCT，则只需 12 个。

优化的技术只需更少的器件，相同电压等级的变频器采用 IGCT 的数量只需低压 IGBT 的 1/5。并且，由于 IGCT 的损耗很小，所需的冷却装置较小，因而内在的可靠性更高。更少的器件还意味着更小的体积。因此，使用 IGCT 的变频器比使用 IGBT 的变频器简洁、可靠性高。尽管 IGCT 变频器不需要限制 du/dt 的缓冲电路，但是，IGCT 本身不能控制 di/dt (这是 IGCT 的主要缺点)，所以，为了限制短路电流上升率(di/dt)，在实际电路中，常串入适当的电抗。

2.8 MOS 控制晶闸管

MOS 控制晶闸管(MOS Controlled Thyristor，MCT)是一种单极型和双极型结合而形成的复合器件，输入侧为 MOSFET 结构，因而输入阻抗高，驱动功率小，工作频率高；而输出侧为晶闸管结构，能够承受高电压，通过大电流，这是一种很有发展前途的器件。

2.8.1 MCT 的结构与工作原理

MCT 是在晶闸管结构基础上又制作了两只 MOSFET，其中，用于控制 MCT 导通的那只 MOSFET 称为开通场效应晶体管(ON-FET)，用于控制阻断的那只 MOSFET 称为关断场效应晶体管(OFF-FET)。根据开通场效应晶体管的沟道类型不同，可分为 P-MCT 和 N-MCT 两种。MCT 采用多胞元集成工艺制成，一个 MCT 约含有 10 万个单细胞。图 2.21 所示为 P-MCT 一个单细胞的等效电路及图形符号。

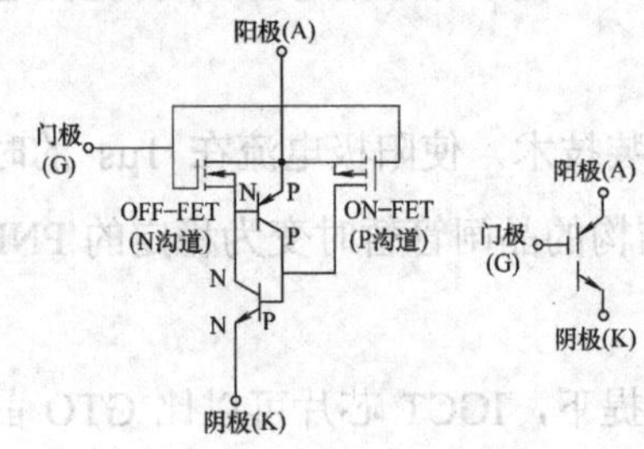

图 2.21 P-MCT 的单细胞等效电路及图形符号

如果是 N-MCT，其图形符号阳极的箭头方向相反。由图 2.21 可见，MCT 的电极和晶闸管一样，也是阳极 A、阴极 K 和门极 G，但 MCT 是电压控制器件；晶闸管的控制信号加在门极与阴极两端，而 MCT 控制信号是加在门极与阳极之间的。

当门极 G 相对于阳极 A 加负电压脉冲时，ON-FET 导通，ON-FET 的漏极电流作为 NPN 晶体管的基极电流，经 NPN 晶体管放大 β_2 倍后的集电极电流又作为 PNP 晶体管的基极电流，PNP 晶体管又放大 β_1 倍重新送入 NPN 晶体管的基极，如此循环，形成强烈的正反馈，当 $\alpha_1+\alpha_2>1$ 时，MCT 进入导通状态。

当门极相对于阳极加正电压脉冲时，OFF-FET 导通，PNP 晶体管的基极电流经 OFF-FET 流向阳极，使 PNP 晶体管截止，从而破坏了晶闸管的正反馈，使 MCT 关断。

一般，使 MCT 导通的负脉冲电压为-5~-15V，使 MCT 关断的正脉冲电压为+10~+20V。

2.8.2 MCT 的主要参数

(1) 断态重复峰值电压 U_{DRM}：是 MCT 的阳极和阴极之间的最大允许电压。

(2) 反向重复峰值电压 U_{RRM}：是 MCT 的阴极和阳极之间的最大允许电压。

(3) 阴极连续电流 I_K：在某一结温下，器件允许连续通过的电流。

(4) 峰值可控电流 I_{TC}：当 MCT 通过门极信号换向时，额定关断的最大阴极电流。

2.9 静电感应晶体管

静电感应晶体管(Static Induction Transistor，SIT)是一种电压型控制器件，具有工作频率高、输入阻抗高、输出功率大、放大线性度好、无二次击穿现象、热稳定性好等优点，广泛应用于超声波功率放大、雷达通信、开关电源和高频感应加热等方面。SIT 的单管耗散功率已做到数千瓦，工作频率已做到 10MHz，电压电流容量已达 2000V/300A 水平。

2.9.1 SIT 的基本结构和工作原理

SIT 的基本结构及电路图形符号如图 2.22 所示，在 N^+ 型衬底上外延高阻 N^-层，然后在 N^-高阻外延层内扩散若干个 P^+区，再在其顶部另外扩散一个 N^+层。从衬底上引出的电极叫漏极 D，将 P 区连在一起后，引出的电极叫栅极 G，从扩散的 N^+层上引出的电极称为源极 S。SIT 也是采用垂直导电形式的多细胞集成结构。

SIT 的工作原理如下：当“栅—源”和“漏—源”之间都不加电压时，相邻两个 P^+区之间存在电中性区沟道，这时，若在“漏—源”两端加正向电压，则有电流流过沟道，“漏—源”电压越高，沟道电流越大，相当于器件处于导通状态。SIT 工作时，是在“栅

—源”间加负偏压，使得 PN 结的空间电荷区变厚，沟道变窄，电子势垒变大。进一步分析表明，电子势垒的大小，不仅与负栅偏压 U_{GS} 有关，而且与正的“漏—源”电压 U_{DS} 有关。负栅偏压 U_{GS} 的绝对值越大，电子势垒越高；正“漏—源”电压 U_{DS} 越大，电子势垒越低。因此，可以通过改变 U_{GS} 和 U_{DS} 的大小，控制沟道的电位分布与势垒高度，从而控制“漏—源”电流的大小。由于 SIT 的沟道电位分布及势垒高度是由 U_{GS} 和 U_{DS} 的静电场形成的，因而将器件命名为静电感应晶体管。

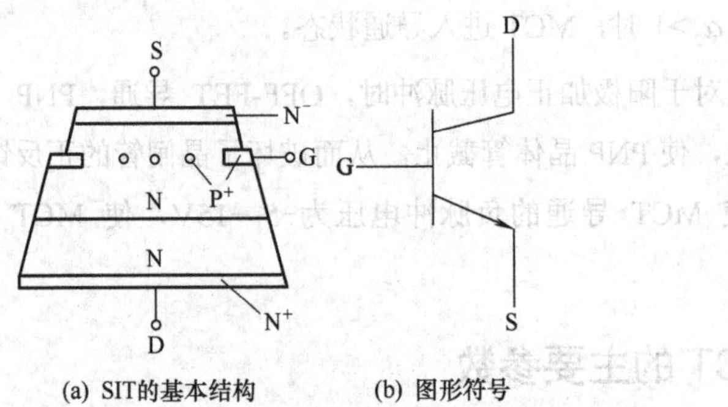

图 2.22 SIT 的基本结构及图形符号

2.9.2 SIT 的伏安特性

伏安特性是指 SIT 的“漏—源”电压 U_{DS} 与漏极电流 I_D 之间的关系。SIT 是电压控制器件，其沟道势垒是由“栅—源”电压 U_{GS} 与“漏—源”电压 U_{DS} 共同决定的，沟道势垒的高度决定了“漏—源”电流的大小，图 2.23 表示了 SIT 的典型伏安特性。

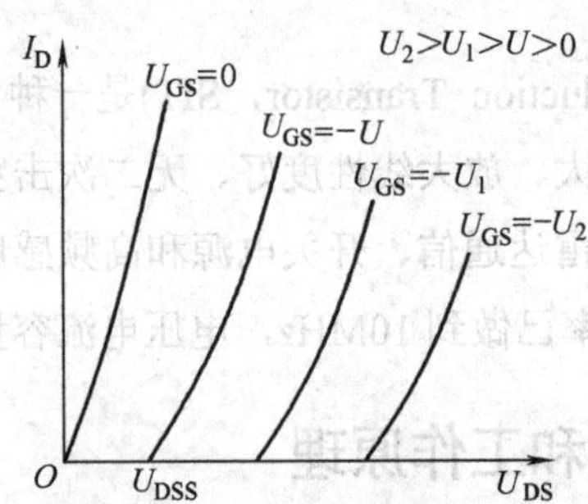

图 2.23 SIT 的典型伏安特性曲线

图中，“栅—源”电压 U_{GS} 为参变量，转折电压 U_{DSS} 是 $U_{GS}=-U$ 的伏安特性曲线与横轴的交点所对应的“漏—源”电压。

由图 2.23 所示的 SIT 的伏安特性曲线可以看出，当 $U_{GS}=0$ 时，I_D 和 U_{DS} 近似为线性关系，很小的“漏—源”电压就会产生很大的“漏—源”电流。这是因为 $U_{GS}=0$ 时，沟道中没有势垒存在，只表现为很小的体电阻。当“栅—源”之间加有负偏压 $U_{GS}=-U$ 后，沟道中的电位分布会发生变化，而出现势垒，当 $U_{DS}\leqslant U_{DDS}$ 时，几乎没有“漏—源”电流，即

I_D 和 U_{DS} 之间的关系存在一段死区；当 U_{DS} 继续增大时，则沟道势垒逐步降低，并开始有载流子越过势垒流动，即出现“漏—源”电流，随着 U_{DS} 的进一步增加，势垒高度越来越大。分析表明，在小电流区 I_D 随 U_{DS} 增大，呈指数关系，在较大电流区则呈线性关系。

2.9.3　SIT 的极限参数

(1) “栅—源”击穿电压 U_{GSO}：漏极开路时“栅—源”之间可承受的最高反向电压。

(2) “栅—漏”击穿电压 U_{GDO}：源极开路时“栅—源”之间可承受的最高反向电压。

(3) 最大漏极电流 I_{Dmax}：器件工作时漏极允许通过的最大峰值电流。

(4) 允许功耗 P_T：SIT 允许的最大耗散功率。

2.10　智能功率模块

智能功率模块(Intelligent Power Module，IPM)是一种混合集成电路，是 IGBT 智能化功率模块的简称。它以 IGBT 为基本功率开关器件，将驱动、保护和控制电路的多个芯片通过焊丝(或铜带)连接，封入同一模块中，形成具有部分或完整功能的、相对独立的单元。如构成单相或三相逆变器的专用模块，用于电动机变频调速装置。

图 2.24 所示为内部只有一个 IGBT 的 IPM 产品的内部框图，模块内部主要包括欠压保护电路、IGBT 驱动电路、过流保护电路、短路保护电路、温度传感器及过热保护电路、门电路和 IGBT。

图 2.25 所示为另一种内部带有制动电路和两个 IGBT 的半桥式 IPM 模块的内部结构。IPM 模块内部结构大体相同，都是集功率变换、驱动及保护电路于一体。使用时，只需为各桥臂提供开关控制信号和驱动电源，大大方便了模块的应用和系统的设计，并使可靠性大大提高，特别适用于正弦波输出的变压变频(VVVF)式变频器中。

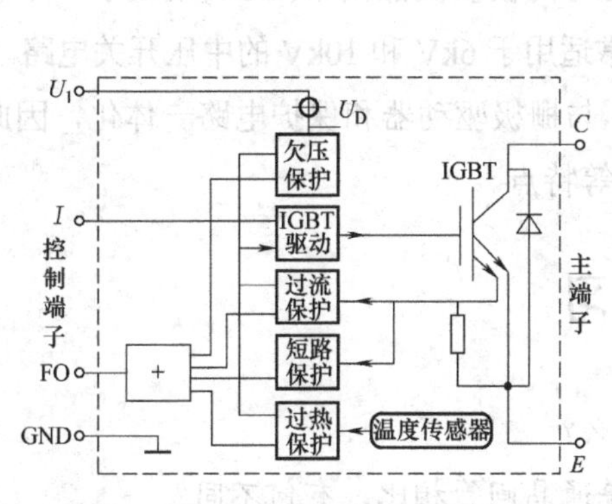

图 2.24　一种 IPM 产品的内部框图

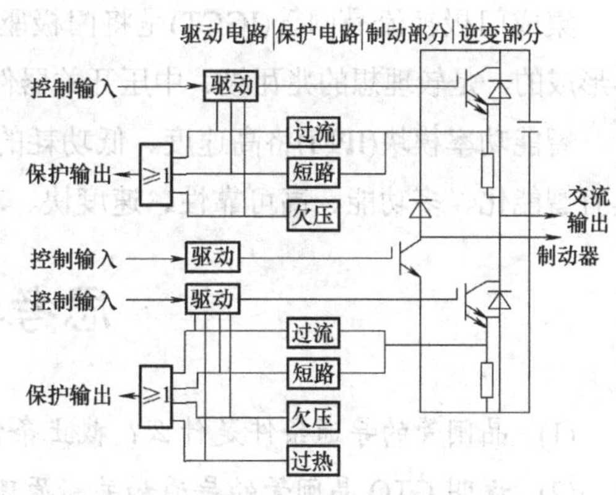

图 2.25　另一种 IPM 模块的内部结构

由于 IPM 模块内部具有多种保护功能，即便是内部的 IGBT 元件承受过大的电流、电压，IPM 模块也不会被损坏。所以使用 IPM 模块，不但可以提高系统的可靠性，而且可以实现系统小型化，缩短设计时间。

由于 IPM 是靠焊丝将内部各功率元件与控制等电路连接起来的，焊丝引入的线电感与焊丝、焊点的可靠性限制了 IPM 的进一步发展。为此，在国外一些研究机构的支持下，提出了 IPEM(Intelligent Power Electronic Module，智能功率电子模块)这一系统集成概念。

本 章 小 结

电力二极管(PD)的内部结构是一个 PN 结，加正向电压导通，加反向电压截止，是不可控的单向导通器件。

普通晶闸管(SCR)是双极型电流控制器件。当对晶闸管的阳极和阴极两端加正向电压，同时在它的门极和阴极两端也加正向电压时，晶闸管导通，但导通后，门极便失去控制作用，不能用门极控制晶闸管的关断，所以它是半控器件。

门极可关断(GTO)晶闸管的导通与晶闸管一样，但门极加负电压可使其关断，所以它是全控器件。

电力晶体管(GTR)是双极型全控器件，工作原理与普通中、小功率晶体管相似，但主要工作在开关状态，不用于信号放大，它承受的电压和电流数值大。

电力 MOS 场效应晶体管(P-MOSFET)是单极型全控器件，是属于电压控制的，驱动功率小。

绝缘栅双极型晶体管(IGBT)是复合型全控器件，具有输入阻抗高、工作速度快、通态电压低、阻断电压高、承受电流大等优点，是功率开关电源和逆变器的理想电力半导体器件。

集成门极换流晶闸管(IGCT)是将门极驱动电路与门极换流晶闸管(GCT)集成于一个整体形成的，是较理想的兆瓦级、中压开关器件，非常适用于 6kV 和 10kV 的中压开关电路。

智能功率模块(IPM)将高速度、低功耗的 IGBT 与栅极驱动器和保护电路一体化，因此具有智能化、多功能、高可靠性、速度快、功耗小等特点。

思考与练习

(1) 晶闸管的导通条件是什么？截止条件是什么？

(2) 说明 GTO 晶闸管的导通和关断原理。与普通晶闸管相比，有何不同？

(3) GTO 晶闸管有哪些主要参数？其中哪些参数与普通晶闸管相同？哪些不同？

(4) GTR 的应用特点及选择方法是什么？

(5) 画出 GTR 的理想基极驱动电流波形，并加以说明。

(6) MOSFET 的应用特点及选择方法是什么？

(7) 说明 IGBT 的结构与工作原理，IGBT 的应用特点及选择方法是什么？

(8) IGCT 和 GTO 晶闸管相比，具有什么特点？

(9) IPM 的应用特点是什么？

(10) 收集目前生产 IPM 模块的较大厂家的产品型号及其达到的容量、性能等参数。

第3章 变频技术

本章要点

- 单相、三相整流电路在不同负载下的工作。
- 单相、三相逆变电路在不同负载下的工作。
- PWM 技术的原理和基本 PWM 电路的控制。

技能目标

- 掌握整流、逆变和 PWM 控制电路分析的方法，具备解决问题的能力。
- 分析同一电路在不同负载下的波形。
- 通过举一反三的练习，掌握中等难度实例练习的技巧。

变频器分为“交—交”变频器和“交—直—交”变频器两大类。“交—交”变频器是将工频交流电直接变换成电压和频率可调的交流电，也称直接式变频器，而“交—直—交”变频器是将工频交流电先通过整流电路变成直流电，然后将直流电变换成电压和频率可调的交流电，它又称为间接式变频器。目前，主要应用的是“交—直—交”变频器。

“交—直—交”变频器的主电路框图如图 3.1 所示，主电路包括三个组成部分：整流电路、中间电路和逆变电路。

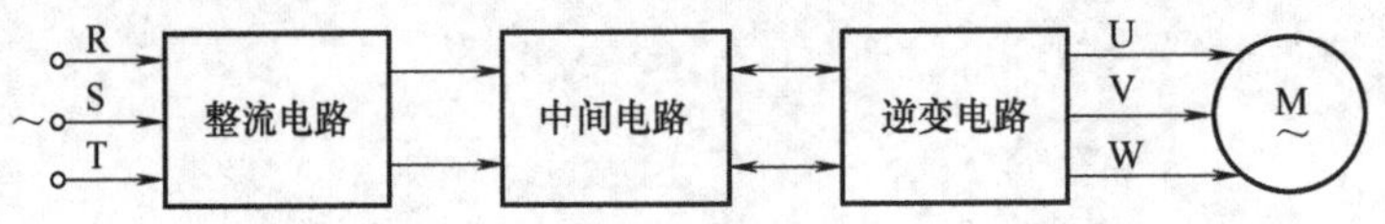

图 3.1 “交—直—交”变频器的主电路框图

靠近电网侧的整流电路可以将交流电转变为直流电，靠近负载侧的逆变电路可以将直流电转变为可调压调频的交流电。中间电路是直流侧，包括滤波电路和制动电路。

3.1 整流电路

整流电路是一种将输入的交流电压变换为输出的直流电压的电路。为满足使用中的不同需要，人们构造了各种各样的整流电路，其分类方法也有多种。整流电路是最简单的一类电力电子电路，整流电路的分析方法是各种电力电子电路分析方法的基础。

通常，根据整流电路中所使用的功率器件的开关控制性能对整流电路分类，整流电路可分为：不可控整流电路(由不可控功率器件构成)、半控整流电路(由半控功率器件构成)和全控整流电路(由全控功率器件构成)。

3.1.1　不可控整流电路

1．不可控器件——功率二极管

功率二极管是不可控电力电子器件。在正向电压(阳极电位高于阴极电位)的作用下，管子两端的正偏压很小(约 1V)时便开始导通，导通后，通态压降维持在 1V 左右。若功率二极管两端加以反向电压(阴极电位高于阳极电位)，只要功率二极管没有被反向击穿(反向电压低于反向击穿电压)，功率二极管就处于截止状态，仅有极小的可忽略不计的漏电流反向流过二极管。利用功率二极管的以上特性，可构成不可控整流电路。

专门用于整流电路的功率二极管是工频二极管或称整流二极管。由于功率二极管在电路中处理的电压一般远远高于它的通态压降，所以在分析整流电路波形时，在功率二极管导通的情况下，常常忽略它的管压降。

2．不可控整流电路

图 3.2 所示为利用功率二极管构成的单相整流桥电路，图 3.3 所示为整流桥输入的交流电压和负载电阻 R 上的电压波形。

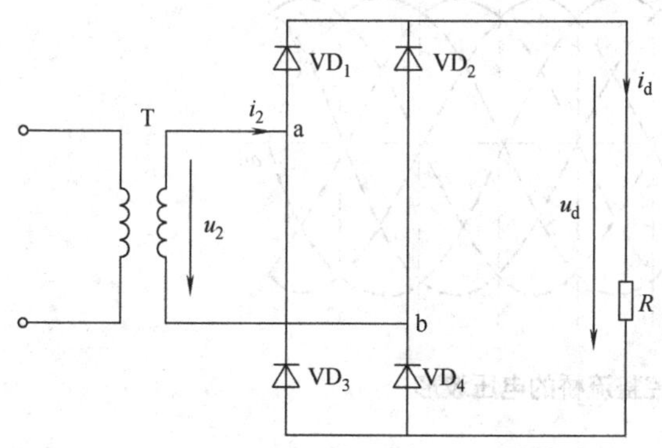

图 3.2　单相不可控整流桥电路

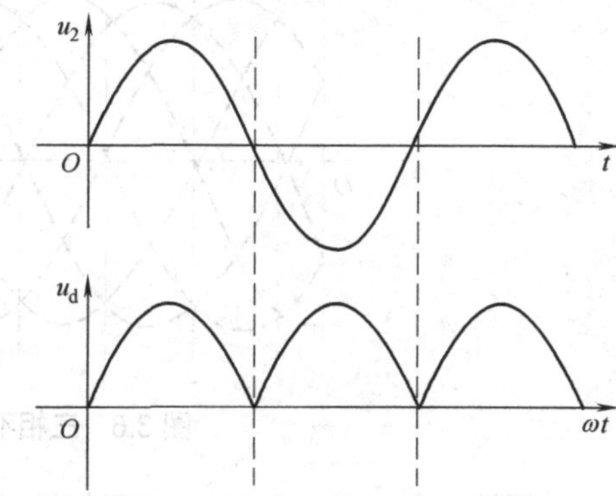

图 3.3　单相不可控整流桥电压的波形

当 u_2 为正时，a 点电位高于 b 点电位，二极管 VD_1、VD_4 承受正向压降而导通，二极管 VD_2、VD_3 承受反向压降而截止；当 u_2 为负时，b 点电位高于 a 点电位，二极管 VD_2、VD_3 承受正向压降而导通，二极管 VD_1、VD_4 承受反向压降而截止。忽略二极管导通时的管压降，VD_1、VD_4 导通时，$u_d=u_2$，VD_2、VD_3 导通时，$u_d=-u_2$。可见，整流桥将输入的单相正弦交流电压整流为负载电阻上脉动的直流电压。在实际中，为了减小整流输出直流电压的脉动，常在直流侧并接一个大电容，作为稳压电容，如图 3.4 所示。

图 3.5 所示为利用功率二极管构成的三相不可控整流桥电路，图 3.6 所示为整流桥输入的交流电压和负载电阻 R 上的电压波形。

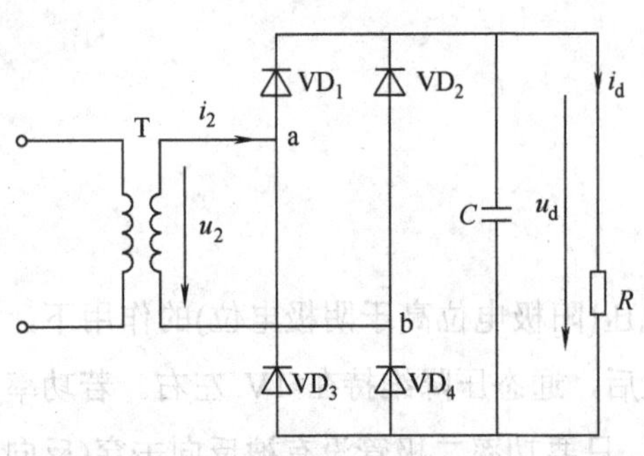

图 3.4 带稳压电容的单相不可控整流桥电路

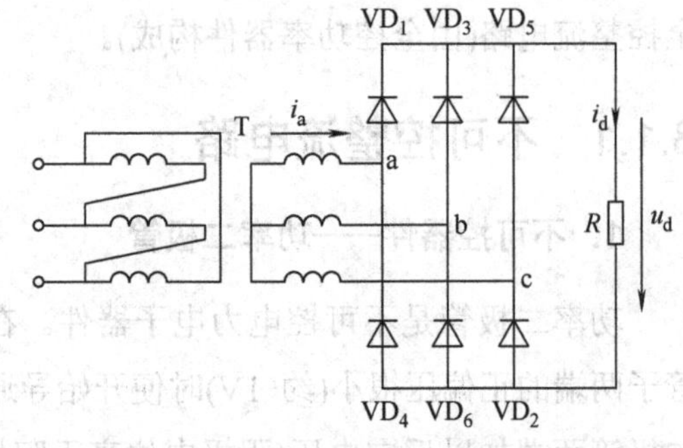

图 3.5 三相不可控整流桥电路

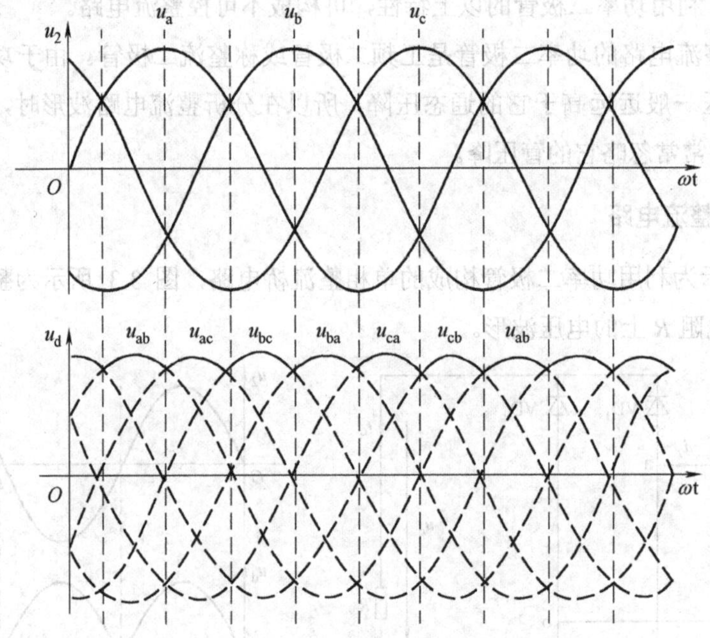

图 3.6 三相不可控整流桥的电压波形

二极管 VD_1、VD_3、VD_5 共阴极连接，组成共阴极组；二极管 VD_2、VD_4、VD_6 共阳极连接，组成共阳极组。共阴极组的 3 个二极管阳极电位最高者导通，共阳极组的 3 个二极管阴极电位最低者导通，根据前面单相桥式整流电路的分析，不难得到整流输出电压的波形。可见，整流桥将输入的三相正弦交流电压整流为负载电阻上脉动的直流电压。对比图 3.3 可见，三相不可控整流电路的整流输出电压在一个周期的脉动次数多了，但电压脉动幅度大大减小。在实际中，为了减小整流输出直流电压的脉动，通常也在三相不可控整流输出侧并接一个大电容，起稳压滤波的作用。

3.1.2 可控整流电路

可控整流电路是一种普遍应用的整流电路，通常由晶闸管作为功率器件。图 3.7 所示为可控整流电路的一般结构。可控整流电路一般由交流电源、整流主电路、滤波器、负载及触发控制电路构成。

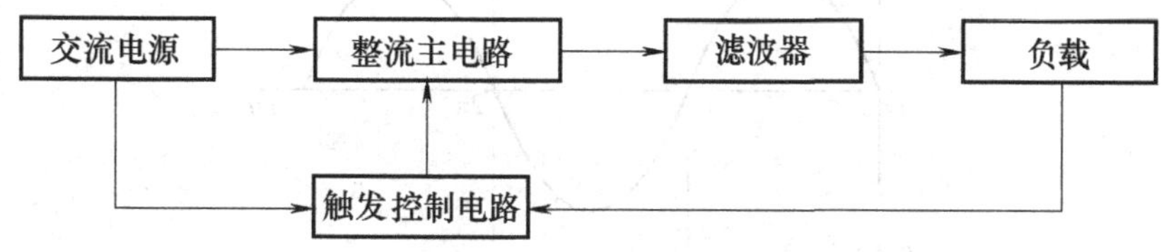

图 3.7 可控整流电路的结构

1. 单相可控整流电路

图 3.8 所示为单相半波可控整流带电阻性负载的电路。生产生活中的电焊、电解槽、电灯、电炉等都可以看作是电阻性负载。电阻性负载是耗电能元件，不能储存电能，由欧姆定律可知，当负载电压和流过负载的电流为关联参考方向时，电阻性负载端电压和流过它的电流成正比，两者具有相同形状的波形。

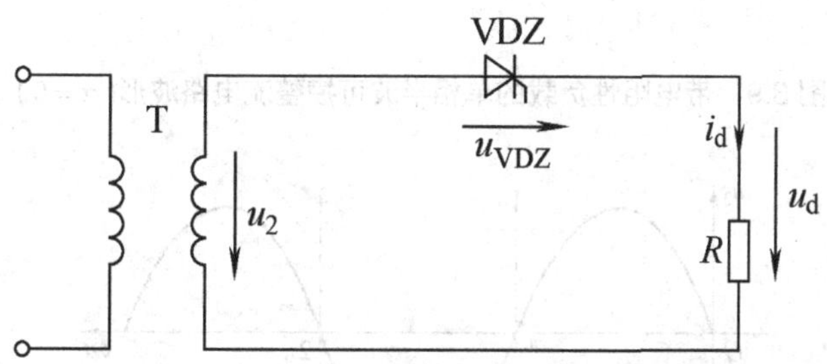

图 3.8 带电阻性负载的单相半波可控整流电路

晶闸管的导通有两个基本条件，即晶闸管承受正向压降(大于 1V)，并且门极施加触发信号(门极和阴极之间有一定功率和幅值的正电压)。在交流电压 u_2 的正半周期，晶闸管承受正向压降，满足导通条件的第一条，此时给晶闸管门极施加触发信号，晶闸管就能导通。这样，控制了门极触发信号的出现时刻，也就控制了整流输出电压；要想改变整流输出电压，改变门极触发信号的出现时刻即可。需要注意的是，由于在交流输入电压的负半波到来时，流过晶闸管的电流下降到维持导通的电流以下，晶闸管关断，因此，需要在每个周期都对晶闸管进行触发。

为了确定晶闸管门极触发信号出现的时刻，规定晶闸管每个周期承受正向压降的初始时刻为自然换相点。这样，在每个交流输入电压周期内都有一个自然换相点。规定，在一个交流输入电压周期内，从自然换相点算起，直到触发信号出现这段时间，换算成角度，称为该周期的触发控制角，或延迟触发角，用α表示。图 3.9 和图 3.10 所示分别是单相半波可控整流电路带电阻性负载在α=0 和α=π/3 时的波形。

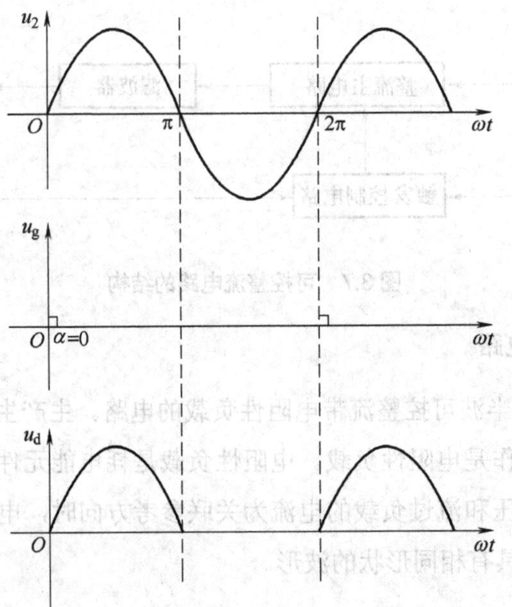

图 3.9　带电阻性负载的单相半波可控整流电路波形($\alpha=0$)

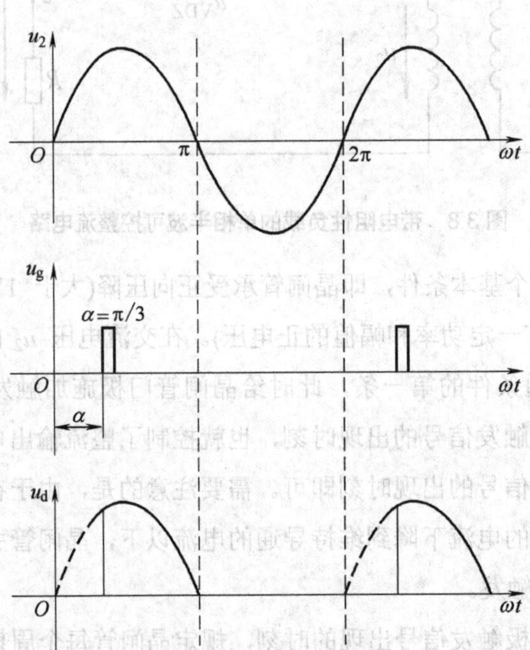

图 3.10　带电阻性负载的单相半波可控整流电路波形($\alpha=\pi/3$)

图 3.11 和 3.12 分别是单相桥式全控整流带电阻性负载的电路和波形，控制角α=π/3。

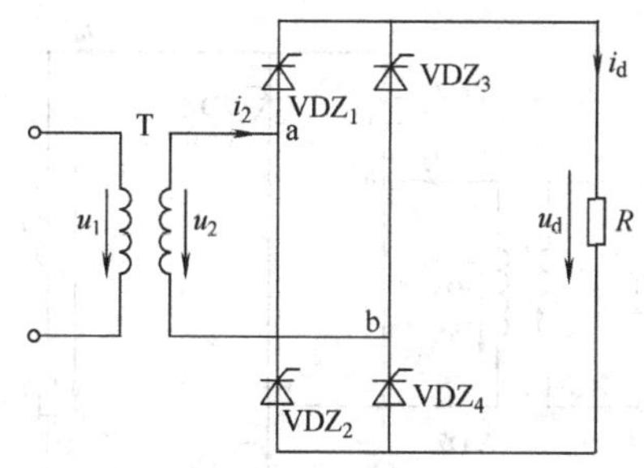

图 3.11　带电阻性负载的单相桥式全控整流电路

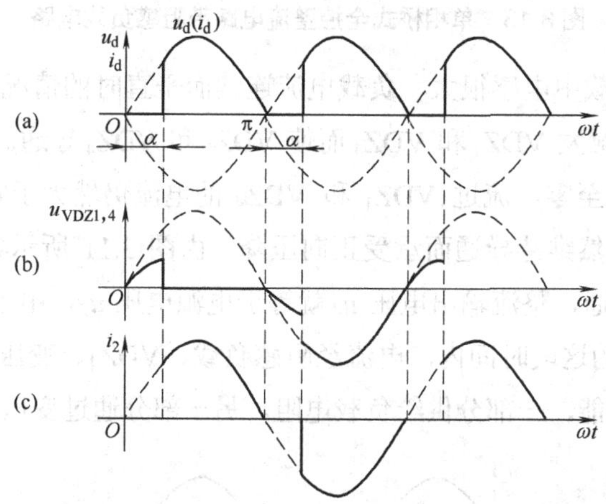

图 3.12　带电阻性负载的单相桥式全控整流电路波形

在图 3.11 所示的电路中，VDZ_1 和 VDZ_4 组成一对桥臂，在 u_2 正半周承受电压 u_2，得到触发脉冲即导通，当 u_2 为零时关断；VDZ_2 和 VDZ_3 组成另一对桥臂，在 u_2 负半周承受电压$-u_2$，得到触发脉冲即导通，当 u_2 过零时关断。触发控制角为α，在 $0\sim\alpha$时间段内，VDZ_2 和 VDZ_3 承受反压截止，VDZ_1 和 VDZ_4 的触发脉冲尚未到来，这段时间内没有晶闸管导通，VDZ_1 和 VDZ_4 承受正向压降，每个管子承受的电压均为 $u_2/2$。在α时刻，晶闸管 VDZ_1 和 VDZ_4 的触发脉冲到来，VDZ_1 和 VDZ_4 导通，忽略晶闸管的导通压降，负载上的电压降(整流电路输出)为变压器副边电压 u_2。在电阻性负载的情况下，负载电流波形和负载电压波形的形状一致，因此，随着 u_2 在π时刻下降到 0，流经负载的电流也就是流经晶闸管 VDZ_1 和 VDZ_4 的电流下降到零，VDZ_1 和 VDZ_4 关断。这样，4 个管子都保持关断状态，直到$\pi+\alpha$时刻晶闸管 VDZ_2 和 VDZ_3 的触发脉冲到来，VDZ_2 和 VDZ_3 导通。

图 3.13 所示为带阻感性负载的单相桥式全控整流电路。阻感性负载可看作是电阻元件和电感元件的串联。在实际应用中，大功率整流器给纯电阻负载供电的情况是很少的，往往是负载中既有电阻又有电感。比如，直流电动机的电枢绕组、励磁绕组等。此外，为了使整流器输出的电流波形平直，减小电流脉动，往往在负载回路中串联一个大电感元件，成为平波电抗器，而这也增加了负载中的电感成分。

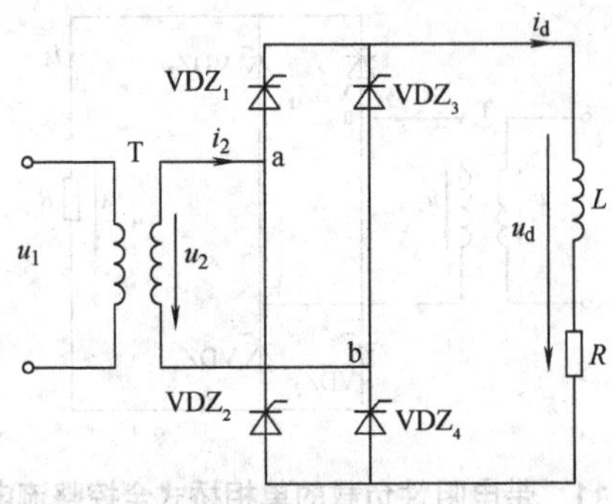

图 3.13　单相桥式全控整流电路带阻感负载电路

图 3.14 所示为负载中电感很大、负载电流连续而平直时的情况。当输入电压 u_2 为正半周时，在控制角α时触发 VDZ_1 和 VDZ_4 而使 VDZ_1 和 VDZ_4 导通。当 u_2 过零变负时，由于电感的电流不能突降至零，流过 VDZ_1 和 VDZ_4 的电流仍然大于它们的导通维持电流，因而 VDZ_1 和 VDZ_4 仍然维持导通而承受正向压降。由图 3.11 所示各量的参考方向可知，只要 VDZ_1 和 VDZ_4 导通，整流输出电压 u_d 就等于电源电压 u_2，由于 u_2 过零变负，u_d 也出现负值。在 u_d 为负值的这段时间内，电流经阻感负载、VDZ_4、变压器副边绕组、VDZ_1 而形成回路，电感释放储能，一部分供给负载电阻，另一部分通过变压器返回电网。

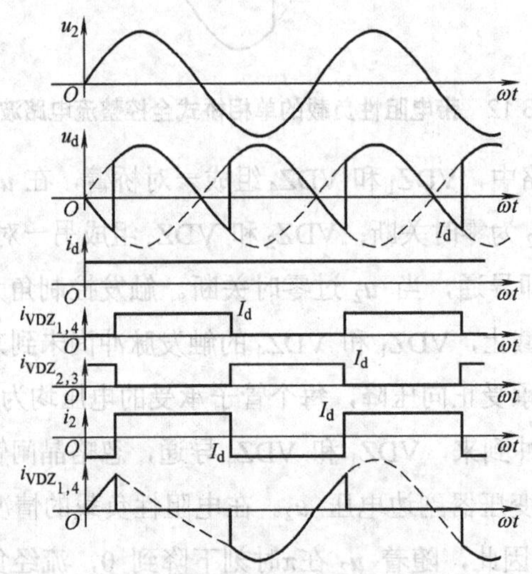

图 3.14　单相桥式全控整流电路带阻感负载波形

2. 三相可控整流电路

由晶闸管构成的单相可控整流电路结构简单，在小功率场合得到了广泛的应用。但单相可控整流电路存在整流输出电压脉动大的缺点，因而在中、大功率场合，往往采用三相整流电路。这样，不仅可以在增加整流输出电压脉波数的基础上减小整流电压的脉动程度，还能使三相制的电网处于平衡状态。下面介绍两种最常用的三相整流电路——三相半波可控整流电路和三相桥式全控整流电路。

图 3.15 所示为三相半波可控整流电路的结构。

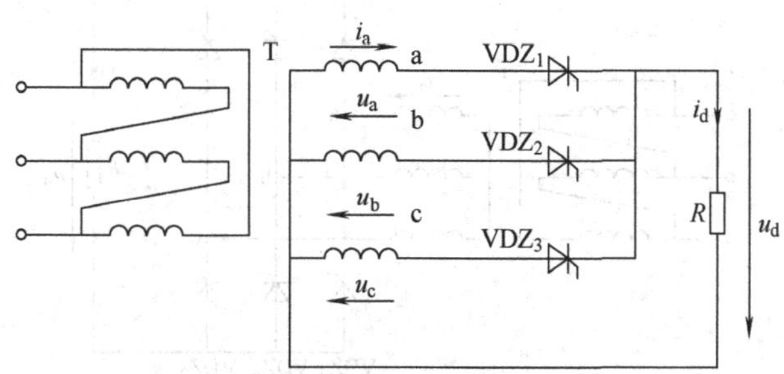

图 3.15 三相半波可控整流电路的结构

为得到零线，变压器二次侧必须按星形连接，而一次侧通常要接成三角形。这样可以避免三次谐波流入电网。这是因为在控制角α不为零时，变压器副边各相电压波形存在畸变，在变压器副边各相中存在三次谐波电流(因为在三相对称的情况下，各相三次谐波分量总是大小相等、相位相同)，若原边三次谐波电流不平衡，会使铁心中磁通的三次谐波成分很大。变压器原边三角形连接则可为三次谐波电流提供通路，同时，原边线电压中不存在三次谐波成分。

3 个晶闸管的阴极连接在一起，称为共阴极连接。对于共阴极的 3 个晶闸管，如果 3 个管子的阳极电位均高于阴极电位，且它们的门极均施加导通信号，则谁的阳极电位高，谁就导通。只要有一个管子导通，则另外两个管子均被施加反向电压，失去导通条件。如果只给一个管子的门极施加导通信号，只要该管子的阳极电位高于阴极电位，则该管子就可导通。如果将 3 个晶闸管全部换成二极管，则相当于触发控制角α=0 时的工作状态，因此，从某相的电压比其他两相都高的开始时刻，就是该相的自然换相点。图 3.16 所示为三相半波可控整流电路在控制角α=π/6 时的波形。

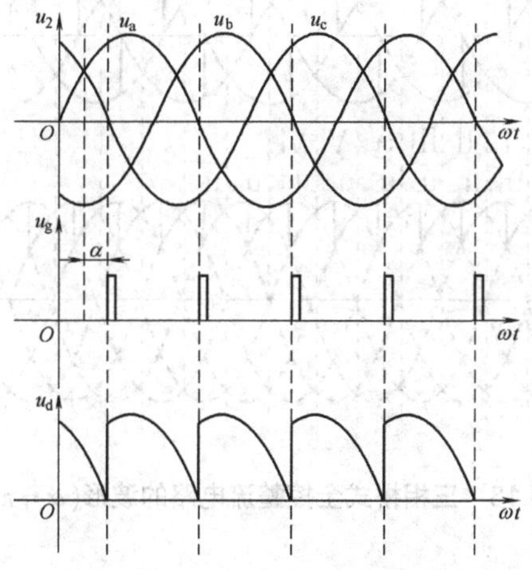

图 3.16 三相半波可控整流电路的波形($\alpha=\pi/6$)

图 3.17 所示为三相桥式全控整流电路的原理图。

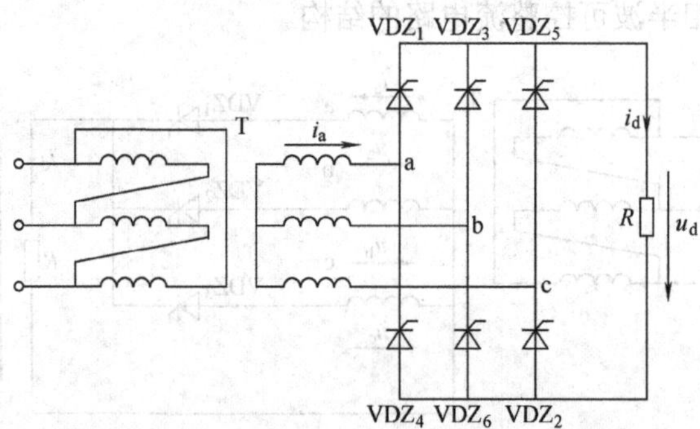

图 3.17　三相桥式全控整流电路的原理图

这是目前应用最为广泛的一种整流电路。习惯上，将其中阴极连接在一起的 3 个晶闸管(VDZ_1、VDZ_3、VDZ_5)称为共阴极组，将阳极连接在一起的 3 个晶闸管(VDZ_2、VDZ_4、VDZ_6)称为共阳极组。

当晶闸管的触发控制角α为零时，则该电路的工作与采用二极管的三相桥式不可控整流电路相同。此时，对于共阴极组的 3 个晶闸管，阳极电位最高的一个导通，而对于共阳极组的 3 个晶闸管，阴极电位最低的一个导通。这样，任意时刻，共阳极组和共阴极组中各有一个晶闸管处于导通状态，施加于负载上的电压为某一线电压。因此，触发控制角α为零时的整流输出电压波形与图 3.6 中的相同。可见，共阴极组 3 个晶闸管的自然换相点是其所在相的相电压比其余两相高的开始时刻；共阳极组 3 个晶闸管的自然换相点是其所在相的相电压比其余两相低的开始时刻。图 3.18 所示为三相桥式全控整流电路在控制角$\alpha=\pi/6$时的波形。

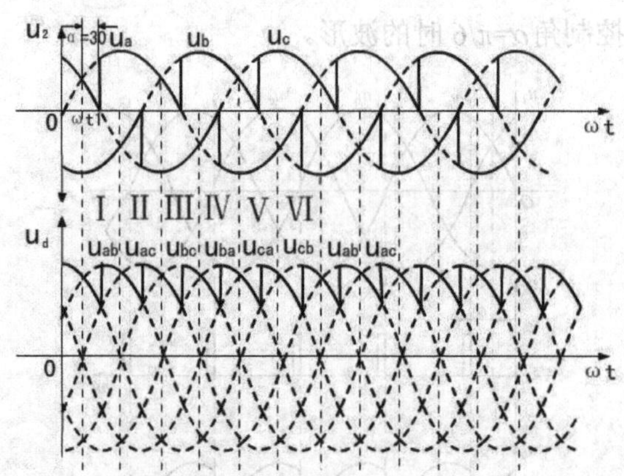

图 3.18　三相桥式全控整流电路的波形($\alpha=\pi/6$)

三相桥式全控整流电路在任何时刻都必须由共阴极组和共阳极组各一个晶闸管同时导通，才能构成电流回路，一个晶闸管导通$2\pi/3$。在共阳极组的一个晶闸管导通的整个过程中，共阴极组必然有两个晶闸管的换流时刻(电流的流通路径的改变称为换流)。因此，为确保在两个晶闸管换流时，正在导通的晶闸管不会关断，往往需要在换流对应的时刻给正在导通的晶闸管补发触发脉冲。这样，一个晶闸管在它的一个导通周期中，就有两次触发脉冲，这种触发方式称为双窄脉冲触发。实际中，除了双窄脉冲触发，还可以采用宽脉冲触发，即将双窄脉冲的第一次触发脉冲的脉宽延续到对应的第二次触发时刻，即一个晶闸管的一个导通周期只有一个宽触发脉冲。

3.2 中间电路

变频器的直流侧是连接变频器整流电路和逆变电路的中间电路部分，主要实现滤波和制动两大功能。整流电路输出的电压是脉动的，需要进行滤波，以获得恒流(电流型)或恒压(电压型)电源。直流侧为电压型电路的滤波原理如图3.19所示。

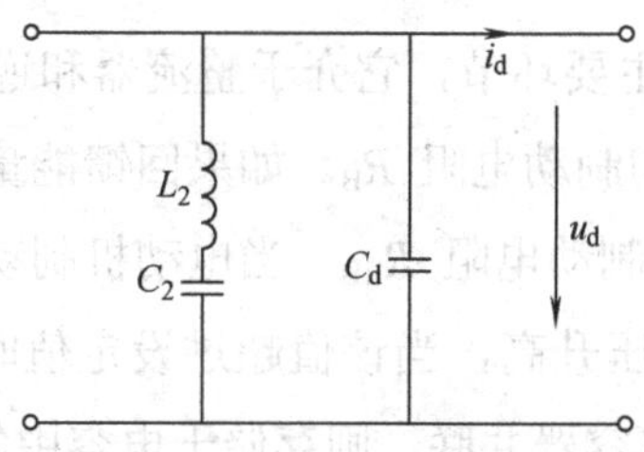

图3.19 电压型电路的滤波原理

电容C_d一般是容量较大的电解电容。主要作用为稳定直流电压，兼有吸收来自交流侧无功功率的作用。电感L_2和电容C_2组成串联谐振滤波器，用来吸收二次侧的谐波电流。通过对L_2和C_2的设置，使其谐振于2倍的基波频率，这样，二次谐波电流就无法流通到后续电路中去了。

图3.20所示为直流侧为电流型电路的滤波原理。电感L_d为大电感，主要作用为稳定直流电流，兼有吸收来自交流侧无功功率的作用。电感L_2和电容C_2组成并联谐振滤波器，用来吸收二次侧的谐波电压。通过对L_2和C_2的设置，使其谐振于2倍的基波频率，这样，二次谐波电压就无法流通到后续电路中去了。

变频器所带的电动机负载如果工作于再生制动区域(第Ⅱ象限)时，再生能量可储存于直流侧的储能电力电容器中，使直流侧电压升高。当再生能量过大时，必须采取手段对再生能量进行处理，以免直流侧电压升高，超过允许的值。在变频器中，常见的对再生能量的处理方式主要有两种：一种是使电力电容器储存的能量回馈至电网，称为回馈制动方式；

另一种是设置制动单元，将多余的能量消耗掉，称为动力制动方式。

利用设置在直流回路中的制动电阻吸收电动机的再生电能的方式，称为动力制动或再生制动。图 3.21 所示为其控制单元的电路结构。

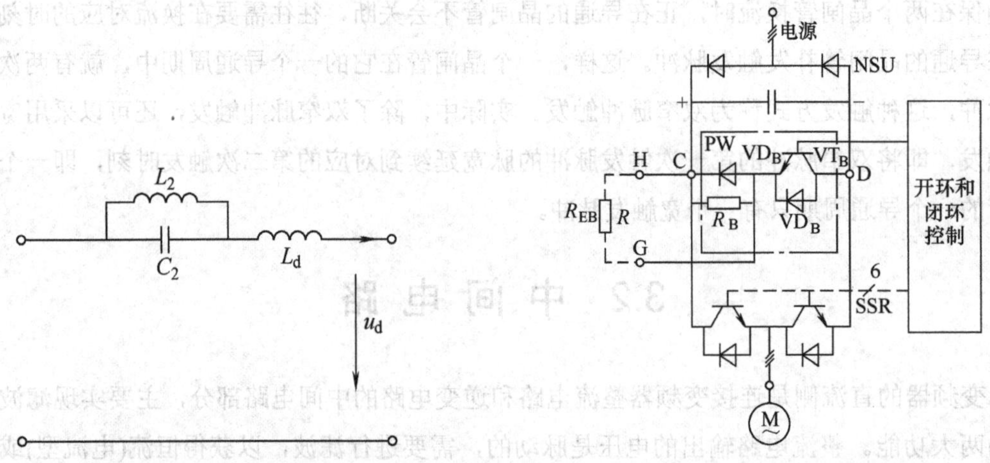

图 3.20　电流型电路的滤波原理　　　　图 3.21　动力制动电路简图

制动单元也是中间电路的主要环节，它介于整流器和逆变器之间，图中的制动单元包括晶体管 VT_B、二极管 VD_B 和制动电阻 R_B。如果回馈能量较大，或要求强制动，还可以选用接于 H、G 两点上的外接制动电阻 R_{EB}。当电动机制动时，能量经逆变器回馈到直流侧，使直流侧滤波电容上的电压升高，当该值超过设定值时，即自动给 VT_B 施加基极信号，使之导通，将 $R_B(R_{EB})$与电容器并联，则存储于电容中的再生能量经 $R_B(R_{EB})$消耗掉。已选购动力制动单元的变频器，可以通过特定功能码进行设定。大多数变频器的软件中预置了这类功能。此外，图 3.21 所示电路中的 VT_B、VD_B 一般设置在变频器箱体内。新型 IPM 模块甚至将制动用 IGBT 集成在其中。制动电阻一般置于柜外，无论是动力制动单元还是制动电阻，在订货时均需向厂家特别注明，是作为选购件提供给用户的。

上面提及的动力制动，电动机均处于再生发电状态。传统的异步电动机能耗制动，即异步电动机定子加直流的情况下，转动着的转子产生制动力矩，使电动机速停。这种方式在变频调速中也有应用，在相关资料中称为“DC 制动”，即由变频器输出直流的制动方式。当变频器向异步电动机的定子通直流电时(逆变器某几个元件连续导通)，异步电动机便进入能耗制动状态。此时，变频器的输出频率为零，异步电动机的定子产生静止的恒幅磁场，转动着的转子切割此磁场，产生制动转矩。电动机存储的动能转换成电能，消耗于异步电动机的转子回路中。这种制动方式主要用于两种目的，一是准确停车的控制，二是制止启动前电动机由外因引起的不规则自由旋转。如风机，由于风筒中的风压作用而自由旋转，甚至可能反转，启动时可能会产生过流故障。

3.3 逆变电路

逆变是整流的逆过程。即把直流电变成交流电的过程称为逆变。当交流侧接有电源，即接在电网上时，称为有源逆变。当交流侧直接与负载相连时，称为无源逆变。逆变电路一般指无源逆变电路。

当前，逆变电路的应用十分广泛。生产生活中的直流电源，比如蓄电池、太阳能电池等要给交流负载供电，就需要在这些电源和负载之间接逆变电路。逆变电路也是一些交流电动机调速节能器、变频器等的工作电路的主体部分。

3.3.1 逆变电路的工作原理

下面以图 3.22 所示的单相桥式逆变电路为例，说明逆变电路的基本工作原理。

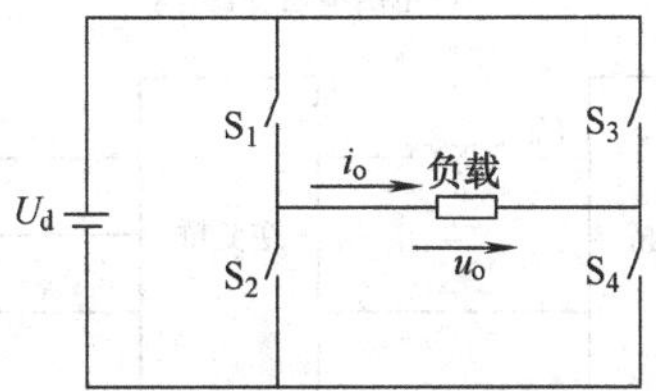

图 3.22 单相桥式逆变电路

图 3.22 中，S_1、S_2、S_3、S_4 是桥式电路的 4 个开关，实际中可用全控型电力电子器件替代。当开关 S_1、S_4 闭合，S_2、S_3 断开时，负载电压为正，即 u_o=+U_d；当开关 S_1、S_4 断开，S_2、S_3 闭合时，负载电压为负，即 u_o=−U_d，其波形如图 3.23 所示。

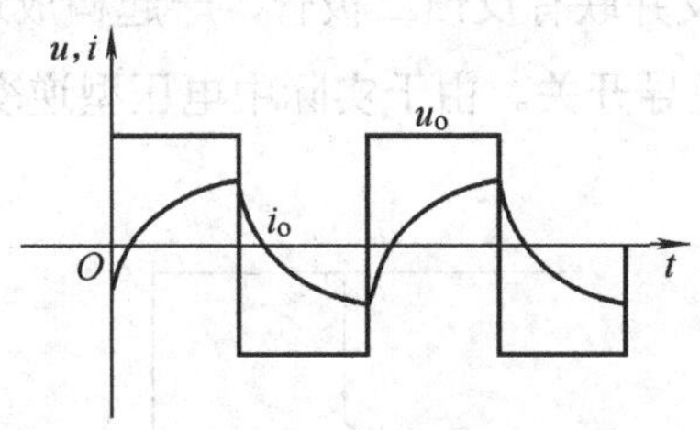

图 3.23 单相桥式逆变电路的波形

这样，就把直流电源输出的直流电变成了负载上的交流电。改变两组开关的切换频率，就可改变输出的交流电的频率。

当负载为电阻时，负载电流 i_o 和负载电压 u_o 的波形形状相同、相位相同。当负载为阻感负载时，由于负载电流 i_o 滞后于负载电压 u_o，且 i_o 以指数形式上升，故两者波形不同，如图 3.23 所示。

3.3.2 电压型和电流型逆变电路

逆变电路根据直流侧电源的性质，可分为两类。直流侧是电压源的，称为电压型逆变电路，又称为电压源型逆变电路；直流侧是电流型的，称为电流型逆变电路，又称为电流源型逆变电路。在实际中，电压源往往采用整流电路直流侧并联大电容的方式得到，而电流源往往采用整流电路直流侧串联大电感来得到。由电压型逆变电路组成的逆变器称为电压型逆变器，由电流型逆变电路组成的逆变器称为电流型逆变器。图 3.24 所示为电压型逆变器和电流型逆变器的结构简图。

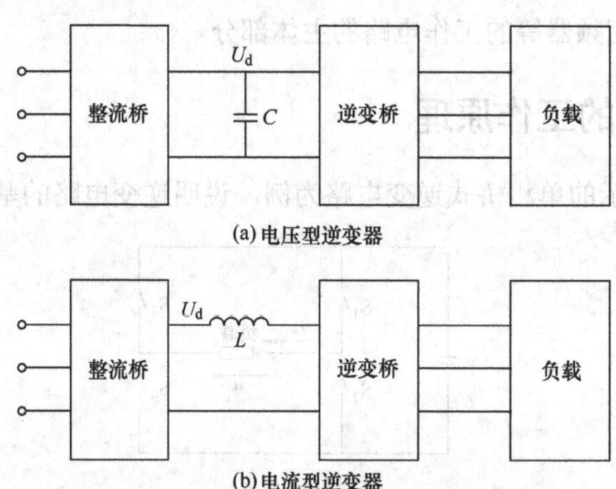

图 3.24 电压型逆变器和电流型逆变器的结构简图

电压型逆变电路有以下特点：直流侧为电压源，直流侧电压基本无脉动；交流侧输出电压波形为矩形波，与负载阻抗无关；为了给交流侧向直流侧反馈的无功能量提供通道，逆变桥的各桥臂开关器件都反并联有反馈二极管，一起构成逆导开关。图 3.25 所示为由 IGBT 反并联二极管构成的逆导开关。由于实际中电压型逆变电路的应用较为广泛，本书主要介绍电压型逆变电路。

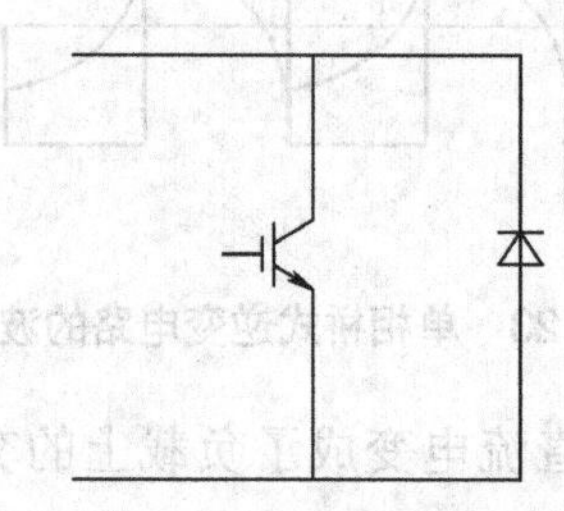

图 3.25 IGBT 与二极管构成的逆导开关

电流型逆变电路有以下主要特点：直流侧为电流源，直流侧电流基本无脉动；交流侧输出电流波形为矩形波，与负载阻抗无关；开关器件不需要反并联二极管。

3.3.3　单相半桥逆变电路

电压型单相半桥逆变电路如图 3.26 所示(开关管以 IGBT 为例)。直流侧接有两个参数相同、互相串联的大电容，一方面可维持直流侧电压稳定，另一方面可得到直流电源的中间电压的接点。由 IGBT 和二极管构成的两个逆导开关串联后接到电源上，两个逆导开关分别为两个桥臂。负载接在直流电源中点和两个桥臂连接点之间。

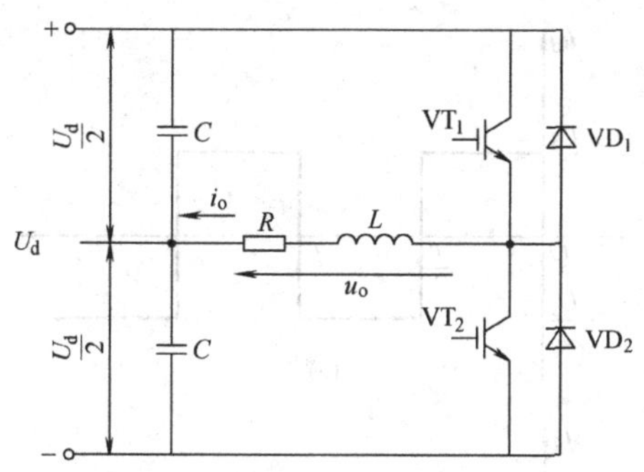

图 3.26　电压型单相半桥逆变电路

现在讨论电压型单相半桥逆变电路的工作原理。假设在 $0 \leqslant t < T/2$ 期间，驱动 VT_1，使 VT_2 截止；在 $T/2 < t \leqslant T$ 期间，使 VT_2 导通，VT_1 截止。

当负载为纯电阻负载时，在 $0 \leqslant t < T/2$ 期间，VT_1 导通，VT_2 截止，$u_0=U_d/2$；在 $T/2 < t \leqslant T$ 期间，VT_2 导通，VT_1 截止，$u_o=-U_d/2$。流过负载的电流 i_o 的波形与负载端电压 u_o 的波形一致，如图 3.27 所示。

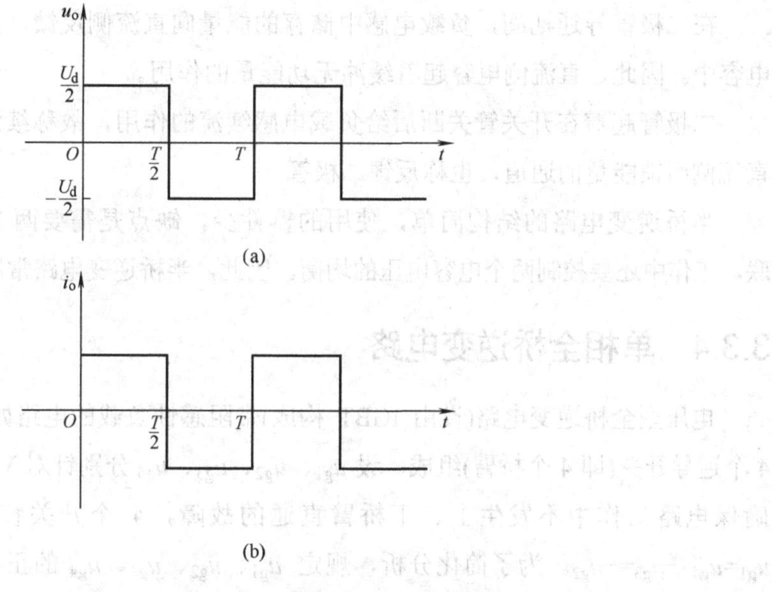

图 3.27　电压型单相半桥逆变电路带电阻负载的波形

当负载为阻感性负载时，分析电路进入稳态后的一个周期内的情况。由于负载电感储能，负载电压变化时，负载电流不能瞬变，因此在 $0 \leqslant t < T/2$ 期间内，虽然给 VT_1 施加了触发脉冲，但要等到 VD_1 续流结束，即反向电流减小到零后 VT_1 才能导通，反向电流减小的过程，也就是电感储能释放，向电容充电的过程。同理，在 $T/2 < t \leqslant T$ 期间，VT_2 也要等到通过 VD_2 向电容充电的正向电流减小到零后才能导通。整个过程中，负载电压的变化情况与电阻负载一致，如图 3.28 所示。

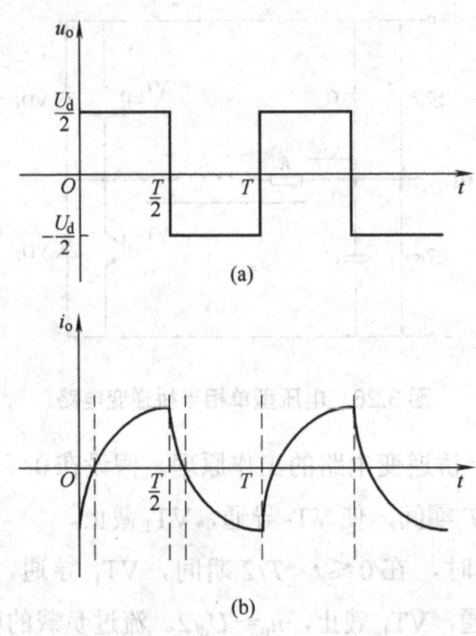

图 3.28　电压型单相半桥逆变电路带阻感负载的波形

在二极管导通期间，负载电感中储存的能量向直流侧反馈，反馈的能量就暂时储存在电容中。因此，直流侧电容起着缓冲无功能量的作用。

二极管起着在开关管关断后给负载电感续流的作用，故称续流二极管，由于它也是向直流侧回馈能量的通道，也称反馈二极管。

半桥逆变电路的结构简单，使用的器件少，缺点是需要两个参数完全一致的电容串联，工作中还要控制两个电容电压的均衡。因此，半桥逆变电路常用于小功率逆变电路中。

3.3.4　单相全桥逆变电路

电压型全桥逆变电路(设由 IGBT 构成)带阻感性负载的电路如图 3.29 所示。该电路由 4 个逆导开关(即 4 个桥臂)组成。设 u_{g1}、u_{g2}、u_{g3}、u_{g4} 分别针对 VT_1、VT_2、VT_3、VT_4，为确保电路工作中不发生上、下桥臂直通的故障，4 个开关管的控制信号的关系应为 $u_{g1}=u_{g4}=-u_{g3}=-u_{g2}$。为了简化分析，规定 u_{g1}、u_{g2}、u_{g3}、u_{g4} 的正、负脉冲各占半个周期，这也叫 180° 方波控制。

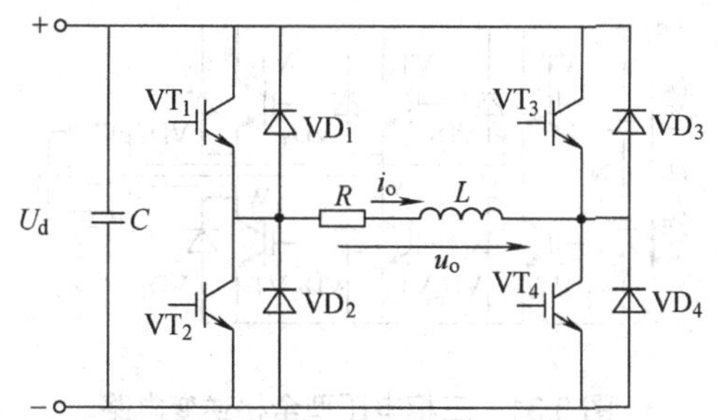

图 3.29　电压型单相全桥逆变电路

电压型全桥逆变电路的工作原理与电压型半桥逆变电路相似，波形如图 3.30 所示。

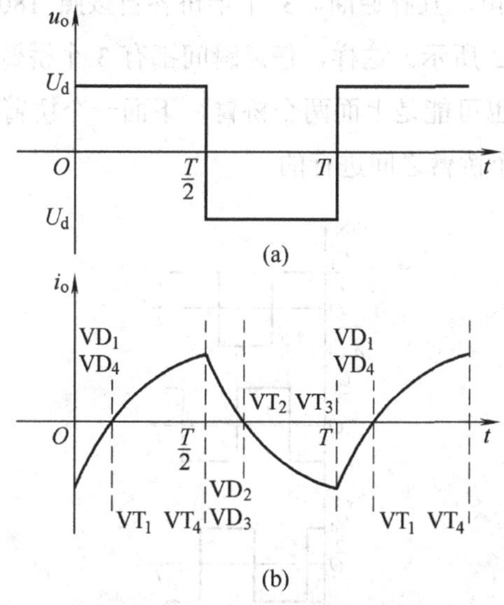

图 3.30　电压型单相全桥逆变电路的波形

图 3.30 所示为电路运行一段时间后，截取的一段波形，可见，一个周期分为 4 个阶段。VT_1和 VT_4导通后 $u_o=U_d$，电流以指数形式上升；到 $T/2$ 时刻，由于 VT_1和 VT_4的触发脉冲由正变负，VT_1和 VT_4关断，而电流突变造成的负载上的自感电势使 VD_2和 VD_3导通，此阶段负载上的电压 $u_o=-U_d$，负载电感储能向电容回馈，负载电流i_o下降；当i_o降到零后，由于 VT_2、VT_3 的触发脉冲仍为正，VT_2、VT_3 导通，此时 $u_o=-U_d$，负载电流i_o反向增大，此后的情况分析类似。

3.3.5　三相桥式逆变电路

三相电压型全桥逆变电路(设由 IGBT 构成)如图 3.31 所示。在通常的大功率应用场合均采用三相逆变电路。该电路可看作由 3 个半桥逆变电路并联组成，直流侧可以只用一只电容器，为了便于分析，图中采用两只电容器串联，以获得中点 N'。

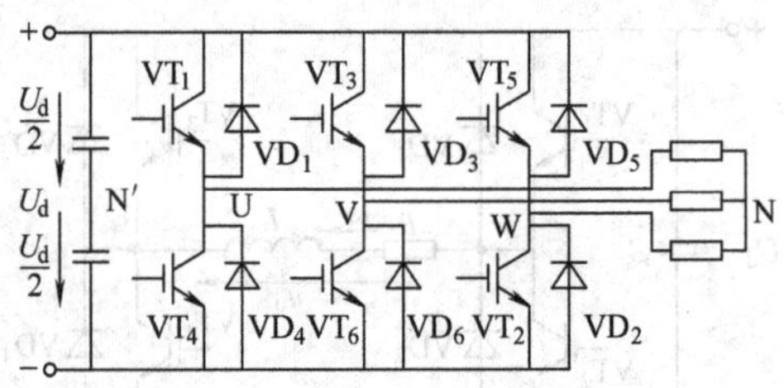

图 3.31 三相电压型全桥逆变电路

电压型三相全桥逆变电路通常采用 180° 导电型方波控制，即每个桥臂(即由开关管 IGBT 和与它反并联的二极管组成的一组逆导开关)的导电角度为 180°，同一相(即同一半桥)的上、下两桥臂交替导电，互补通断。3 个半桥各自按照 180° 方波控制，但彼此在相位上互差 120°，如图 3.32 所示。这样，任意瞬间都有 3 个桥臂同时导通，可能是上面一个桥臂，下面两个桥臂，也可能是上面两个桥臂，下面一个桥臂同时导通。总之，每次换流都是在同一相上、下两个桥臂之间进行的。

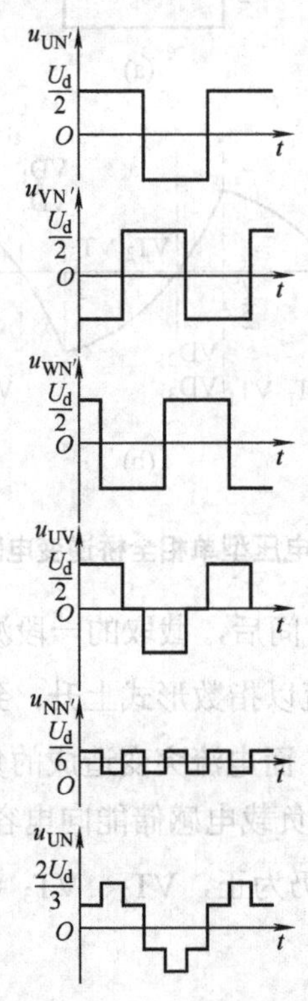

图 3.32 电压型三相全桥逆变电路

下面分析电压型三相全桥逆变电路通常采用 180° 导电型方波控制下的电路工作波形。对于 U 相来说，当上桥臂导通时，$u_{UN'}=U_d/2$；当下桥臂导通时，$u_{UN'}=-U_d/2$。因此 $u_{UN'}$ 的波形是幅值为 $U_d/2$ 的矩形波。V 相和 W 相的情况类似，只是波形相位互差 120°，如图 3.32 所示。负载电压 u_{UV}、u_{VW}、u_{WU} 可由式(3-1)求出，即：

$$\begin{aligned} u_{UV} &= u_{UN'} - u_{VN'} \\ u_{VW} &= u_{VN'} - u_{WN'} \\ u_{WU} &= u_{WN'} - u_{UN'} \end{aligned} \tag{3-1}$$

负载电压 u_{UV}、u_{VW}、u_{WU} 的波形如图 3.32 所示。

设负载中点 N 与直流侧中点 N'之间的电压为 $u_{NN'}$，则负载各相的相电压分别满足方程：

$$\begin{aligned} u_{UN} &= u_{UN'} - u_{NN'} \\ u_{VN} &= u_{VN'} - u_{NN'} \\ u_{WN} &= u_{WN'} - u_{NN'} \end{aligned} \tag{3-2}$$

把式(3-2)中的三相相加，并整理，可求得：

$$u_{NN'} = \frac{1}{3}(u_{UN'} + u_{VN'} + u_{WN'}) - \frac{1}{3}(u_{UN} + u_{VN} + u_{WN}) \tag{3-3}$$

在负载三相对称情况下，有 $u_{UN} + u_{VN} + u_{WN} = 0$，故：

$$u_{NN'} = \frac{1}{3}(u_{UN'} + u_{VN'} + u_{WN'}) \tag{3-4}$$

$u_{NN'}$ 的波形如图 3.32 所示，可见 $u_{NN'}$ 也为矩形波，但频率为 $u_{UN'}$ 的 3 倍，幅值为其 1/3。

电流型变频器一般在直流侧串接有大电感，使直流电流基本无脉动，直流回路呈现高阻抗，相当于电流源。

电流源的主要特点如下。

(1) 逆变电路中的开关器件主要起改变直流电流流通路径的作用，故交流侧电流为矩形波，与负载性质无关，而交流侧电压波形及相位因负载阻抗角不同而异，电感负载时，其波形接近正弦波。

(2) 直流侧电感起缓冲无功能量的作用，因电流不能反向，故开关器件不必反并联二极管。

(3) 逆变器从直流侧向交流侧传送的功率是脉动的，因直流电流无脉动，故输出直流电压的脉动引起功率的脉动。

常用的电流型逆变器电路主要有单相桥式和三相桥式逆变电路，图 3.33(a)所示是电流型三相桥式逆变电路，图中的 VDZ_1~VDZ_6 为方向阻断型 GTO 晶闸管。而使用反向导电型 GTO 晶闸管时，必须给每个器件串联二极管，以承受反向电压。

在电流型逆变电路中，为了吸收换相时负载电感中的能量，在交流侧设置电容器。在换相时，由于负载电感中的电流给电容充电，使电流型逆变电路的输出中出现了浪涌电压。

电流型三相桥式逆变电路的基本工作方式是 120° 导通方式。即每个桥臂导通 120°，按 VDZ_1~VDZ_6 的顺序每隔 60° 依次导通。控制过程与三相桥式全控整流电路相同，这样，每个时刻，共阴极组和共阳极组都各有一个桥臂导通。换相时，是在共阴极组或共阳极组内依次换相，是横向换相。

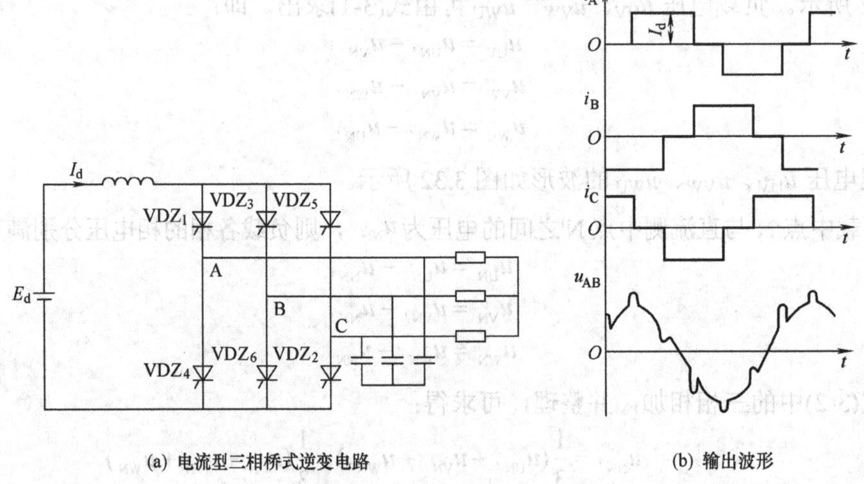

(a) 电流型三相桥式逆变电路　　(b) 输出波形

图 3.33　电流型三相桥式逆变电路及其输出波形

画电流型逆变电路的波形时，总是先画电流波形，因为电流波形与负载性质无关，是简单的矩形波。图 3.33(b)给出了逆变电路输出的三相电流波形及线电压波形。在电感性负载情况下，线电压波形近似为正弦波。

3.4　SPWM 控制技术

由前面的分析可知，无论是电压型单相半桥、全桥逆变电路，还是电压型三相全桥逆变电路，负载上的电压波形都不是正弦波。而实际中期望逆变器能够变压变频，且负载上的电压波形应为正弦波。因为一些交流负载，交流异步电动机，需要供电电压为正弦波。

SPWM 控制技术就是通过控制逆变器的功率开关管，使其按照一定规律导通或者关断，在输出端获得一系列宽度不等的矩形脉冲电压波形，这些电压波形作用在负载上与正弦电压等效的控制技术。

SPWM 控制技术的思想来源于通信领域，现已广泛应用于变频技术领域。

3.4.1　SPWM 控制的基本原理

根据采样控制理论的重要原理——冲量相等而形状不同的窄脉冲作用于具有惯性的环节上时，其效果基本相同。窄脉冲的冲量是指其在时间轴上的积分，即面积。效果基本相同是指惯性环节的输出响应波形基本相同。如果把各输出波形用傅里叶分析，则会发现它们的低频段几乎一样，仅在高频段略有差异。此原理称“冲量等效原理”，是 PWM 技术的理论基础。PWM(Pulse Width Modulation)控制就是对脉冲的宽度进行调制的技术，即通过对一系列脉冲的宽度进行调制，来等效地获得所需要波形的控制技术。

下面分析如何用一系列等幅不等宽的脉冲来代替一个正弦半波。首先把正弦半波分成 N 等份(每份的底部长度相等)。这样就可以把正弦半波看作是 N 个彼此相连的脉冲序列所组成的波形。这些脉冲宽度相等而幅值不等。如果将上述脉冲列用数量相同的等幅不等宽的矩形脉冲代替，使对应的矩形脉冲和原来的脉冲中点重合且面积相等，这样就得到了和原来正弦半波等效的 PWM 波形，如图 3.34 所示。

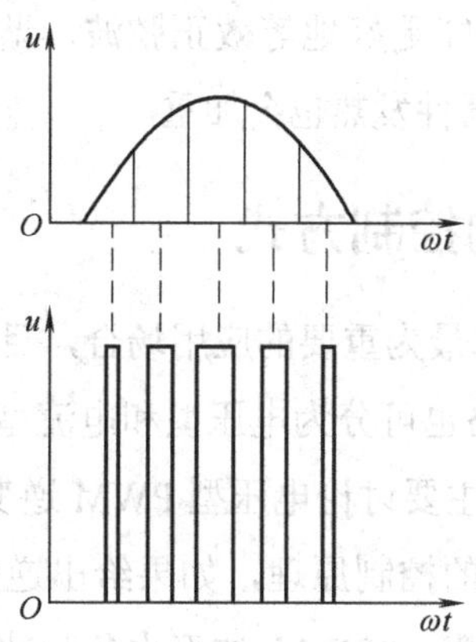

图 3.34 用 PWM 波代替正弦半波

对于正弦半波的负半波，也可以用同样的方法得到等效的 PWM 波。显然，根据冲量等效原理，通过以上方法，任意形状的波形都可以获得与其等效的 PWM 波。与正弦波等效的 PWM 波通常称为 SPWM 波。

常见的 SPWM 波在形式上有两种，即三电平式 SPWM 波形和两电平式 SPWM 波，如图 3.35 所示。

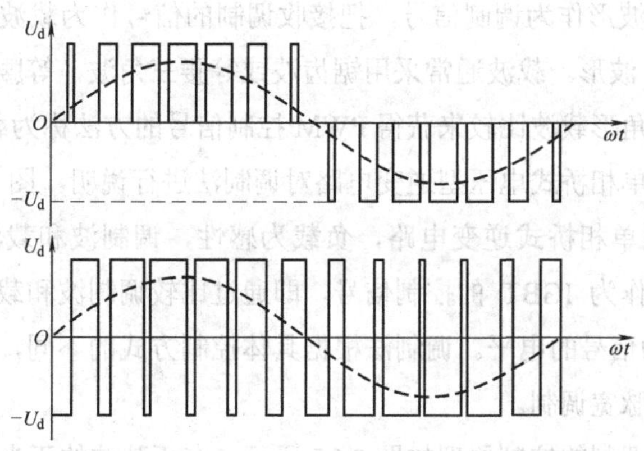

图 3.35 三电平和两电平式 SPWM 波

三电平式 SPWM 波在整个波形中有 3 种电平：正电平、零电平和负电平，正负电平的幅度相等。有正电平的半周期等效于正弦波的正半周期，有负电平的半周期等效于正弦波的负半周期。

两电平式 SPWM 波在对应于正弦波的每个半周期都是双极性跳变的脉冲序列，在正负两个电平间跳变。这种脉冲序列的脉宽按照正弦规律变化，即正负脉冲的平均面积按照正弦规律变化，如图 3.35 中的虚线所示，符合冲量等效原理。

在图 3.35 所示的示意图中，每个周期中只有几个脉冲。但在实际应用中，无论是三电平式 SPWM 波形还是两电平式 SPWM 波形，每个周期中的脉冲数都很多。SPWM 波的每个周期中包含的脉冲数越多，越能更好地等效正弦波，谐波成分的幅度越小；但这样也要求开关管的开关频率要高一些，器件发热也会加重。

3.4.2　PWM 逆变电路的控制方式

逆变电路是 PWM 控制技术最为重要的应用场合，目前中、小功率的逆变电路几乎都采用 PWM 技术，PWM 逆变电路也可分为电压型和电流型两种，目前实用的 PWM 逆变电路几乎都是电压型电路，本小节主要讨论电压型 PWM 逆变电路的控制方法。

根据上面所讲述的 SPWM 的控制原理，如果给出逆变电路输出波形的等效正弦波的频率、幅值、半个周期内的脉冲数，SPWM 波形中各脉冲的宽度和间隔就可以准确地计算出来，按照计算结果来控制逆变电路中的各开关管的开关，就可以得到所需的 SPWM 波形。这种 PWM 逆变电路的控制方式或者说 SPWM 波的生成方式就是计算法。可以想象，计算法中在要求输出 PWM 波形的频率、幅值或相位变化时，计算中的数据都要相应地发生变化，当 PWM 波的半周期脉冲数稍多时，计算法就很繁琐。因此，计算法在实际中应用得很少。

调制法是与计算法相对应的在实际中获得广泛应用的 PWM 逆变电路的控制方式。调制法是把希望输出的波形作为调制信号，把接收调制的信号作为载波，通过信号波的调制得到所期望的 PWM 波形。载波通常采用锯齿波或等腰三角波，等腰三角波应用最多。通常将通过调制波与三角形载波比较来获得 PWM 控制信号的方法称为载频三角波比较法。

以下结合 IGBT 单相桥式电压型逆变电路对调制法进行说明。图 3.36 是采用 IGBT 作为开关器件的电压型单相桥式逆变电路，负载为感性，调制波和载波作为调制电路的输入，调制电路的输出作为 IGBT 的控制信号，即通过比较调制波和载波的电压高低，来确定当前 IGBT 的驱动信号的电平。调制法根据具体控制方式的不同，可分为单极性正弦脉宽调制和双极性正弦脉宽调制。

单极性正弦脉宽调制的控制原理如图 3.37 所示。在正弦波的正半周，让 VT_2 一直保持截止，让 VT_1 一直保持导通，让 VT_4 交替通断。当 VT_1 和 VT_4 同时导通时，负载上所加的电压为直流电源电压 U_d，当 VT_1 导通而 VT_4 关断后，由于电感性负载的电流不能突变，负载电流将通过二极管 VD_3 续流，负载上所加电压为零。如果负载电流比较大，在 VT_1 再一次导通之前，VD_3 可以一直维持续流导通。如果负载电流较小，续流中很快衰减到零，

在 VT_1 再一次导通之前负载电压也一直为零。这样，在正弦波的正半周期，负载电压 u_o 为矩形波，高电平为 U_d，低电平为 0，在正弦波的负半周期，采用相似的控制方式，可以实现负载电压 u_o 的幅值为负的矩形波。因而，通过控制相应开关管的通断，就可以控制负载电压 u_o 的占空比。

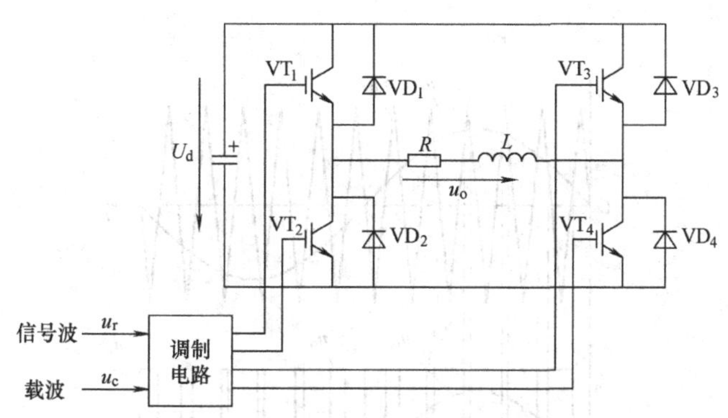

图 3.36 单相桥式 PWM 逆变电路

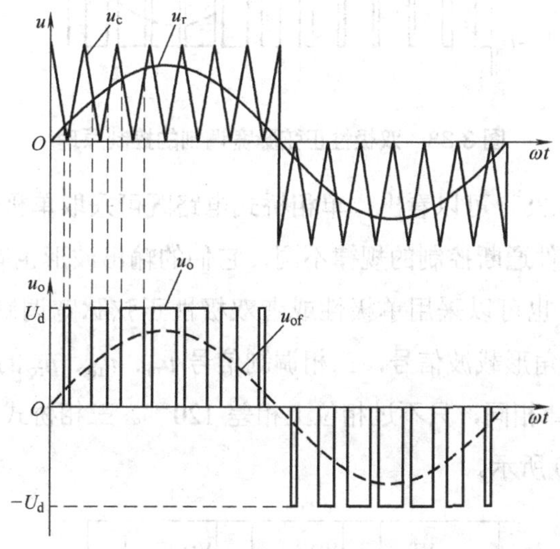

图 3.37 单极性正弦脉宽调制的控制原理

问题是根据什么来决定 VT_4 的通断呢？

在图 3.37 中，u_c 为三角形载波，u_r 为正弦调制波。在正弦波 u_r 的正半周期，u_c 为正极性的三角波，VT_1 始终保持导通，当 $u_r>u_c$ 时，VT_4 导通，u_o 为高电平 U_d；$u_r<u_c$ 时，VT_4 关断，u_o 为零电平。在正弦波 u_r 的负半周期，u_c 为负极性的三角波，VT_1 关断，VT_2 始终保持导通，当 $u_r<u_c$ 时，VT_3 导通，u_o 为低电平 $-U_d$；$u_r>u_c$ 时，VT_3 关断，u_o 为零电平。

双极性正弦脉宽调制的控制原理如图 3.38 所示。双极性正弦脉宽调制的控制方式与单极性正弦脉宽调制的控制方式类似，在 u_r 和 u_c 的交点时刻控制 IGBT 的通断。在 u_r 的半个周期内，三角形载波有正有负，所得 PWM 波也有正有负，其幅值只有正负 U_d 两种电平。当 $u_r > u_c$ 时，给 VT_1 和 VT_4 导通信号，给 VT_2 和 VT_3 关断信号。如果 $i_o>0$，VT_1 和 VT_4 导通，如果 $i_o<0$，VD_1 和 VD_4 导通，u_o 为高电平 U_d。当 $u_r<u_c$ 时，给 VT_2 和 VT_3 导通信号，给 VT_1 和 VT_4 关断信号。如果 $i_o<0$，VT_2 和 VT_3 导通，如果 $i_o>0$，VD_2 和 VD_3 导通，u_o 为低电平$-U_d$。

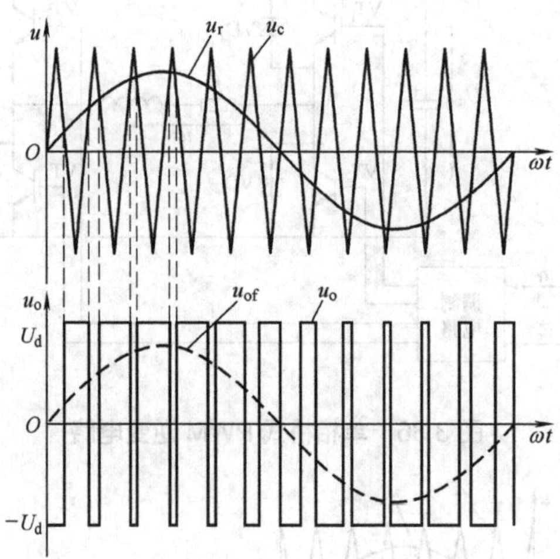

图 3.38　双极性正弦脉宽调制的控制原理

对照图 3.37 和图 3.38，可以看出，单相桥式电路既可采取单极性调制，也可采用双极性调制，由于对开关器件通断控制的规律不同，它们的输出波形也有较大的差别。

对于三相逆变器，也可以采用单极性或者双极性正弦脉宽调制的控制方式，a、b、c 三相通常可共用一个三角形载波信号，三相调制信号 u_{ra}、u_{rb}、u_{rc} 的相位依次相差 120°。a、b、c 三相的控制规律相同，只不过相位上相差 120°。三相桥式 PWM 逆变电路和波形原理如图 3.39 和图 3.40 所示。

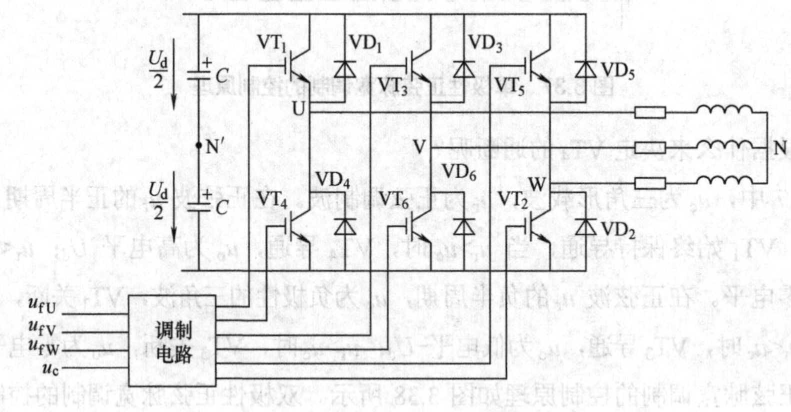

图 3.39　三相桥式 PWM 逆变电路

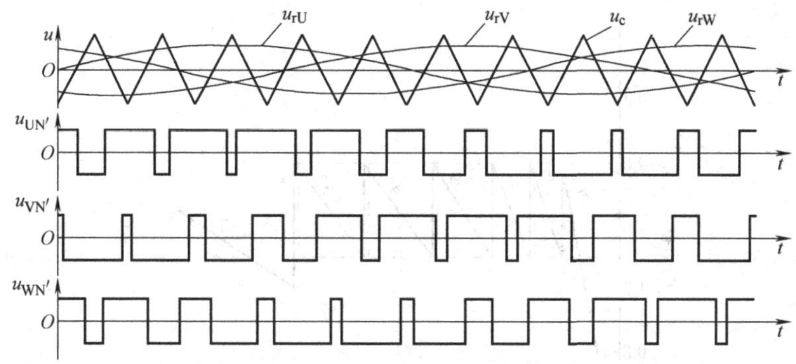

图 3.40　三相桥式 PWM 逆变电路的波形

需要说明的是，在双极性 PWM 控制方式中，同一相的上下两个桥臂的驱动信号是互补的，为防止上下两桥臂直通而造成短路，应留一小段上下臂都施加关断信号的死区时间。死区时间的长短，主要由开关器件的关断时间决定。死区时间的存在，会给输出的 PWM 波带来影响，使其稍稍偏离正弦波。

在 PWM 调制中，当等效的正弦波的频率发生变化时，如何控制 PWM 波才能满足要求？实际中，有三种方法，即同步调制、异步调制及分段同步调制。载波频率 f_c 与调制信号频率 f_r 之比称为载波比，用 N 表示，即 $N=f_c/f_r$。上述三种方法就是根据载波和信号波是否同步及载波比的变化情况分类的。

异步调制是载波信号和调制信号不同步的调制方式，通常保持 f_c 固定不变，当 f_r 变化时，载波比 N 是变化的。

这样，在信号波的半周期内，PWM 波的脉冲个数不固定，相位也不固定，正负半周期的脉冲不对称，半周期内前后 1/4 周期的脉冲也不对称。当 f_r 较低时，N 较大，一个周期内脉冲数较多，脉冲不对称产生的不利影响都较小；当 f_r 增高时，N 减小，一个周期内的脉冲数减少，PWM 脉冲不对称的影响就变大。

同步调制是载波信号和调制信号保持同步的调制方式，当变频时使载波与信号波保持同步，即 N 等于常数。f_r 变化时，f_c 同步变化，保持 N 不变，信号波一周期内输出的脉冲数固定。

但是，当 f_r 很低时，f_c 也很低，由调制带来的谐波不易滤除；f_r 很高时，f_c 会过高，使开关器件难以承受。

分段同步调制是异步调制和同步调制的综合应用。

把整个 f_r 范围划分成若干个频段，每个频段内保持 N 恒定，不同频段的 N 不同。在 f_r 较高的频段采用较低的 N，使载波频率不致过高；在 f_r 较低的频段采用较高的 N，使载波频率不致过低。图 3.41 所示为分段同步调制方式举例。

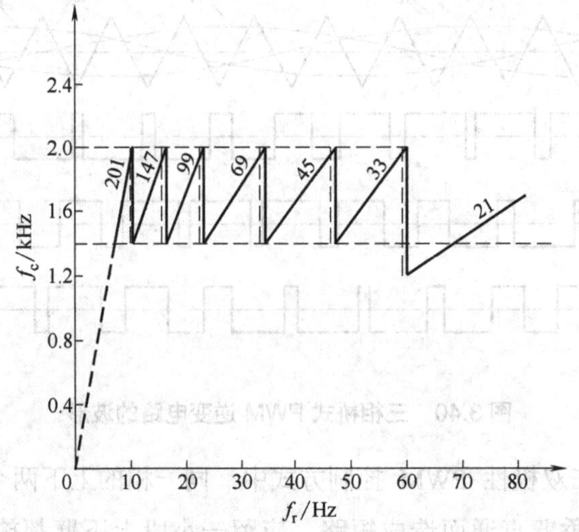

图 3.41　分段同步调制方式举例

本章小结

本章主要介绍了单相半波、单相桥式、三相半波、三相桥式整流电路的电路拓扑形式；讲解了单相半波、单相桥式、三相半波、三相桥式整流电路带不同负载时的分析方法，电压型单相半桥、单相全桥、三相全桥无源逆变电路的分析方法，PWM 控制的原理和 PWM 电路的控制方法。

思考与练习

(1) 简述单相半波整流电路带电阻性负载和阻感性负载时的分析方法。

(2) 简述电压型单相半桥、单相全桥、三相全桥无源逆变电路的分析方法。

(3) 整流电路控制角的定义是什么？

(4) 电压型和电流型逆变电路各有什么特点？

(5) 什么叫冲量等效原理？它的含义是什么？

(6) 简述同步调制和异步调制的定义和异同。

(7) 在三相半波可控整流电路中，$\alpha=60^\circ$，如果 a 相的触发脉冲消失，试绘出在电阻性负载和电感性负载下整流电压的波形。

第 4 章　电动机与电力拖动

本章要点

- 三相异步电动机的工作原理。
- 三相异步电动机的机械特性与运行特征。
- 三相异步电动机不同负载的机械特性。
- 电力拖动系统的特点。

技能目标

- 掌握分析异步电动机理论问题的方法，具备解决问题的能力。
- 会分析不同负载的机械特性。
- 通过举一反三的练习，掌握中等难度实例练习的技巧。

4.1　异步电动机

三相异步电动机与其他电动机相比，具有结构简单、制造方便、运行可靠、价格低廉、容易控制、容易维修等一系列优点；还具有较高的运行效率和较好的工作特性，能满足各行各业大多数生产机械的传动要求。异步电动机还便于派生成符合各种专用特殊要求的形式，以适应不同生产条件的需要。异步电动机按转子结构的不同，可分为笼形和绕线转子型两类。变频调速主要用于三相笼形电动机。

4.1.1　异步电动机的工作原理

1. 旋转磁场

三相交流电流通入异步电动机的三相定子绕组中，形成一个旋转磁场，旋转磁场的转速(即同步转速)n_0可用式(4-1)表示，即：

$$n_0 = \frac{60 f_1}{p} \tag{4-1}$$

式中 f_1 为电流的频率；p 为旋转磁场的磁极对数。

如果频率调节成 f_x，则同步转速 n_{0x} 也随之改变为：

$$n_{0x} = \frac{60 f_x}{p} \tag{4-2}$$

这就是变频调速的理论依据。

2．异步电动机的工作原理

图 4.1 所示为异步电动机的工作原理。定子通入交流电流后，形成旋转磁场，切割转子绕组，由右手定则可判断转子绕组中的感生电流方向。载流的转子绕组在磁场中受到电磁力的作用，就形成电磁转矩 T，根据左手定则，可判断 T 的方向。在 T 的作用下，转子就跟随定子的旋转磁场旋转起来。

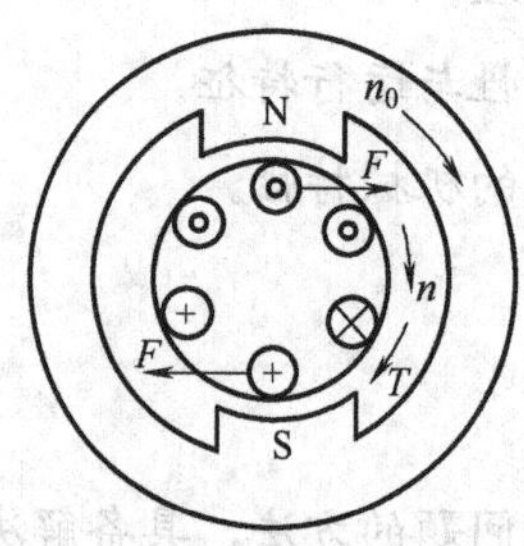

图 4.1　异步电动机的工作原理

只有旋转磁场和转子绕组之间存在相对运动，转子绕组才能切割磁力线，进而产生感应电流和形成电磁转矩。因此，转子转速 n 与旋转磁场转速 n_0 之间一定存在着一个差值，称为转差，用 Δn 表示，即：

$$\Delta n = n_0 - n \tag{4-3}$$

异步电动机的实际转速为 n，n 总是小于 n_0，异步电动机的“异步”正是来源于此。转差 n_0-n 与同步转速 n_0 的比值称为转差率，用 s 表示，即：

$$s = \frac{n_0 - n}{n_0} \tag{4-4}$$

由式(4-4)可推导出异步电动机的转速 n 的表达式为：

$$n = n_0(1-s) = \frac{60 f_1}{p}(1-s) \tag{4-5}$$

电动机在额定状态下运行时，转子转速 n 通常与 n_0 相差不大，因此额定转差率 s_N 一般都比较小，其范围在 0.01~0.05 之间。

转差率 s 是异步电动机的一个基本参数，它对电动机的运行有着极大的影响，其值越大，转差也越大，转子绕组切割磁力线的速度也就越大；转子绕组中的感应电动势 E_{2S}、感应电流 I_{2S} 和频率 f_2 都会增大，转子产生的电磁转矩 T 也会增大。

4.1.2　异步电动机的铭牌参数

在三相异步电动机的外壳上，固定有一个牌子，称铭牌。铭牌上会注明这台三相电动机的主要技术数据，是选择、安装、使用和修理(包括绕组重绕)三相电动机的重要依据。

1. 型号

国产中小型三相电动机型号的系列为 Y 系列，是按照国际电工委员会 IEC 标准实际生产的三相异步电动机，它是以电动机中心高度为依据编制型号谱的。

2. 额定功率

额定功率是指在满载运行时三相电动机轴上输出的额定机械功率，用 P_N 表示，以 kW 或 W 为单位。

3. 额定电压

额定电压是指接到电动机绕组上的线电压，用 U_N 表示。三相电动机要求所接的电源电压的变动一般不应超过额定电压的±5%。电压过高，电动机容易烧坏；电压过低，电动机难以启动。即使启动后，电动机也可能带不动负载，容易烧坏。

4. 额定电流

额定电流是指三相电动机在额定电源电压下，输出额定功率时，流入定子绕组的线电流，用 I_N 表示，以 A 为单位。

5. 额定频率

额定频率是指电动机所接的交流电源每秒钟内周期变化的次数，用 f_N 表示。我国规定标准电源频率为 50Hz。

6. 额定转速

额定转速表示三相电动机在额定工作情况下运行时每分钟的转速，用 n_N 表示，一般是略小于对应的同步转速。

7. 额定功率因数

额定功率因数是指在额定电压、额定负载状态下运行时电动机的功率因数，用 $\cos\varphi_N$ 表示。

8. 额定温升

额定温升是指在额定工作状态下电动机允许的温度升高值，用 θ_N 表示。电动机在运行期间的温升，在不超过额定温升的前提下，只要电动机带得动，即使过载了一些，也是允许的。但不论什么情况下，都不允许电动机在额定温升以上长时间运行，否则会使电动机损坏。

9．额定转矩

电动机的铭牌上没有该数据，但却是一个非常重要的参数，它是指在额定电压、额定频率下运行时，电动机能够长期、安全、稳定输出的最大转矩，用 T_N 表示。

10．接法

三相异步电动机定子绕组的接法有星形(Y)和三角形(△)两种。定子绕组的接线只能按规定方法连接，不能任意改变接法，否则会损坏三相异步电动机。

三相异步电动机的额定功率与其他额定数据之间有以下关系：

$$p_N = \sqrt{3}\, U_N I_N \cos\phi_N \eta_N \tag{4-6}$$

式(4-6)中的 η_N 为额定效率。

4.1.3 电动机的工作制

1．连续工作制

连续工作制是指电动机所带的负载可以在足够长的时间内连续运行。所谓足够长的时间，是指在这段时间内，电动机的温升足以达到稳定温升值。属于这类负载的有水泵、鼓风机等。

2．断续工作制

断续工作制，是指电动机所带的负载是时而运行、时而停止，在运行期间，电动机的温升不足以达到稳定温升；在停止期间，温升也不足以降到零。属于这类负载的有起重机械等。

3．短时工作制

短时工作制是指电动机所带的负载每次运行的时间很短，在运行期间，电动机的温升达不到稳定值；而每两次运行之间的间歇时间很长，在此期间，电动机的温升足以下降到环境温度。属于这类负载的有水闸门的拖动系统等。

4.1.4 变频有效输出值

当电动机处于变频运行状态，频率调节到 f_x 时，电动机的外加电压也会发生变化，此时，电动机已不是在额定情况下运行，也就不能再用额定功率 P_N 和额定转矩 T_M 等额定值来衡量电动机的带负载能力，将电动机在任意频率 f_x 下能够长期、安全、稳定输出的功率和转矩，称为有效功率和有效转矩。在变频调速中，是用有效输出值这个概念来衡量电动机的带负载能力的。在频率 f_x 下，如果电动机实际所带的负载超过了有效输出值，电动机就处于过载的工作状态。

4.1.5　电动机容量的选择

从发热方面来看，选择电动机的原则是：电动机在运行时的稳定温升不能超过其允许温升。由于不同的工作制下，电动机达到稳定温升的时间也不一样，因此，选择的方法也不同。

对于连续工作的负载来说，由于电动机在运行期间能够达到稳定温升，因此不允许电动机过载。

对于断续、短时间工作的负载来说，由于电动机在运行期间并不能达到稳定温升，因此，在电动机的温升不超过其允许温升的前提下，允许电动机短时间过载，在选择电动机容量时，可以选择容量较小的电动机。如果能改善电动机的散热条件，其短时间过载能力还可以加大。

4.1.6　异步电动机的等效电路及其平衡方程式

1．异步电动机的等效电路

异步电动机的转子能量是通过电磁感应得到的。定子和转子之间在电路上没有任何联系，其电路如图 4.2 所示。

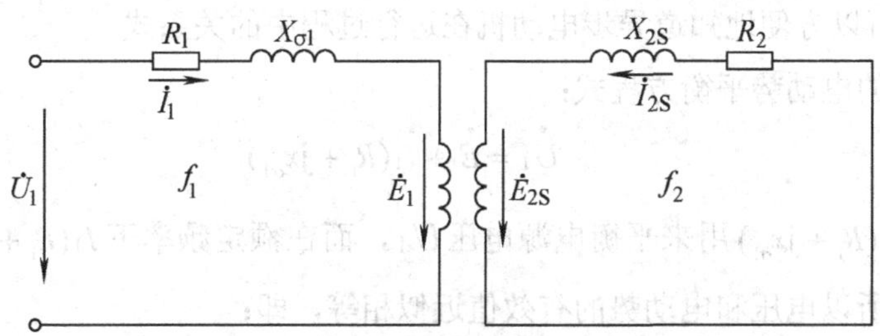

图 4.2　异步电动机定子和转子等效电路

在图 4.2 中，$\dot{U}_1$为定子的相电压；$\dot{I}_1$为定子的相电流；R_1 为定子每相绕组的电阻；$x_{\sigma 1}$为定子每相绕组的漏感；$\dot{E}_{2S}$、$\dot{I}_{2S}$、X_{2S} 分别为转子电路中产生的电动势、电流、漏电抗；$\dot{E}_1$ 为每相定子绕组的反电动势，它是定子绕组切割旋转磁场而产生的，其有效值计算如下：

$$E_1 = 4.44 f_1 k_{N1} N_1 \phi_M \tag{4-7}$$

式中 k_{N1} 为与绕组结构有关的常数；N_1 为每相定子绕组的匝数。

由于转子回路的频率 $f_2 = sf_1$，与转差率成正比，所以转子回路中的各电量也都与转差率成正比。

为了方便定量分析定子、转子之间的各种数量关系，现将定子、转子有关参数进行折算，折算后，异步电动机的等效电路如图 4.3 所示。

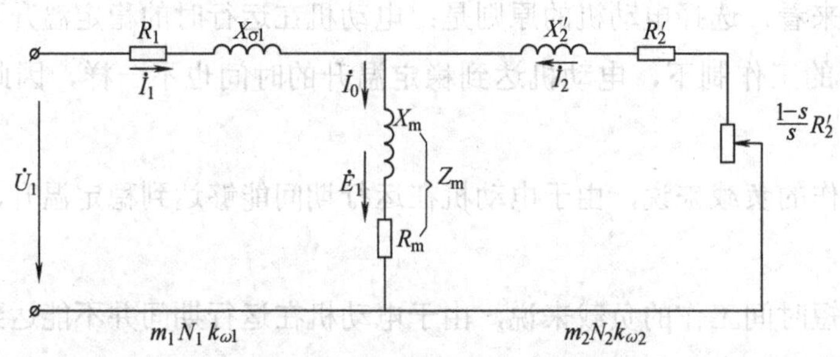

图 4.3　异步电动机折算后的等效电路

图中，R_m 为励磁电阻，是表征异步电动机铁心损耗的等效电阻；X_m 为励磁电抗，是表征铁心磁化能力的一个参数；$\dot{I}_0$ 为励磁电流；$\frac{1-s}{s}R_2'$ 为机械负载的等效电阻，在其上消耗的功率就相当于异步电动机输出的机械功率；$\dot{I}_2'$、$\dot{E}_2'$、R_2'、x_2' 等为经过折算后的转子参数。

2．定子和转子的电动势平衡方程式

从图 4.3 中可以方便地知道异步电动机在运行过程中的关系式。

(1)　定子侧的电动势平衡方程式：

$$\dot{U}_1=\dot{E}_1+\dot{I}_1(R_1+\mathrm{j}x_{\sigma1})\tag{4-8}$$

由于 $\dot{E}_1$ 和 $\dot{I}_1(R_1+\mathrm{j}x_{\sigma1})$ 用来平衡电源电压 $\dot{U}_1$，而在额定频率下 $\dot{I}_1(R_1+\mathrm{j}x_{\sigma1})$ 占的比例很小，可以忽略，所以电压和电动势的有效值近似相等，即：

$$U_1\approx E_1$$

(2)　转子电动势平衡方程式：

$$\dot{E}_2'=\dot{I}'_2R_L'+\dot{I}_2'R_2'+\mathrm{j}\dot{I}_2'X_2'\tag{4-9}$$

如果将式(4-9)乘以 $\dot{I}_2'$，$\dot{E}_2'\dot{I}'_2$ 为通过气隙传送到转子上的电磁功率，$\dot{I}_2'R_L'$ 为转子轴上输出的总机械功率；$\dot{I}_2'R_2'$ 为转子铜耗。由于转子铜耗所占的比例很小，所以转子的功率绝大部分转换成了机械功率。

(3)　电流方程式：

$$\dot{I}_1=-\dot{I}_2+\dot{I}_0\tag{4-10}$$

由式(4-10)可见，定子电流可以分成两部分，其中很小一部分 I_0 用来建立主磁通 ϕ_M；而大部分用来平衡转子侧的感应电流，使转子能够得到足够的能量来拖动负载。

4.1.7　异步电动机的功率及转矩

三相异步电动机的功率传递过程是：由定子向电源吸取功率，经电磁感应传递到转子，称为电磁功率，该功率使转子产生电磁转矩，从而转换成机械功率，带动负载旋转。

1. 异步电动机的功率传递

异步电动机功率传递的过程中，不可避免地会有功率损耗，可以用图 4.4 所示来表示三相异步电动机的功率流程。

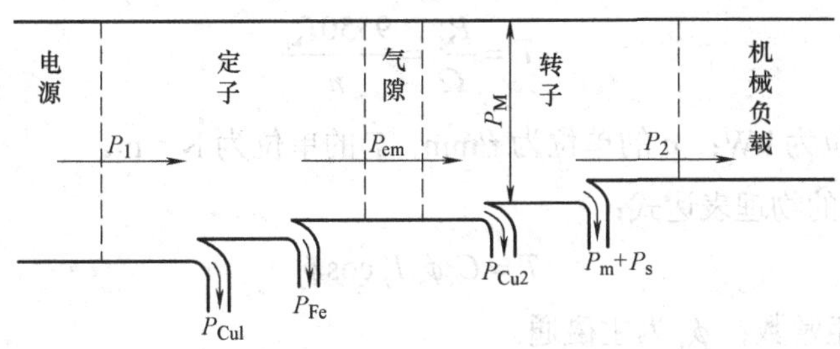

图 4.4　三相异步电动机的功率流程

在图 4.4 中，P_1 为定子向电源吸取的电功率；P_{em} 为传递到转子的电磁功率；P_M 为电动机轴上的总机械功率；P_2 为传递给负载的机械功率；P_{Cu1}、P_{Cu2} 分别为定子铜损、转子铜损，即分别在定子绕组、转子绕组上的损耗；P_{Fe} 为铁损，即在铁心上的损耗；P_m、P_s 分别为机械损耗、附加损耗。

电动机转子的电磁功率可用式(4-11)来计算，即：

$$P_{em}=3E_2'I_2'\cos\phi_2=3I_2'\frac{R_2'}{s} \tag{4-11}$$

扣除各种损耗，负载上得到的机械功率为：

$$P_2=P_M-(P_m+P_s) \tag{4-12}$$

电动机的效率可用式(4-13)表示，即：

$$\eta=\frac{P_2}{P_1} \tag{4-13}$$

2. 异步电动机的转矩

(1) 转矩平衡方程式。

将式(4-12)两边同除以机械角速度Ω后得到：

$$\frac{P_2}{\Omega}=\frac{P_M}{\Omega}-\frac{P_m}{P_s}$$

即：

$$T_2=T_M-T_0 \tag{4-14}$$

式中 T_M 为电动机的电磁转矩($T_M = P_{em} / \Omega \approx P_M / \Omega$)；$T_2$ 为电动机的输出转矩，也等于负载的阻转矩，即 $T_2=T_L$；T_0 为电动机的空载转矩。

T_L 和 T_0 均为制动转矩，它们与电磁转矩 T 的方向相反，只有满足转矩平衡方程式后电动机才能以一定的转速稳定运转。为简便起见，认为 T_L 中包括 T_0，所以转矩平衡方程式可表示为：

$$T \approx T_L \tag{4-15}$$

(2) 电磁转矩的表达式。

① 电磁转矩的基本公式：

$$T = \frac{P_M}{\Omega} = \frac{9550P_M}{n} \tag{4-16}$$

式中 P_M 的单位为 kW；n 的单位为 r/min；T 的单位为 N・m。

② 电磁转矩的物理表达式：

$$T = C_T \phi_M I_2' \cos\phi_2 \tag{4-17}$$

式中 C_T 为转矩常数；ϕ_M 为主磁通。

③ 电磁转矩的参数表达式：

$$T = \frac{3pU_1^2 R_2' s}{2\pi f_1[(sR_1 + R_2')^2 + s^2(X_{\sigma 1} + X_2')^2]} \tag{4-18}$$

式中 p 为磁极对数；U_1 为电源的相电压；f_1 为电源的频率。

4.2 异步电动机的机械特性与运行

4.2.1 异步电动机的机械特性

机械特性是指电动机在运行时，其转速与电磁转矩之间的关系，即 $n = f(T)$，它可由式(4-17)所决定的 $T = f(s)$ 曲线变换而来。异步电动机工作在额定电压、额定频率下，由电动机本身所固有的参数决定的 $n = f(T)$ 叫作电动机的机械特性，其曲线如图 4.5 所示。

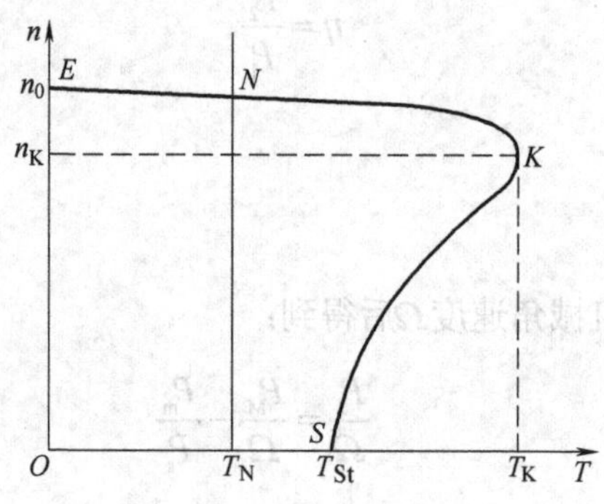

图 4.5 异步电动机的机械特性曲线

要画出电动机的机械特性，只要确定曲线上的几个特殊点即可。

1. 理想空载点

在图 4.5 中的 E 点上，电动机以同步转速 n_0 运行(s=0)，其电磁转矩 T=0。

2. 启动点

在图 4.5 中的 S 点上，电动机已接通电源，但尚未启动。对应这一点的转速 n=0 (s=1)，电磁转矩称启动转矩 T_{St}，启动时，带负载的能力一般用启动倍数来表示，即：

$$K_{St} = T_{St} / T_N \tag{4-19}$$

式中的 T_N 为额定转矩。

3. 临界点

临界点 K 是一个非常重要的点，它是机械特性稳定运行和非稳定运行的分界点。电动机运行在 K 点时，电磁转矩为临界转矩 T_K，它表示了电动机所能产生的最大转矩，此时的转差率叫临界转差率，用 s_K 表示。T_K、s_K 根据式(4-18)用求极值的办法求出，即由 $\mathrm{d}T/\mathrm{d}s = 0$，可得：

$$s_K = \frac{R_2'}{\sqrt{R_1^2 + (X_{\sigma1} + X_2')^2}} \approx \frac{R_2'}{X_{\sigma1} + X_2'} \tag{4-20}$$

$$T_K = \frac{3pU_1^2}{4\pi f_1[R_1 + \sqrt{R_1^2 + (X_{\sigma1} + X_2')^2}]} \approx \frac{3pU_1^2}{4\pi f_1(X_{\sigma1} + X_2')} \tag{4-21}$$

电动机正常运行时，需要有一定的过载能力，一般用 β_m 表示过载倍数，即：

$$\beta_m = \frac{T_K}{T_N} \tag{4-22}$$

普通电动机的 β_m 在 2.0~2.2 之间，而对某些特殊用途的电动机，其过载能力可以更高一些。

上述分析说明，T_K 的大小影响着电动机的过载能力，T_K 越小，为了保证过载能力不变，电动机所带的负载就越小。由 $n_K = n_0(1 - s_K)$ 可知，s_K 越小，n_K 越大，机械特性就越硬。因此，在调速过程中，T_K、s_K 的变化规律常常是关注的重点。

4.2.2 异步电动机的运行

1. 电动机的稳定运行状态

电动机稳定运行时，T=T_L。图 4.6 所示为电动机稳定运行时的机械特性曲线，由于电动机的额定转矩是 T_N，电动机轴上所带的最大负载转矩也只能在电动机的额定转矩 T_N 的附近变化，即如图 4.6 所示的 A 点。A 点的转矩平衡方程可近似写成：

$$T = T_N$$

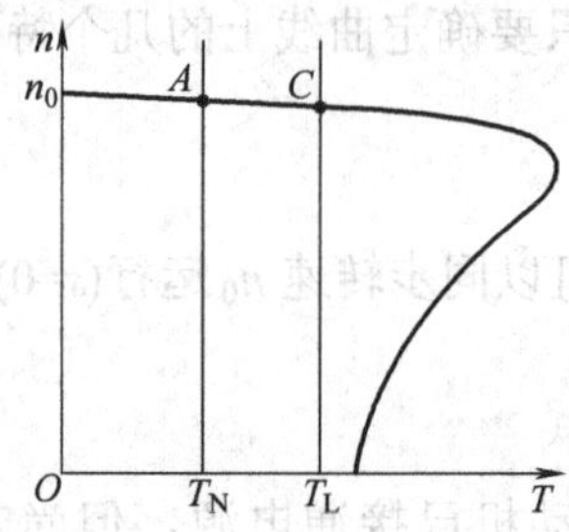

图 4.6　电动机稳定运行时的机械特性曲线

2．电动机工作点的动态调整过程

由于负载波动使负载转矩增大为T_L'。此时，电磁转矩$T < T_L$，电动机将减速。转速的下降又使电动机的电磁转矩增大，当$T = T_L'$时，转速不再下降，电动机在图 4.6 所示的 C 点稳定运行，即：

$$T < T_L' \rightarrow n\downarrow \rightarrow T\uparrow \rightarrow T = T_L'$$

3．异步电动机的启动

电动机从静止一直加速到稳定转速的过程，叫作启动过程。电动机启动时的启动电流很大，可以达到额定电流的 5~7 倍；而启动转矩 T_{st} 却并不大，一般 T_{st}=(1.8~2)T_N。为了减小启动电流，常用降低电压的方法来启动。

笼形异步电动机常见的减压启动方法有自耦变压器减压启动、Y-△启动、定子串电阻或串电抗减压启动等。

4．异步电动机的制动

电动机在工作过程中，如电磁转矩方向和转子的实际旋转方向相反，就称为制动。制动有再生制动、直流制动和反接制动三种，后两种常用在使电动机迅速停止的过程中。

(1) 再生制动。

再生制动就是因某种原因，转子转速 n 超过旋转磁场转速 n_0，此时，旋转磁场切割转子绕组的方向与正常状态时相反，因而，转子电动势E_2'、转子电流I_2'、电磁转矩 T 均会反向。电磁转矩 T 就变成了制动转矩，如图 4.7 的 B 点所示。在此状态下，转子电流方向的改变必将导致定子电流方向的改变，从而使电能传送的方向发生改变，电动机此时不再消耗能量，而是将拖动系统的动能再生给了电网。

发生再生制动的实例有：起重机械在重物下降时，重物的重力加速度可能使电动机的转速超过同步转速；变频调速系统中，通过降低频率来减速时，在频率刚刚降低瞬间，电动机的同步转速小于实际转速，如图 4.8 所示。

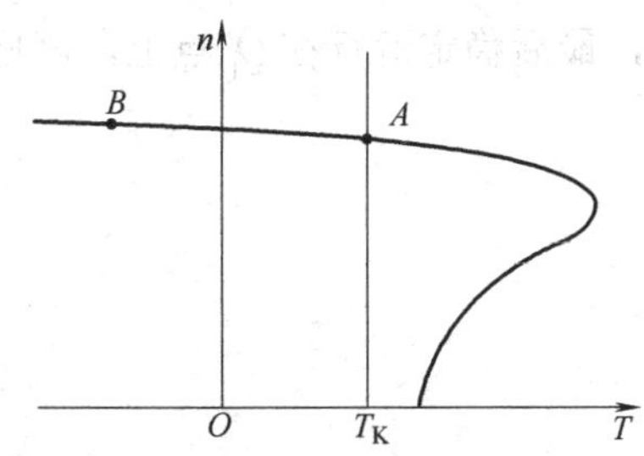

图 4.7　异步电动机的再生制动曲线

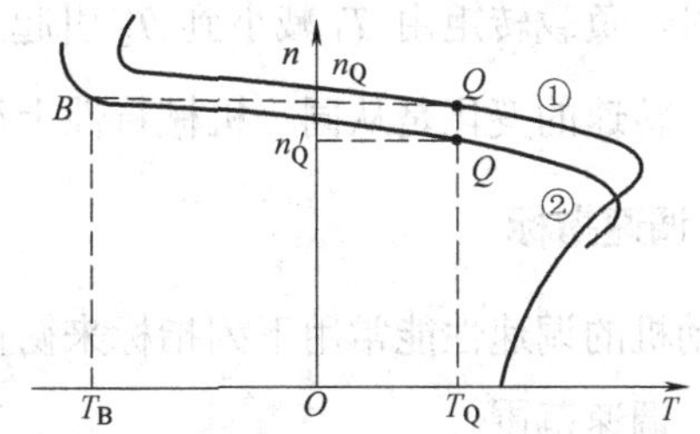

图 4.8　异步电动机变频调速时的再生制动曲张

当原来电动机稳定运行于曲线①的 Q 点时，频率突然下降，则特性曲线变为曲线②，但因 n 不能突变，工作点跳变至 B 点，产生反向制动转矩 T_B，电动机进入再生制动状态，系统开始沿曲线②减速，直到稳定运行于 Q 点。

(2) 直流制动。

直流制动也叫能耗制动，是在定子绕组中通入直流电流，使电动机产生一个制动转矩。它与再生制动都可以使电动机减速，只是前者将拖动系统的能量完全消耗掉，而后者将能量“再生”给了电网。直流制动常用来使电动机迅速停止。

4.2.3　异步电动机的调速

1．调速与速度改变

(1) 调速。

调速是在负载没有改变的情况下，根据生产过程需要人为地强制性地改变拖动系统的转速。

例如，将电源频率从 50Hz 调至 40Hz，电动机的工作点从 Q_1 移至 Q_2。其转速也从 1460r/min 调至 1168r/min，如图 4.9 所示。可见，调速时，转速的改变是从不同的机械特性上得到的。将调速时得到的机械特性簇称为调速特性。

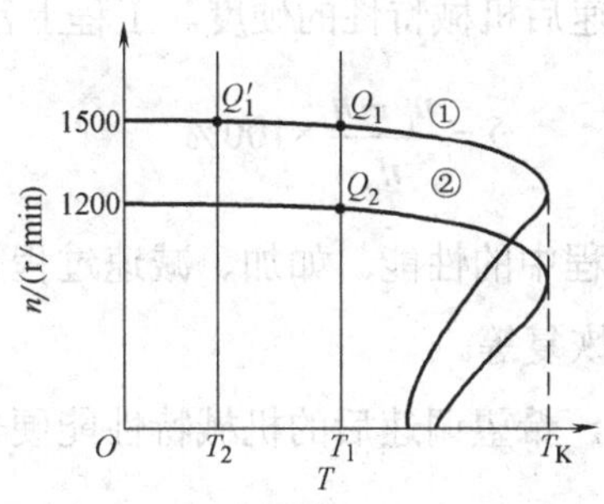

图 4.9　异步电动机的调速

(2) 速度改变。

速度改变是指由于负载的变化而引起拖动系统的转速改变。例如，若原系统工作在 Q_1

点，此时，负载转矩由 T_1 减小到 T_2 引起系统加速，最后稳定运行在 Q_1' 点上。可见，速度改变时，转速的变化是从同一机械特性上得到的。

2．调速指标

电动机的调速性能常用下列指标来衡量。

(1) 调速范围。

调速范围是指电动机在额定负载时所能达到的最高转速 n_{Lmax} 与最低转速 n_{Lmin} 之比，也就是：

$$a_L = \frac{n_{L\max}}{n_{L\min}} \tag{4-23}$$

不同的生产机械对调速范围的要求不同，如车床的调速范围 a_L 为 20~120，钻床为 2~12，铣床为 20~30 等。一般变频器的最低工作频率可达 0.5Hz，即在额定频率(f_N=50Hz)以下，调速范围 a_L=50/0.5=100。

(2) 调速的平滑性。

调速的平滑性是指相邻两级转速的接近程度。两级转速差越小，调速的平滑性越好。变频调速时，若给定为模拟信号，则多数变频器输出频率的分辨率(相邻两级频率)为 0.05Hz。

以 4 级电动机为例，则相邻两挡的转速差为：

$$\varepsilon_n = \frac{60 \times 0.05}{2}\ \text{r/min=1.5r/min}$$

由此可见，平滑性是很高的。

(3) 调速特性。

一种调速方案是否优良，调速后的工作特性能否满足负载的要求，也是一个很重要的方面。常通过下面两点来衡量。

① 静态特性主要是指调速后机械特性的硬度。工程上常用精度差 δ 来表示，即：

$$\delta = \frac{n_0 - n}{n_0} \times 100\% \tag{4-24}$$

② 动态特性是指过渡过程中的性能。如加、减速过程是否快捷、平稳。遇到冲击性负载时，系统的转速能否迅速恢复等。

对大多数的生产机械来说，希望调速后的机械特性能硬一些，负载变动时，速度变化较小，工作比较稳定。

但也有的负载希望调速后的机械特性能较软，如起重机，负载较重时，为安全起见，调速要明显变慢。

4.3 负载的机械特性

在电力拖动系统中，存在着两个主要转矩：一个是生产机械的负载转矩 T_L；另一个是电动机的电磁转矩 T。这两个转矩与转速之间的关系分别叫作负载的机械特性 $n=f(T_L)$ 和电动机的机械特性 $n=f(T)$。由于电动机和生产机械是紧密相连的，它们的机械特性必须适当配合，才能获得良好的工作状态。因此，为了满足生产工艺过程的要求，正确选配电力拖动系统，除了要研究电动机的机械特性外，还需要了解负载的机械特性。

生产机械的负载转矩 T_L，大部分情况下与电动机的电磁转矩 T 方向相反，不同负载的机械特性是不一样的，可以将其归纳为以下几种类型。

4.3.1 恒转矩负载

恒转矩负载是指那些负载转矩的大小，仅仅取决于负载的轻重，而与转速大小无关的负载。带式输送机和起重机械都是恒转矩负载的典型例子，图 4.10 所示为带式输送机的工作示意图。

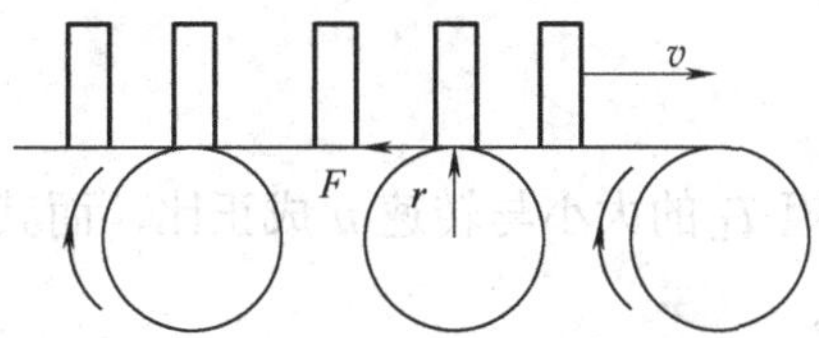

图 4.10 带式输送机的工作示意图

带式输送机负载阻转矩 T_L 的大小取决于：

$$T_L = Fr \tag{4-25}$$

式中的 F 为皮带与滚筒间的摩擦阻力；r 为滚筒的半径。

这种负载的基本特点如下。

1. 恒转矩

由于 F 和 r 都与转速的快慢无关，所以在调节转速 n_L 的过程中，负载的阻转矩 T_L 保持不变，即具有恒转矩的特点：

$$T_L=\text{常数}$$

其机械特性曲线如图 4.11(a)所示。必须注意，这里所说的转矩大小是否变化，是相对于转速变化而言的，不能与负载发生轻重变化时转矩大小的变化相混淆。或者说，“恒转矩”负载的特点是：负载转矩的大小，仅仅取决于负载的轻重，而与转速大小无关，拿带式输送机来说，当传送带上的物品较多时，不论转速有多大，负载转矩都较大；而当传送带上的物品较少时，不论转速有多大，负载转矩都较小。

2. 负载功率与转速成正比

根据负载的机械功率 P_L 和转矩 T_L、转速 n_L 之间的关系，有：

$$P_L = \frac{T_L n_L}{9550} \tag{4-26}$$

即负载功率与转速成正比，其负载功率特性曲线如图 4.11(b)所示。

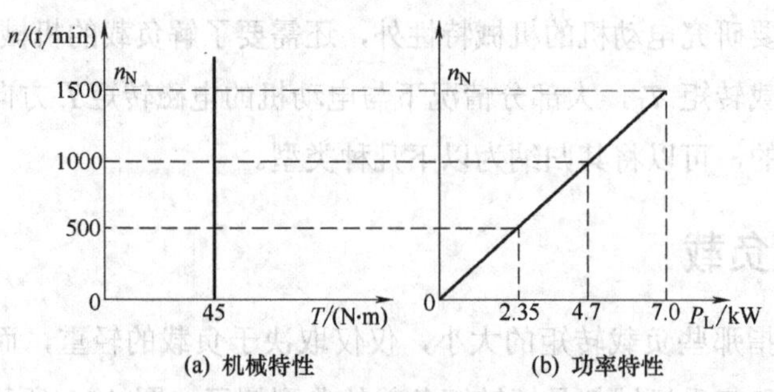

图 4.11 恒转矩负载的机械特性曲线和功率特性曲线

4.3.2 恒功率负载

恒功率负载是指负载转矩 T_L 的大小与转速 n 成正比，而其功率基本维持不变的负载，属于这类负载的有以下几种。

(1) 各种卷曲机械是恒功率负载的典型例子，如图 4.12 所示。例如，卷绕机以相同张力卷绕线材，开始卷绕时的卷筒直径小，用较小的转矩即可，但转速高；随着不断卷绕，卷筒直径变大，电动机带动的转矩变大，但转速降低，故功率不变。

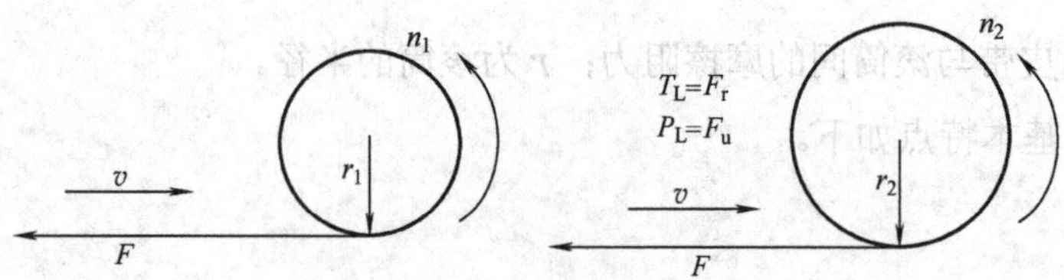

图 4.12 恒功率负载

(2) 轧机在轧制小件时用高速轧制，但转矩小；轧制大件时轧制量大，需较大转矩，但转速低，故总的轧制功率不变。

(3) 车床加工零件在精加工时切削量小，但切削速度高；相反，粗加工时切削力大，切削速度低，故总的切削功率不变。

恒功率负载有以下特点。

第一，功率恒定。恒功率负载的力 F 必须保持恒定，且线速度 v 保持恒定。所以，在不同的转速下，负载的功率基本恒定，即：

$$P_L = F \cdot v = 常数$$

即负载功率的大小与转速的高低无关，其功率特性曲线如图 4.13(b)所示。

注意：这里所说的恒功率，是指在转速变化过程中，功率基本不变，不能与负载轻重的变化相混淆。就卷曲机械而言，当被卷物体的材质不同时，所要求的张力和线速度是不一样的，其卷曲功率的大小也就不相等。

第二，负载阻转矩的大小与转速成反比，负载阻转矩 T_L 的大小决定于：

$$T_L = Fr \tag{4-27}$$

式中的 F 为卷曲物的张力，r 为卷曲物的卷曲半径。

在卷曲机械工作过程中，随着卷曲物不断地卷绕到卷曲辊上，卷曲半径 r 将越来越大，负载转矩也随之增大。另一方面，由于要求线速度 v 保持恒定，故随着卷曲半径 r 的不断增大，转速 n_L 必将不断减小。

根据负载的机械功率 P_L 和转矩 T_L、转速 n_L 之间的关系，有：

$$T_L = \frac{9550 P_L}{n_L} \tag{4-28}$$

即负载阻转矩的大小与转速成反比，如图 4.13(a)所示。

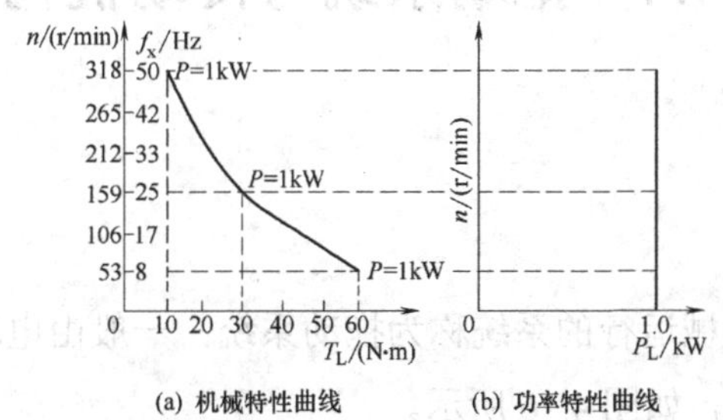

图 4.13　恒功率负载的机械特性曲线和功率特性曲线

4.3.3　二次方律负载

二次方律负载是指转矩与速度的二次方成正比，如风扇、风机、泵、螺旋桨等机械的负载转矩，如图 4.14 所示。

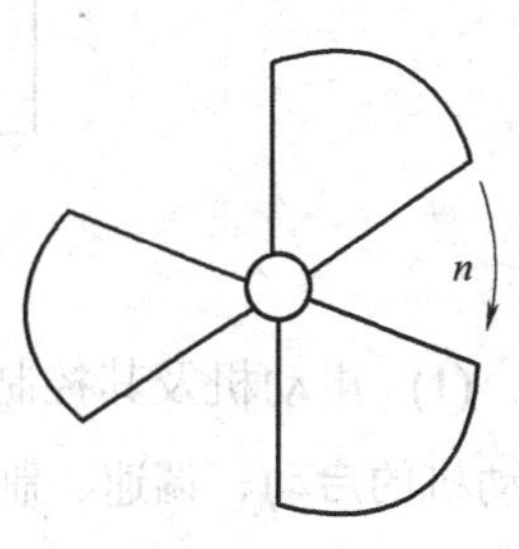

图 4.14　风机叶轮

此类负载机械在低速时由于流体的流速低，所以负载转矩很小。随着电动机转速的增加，流速加快，负载转矩和功率也越来越大，负载转矩 T_L 和功率 P_L 可用式(4-29)和式(4-30)表示，即：

$$T_L = T_0 + K_T n_L^2 \tag{4-29}$$

$$P_L = P_0 + K_P n_L^3 \tag{4-30}$$

式中的 T_0、P_0 分别为电动机轴上的转矩损耗和功率损耗；K_T、K_P 分别为二次方律负载的转矩常数和功率常数。

二次方律负载的机械特性和功率特性曲线如图 4.15(a)和图 4.15(b)所示。

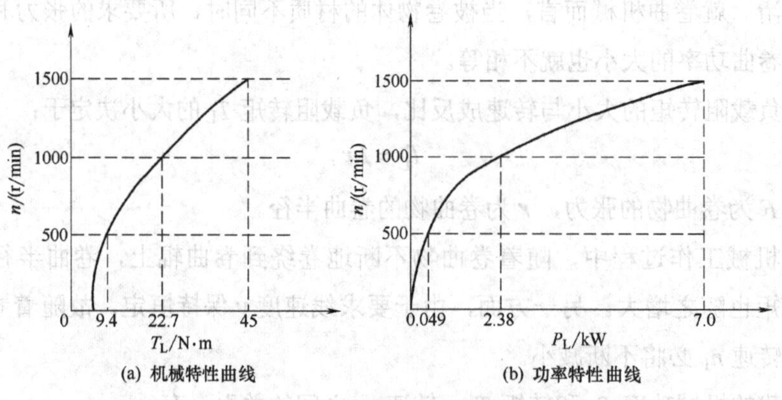

图 4.15　二次方律负载的机械特性曲线和功率特性曲线

4.4　拖动系统与传动机构

4.4.1　拖动系统

1. 拖动系统的组成

由电动机带动生产机械运行的系统称为拖动系统；一般由电动机、传动机构、生产机械、控制系统等部分组成，如图 4.16 所示。

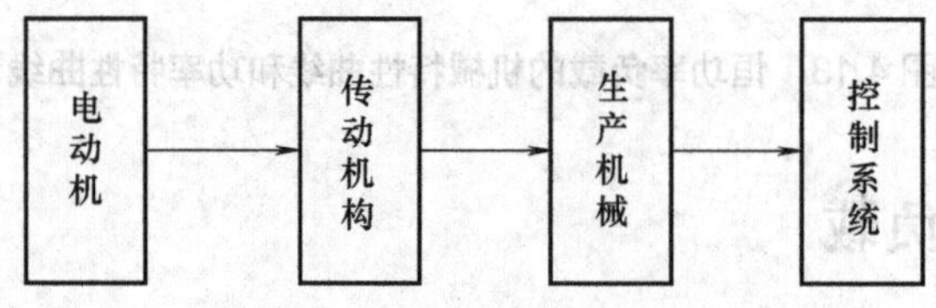

图 4.16　拖动系统的组成

(1) 电动机及其控制系统。电动机是拖动生产机械的原动力；控制系统主要包括控制电动机的启动、调速、制动等相关环节的设备和电路。

(2) 传动机构是用来将电动机的转矩传递给工作机械的装置。大多数传动机构都具有变速功能，常见的传动机构有带与带轮、齿轮变速箱、蜗轮与蜗杆、联轴器等。

(3) 生产机械是拖动系统的服务对象，对拖动系统工作情况的评价，将首先取决于生产机械的要求是否得到了充分满足。同样，设计一个拖动系统时最原始的数据也是由生产机械提供的。

2. 系统飞轮力矩

众所周知，旋转体的惯性常用转动惯量来量度，在工程上，一般用飞轮力矩 GD^2 来表示。拖动系统的飞轮力矩越大，系统启动、停止就越困难。可以看出，飞轮力矩是影响拖动系统动态过程的一个重要参数。适当减小飞轮力矩对拖动系统的运行是有帮助的。

4.4.2　传动机构的作用及系统参数

1. 传动比

大多数传动机构都具有变速的功能，如图 4.17 所示。

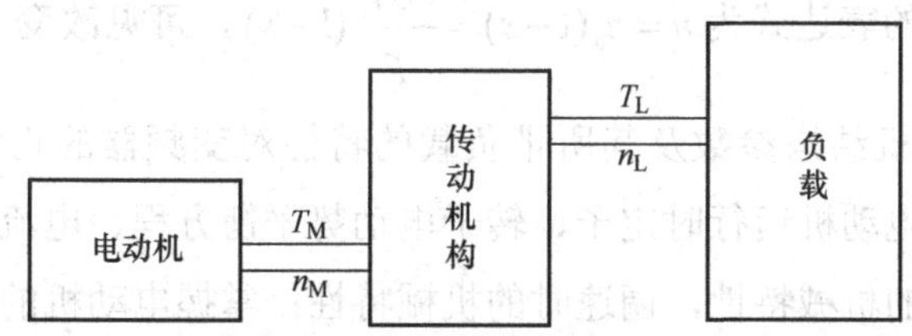

图 4.17　电动机与负载的连接

变速的多少由传动比来衡量，常用 λ 表示，即：

$$\lambda = \frac{n_{max}}{n_{L\,max}} \tag{4-31}$$

式中的 n_{max} 为电动机的最高转速；n_{Lmax} 为负载的最高转速。

$\lambda > 1$ 时，传动机构为减速机构；$\lambda < 1$ 时，传动机构为增速机构。

2. 拖动系统的参数折算

拖动系统的运行状态是对电动机和负载的机械特性进行比较而得到的。传动机构却将同一状态下电动机和负载的转速值变得不一样了，使它们无法在同一个坐标系里进行比较。为了解决这个问题，需要将电动机的电磁转矩、负载转矩、飞轮力矩折算到同一根轴上，一般是折算到电动机的轴上。折算的原则是保证各轴所传递的机械功率不变和存储的动能相同。在图 4.17 中，如忽略传动机构的功率损耗，则传动机构输入侧和输出侧的机械功率应相等，根据式(4-16)可知，有：

$$\frac{T_M n_M}{9550} = \frac{T_L n_L}{9550} \tag{4-32}$$

可得：
$$\frac{T_M}{T_L}=\frac{n_L}{n_m}=\frac{1}{\lambda} \tag{4-33}$$

若用 n_L'、T_L' 来表示负载转速、转矩折算到电动机轴上的值，它们在数值上应该与 n_M、T_M 相等，因此可以得到：

$$n_L'=n_L\lambda \tag{4-34}$$

$$T_L'=\frac{T_L}{\lambda} \tag{4-35}$$

按照动能不变的原则，可以得到负载飞轮的折算值 $GD_L{}^{2\prime}$ 为：

$$GD_L{}^{2\prime}=\frac{GD_L^2}{\lambda^2} \tag{4-36}$$

本 章 小 结

异步电动机转速的表达式为 $n=n_0(1-s)=\frac{60f_1}{p}(1-s)$，可见改变 f_1 即可实现电动机的速度调节。由于电动机结构参数及其所带负载的特性对变频器的正常工作有着极大的影响，所以应掌握异步电动机运行时定子、转子电动势平衡方程、电流方程及其功率传递过程；掌握异步电动机的机械特性，调速时的机械特性；掌握电动机的制动方式；掌握电动机的工作及其容量选择；掌握负载类型、恒转矩、恒功率及二次方律负载的特点和对应的机械特性；了解电力拖动系统的构成和传动机构的作用。

思考与练习

(1) 简述异步电动机的工作原理。

(2) 旋转磁场的转向由什么决定？如何改变旋转磁场的转向？

(3) 异步电动机变频调速的理论依据是什么？

(4) 异步电动机的变频运行有效输出值与额定值有什么关系？

(5) 从异步电动机发热的角度，如何选择它的容量？

(6) 电动机的额定功率是它吸收电能的功率吗？

(7) 说明电动机电磁转矩的基本公式 $T=P_M/\Omega=9550P_M/n$ 中各物理量的含义和使用的单位。

(8) 如何画出异步电动机的机械特性曲线？

(9) 电动机启动时的电流可能达到额定电流的 5~7 倍，是不是它的电磁转矩也会达到这一倍数？

(10) 当三相异步电动机机械负载增加时，为什么定子电流会增加？

(11) 电动机的调速范围是如何定义的？

(12) 常见负载的机械特性有几种类型？说明各种类型的特点。

(13) 为什么对风机、泵类负载进行变频调速节能的效果最好？

(14) 起重机属于恒转矩类负载，速度升高对转矩和功率有何影响？

第 5 章　变频器的控制方式

本章要点

- 变频器的基本构成。
- 变频器主电路的基本形式。
- 变频器基本类型。
- 变频器 4 种控制方式的基本特点。
- 高压变频器的基本形式。
- 多电平电压源型逆变器的特点。

技能目标

- 掌握变频器主电路理论问题分析的方法，具备解决问题的能力。
- 了解变频器的结构和控制特点。
- 会分析不同电路的物理特性。

5.1　变频器的基本类型

变频器的分类可以有多种方式。例如，可以按主电路的工作方式进行分类，可以按开关方式进行分类，可以按控制方式进行分类，还可以按用途进行分类。

5.1.1　按主电路的工作方式分类

按照主电路的工作方式分类，变频器可以分为电压型变频器和电流型变频器。电压型变频器的特点，是将直流电压源转换为交流电压源，而电流型变频器的特点则是将直流电流源转换为交流电流源。

图 5.1 给出了电压型变频器和电流型变频器主电路的基本结构。

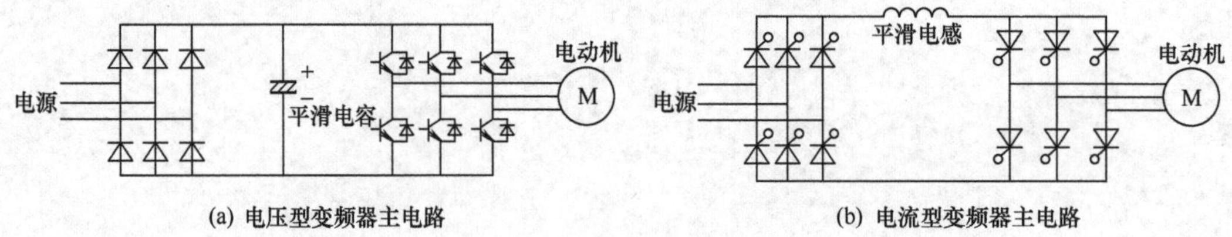

(a) 电压型变频器主电路　　(b) 电流型变频器主电路

图 5.1　电压型变频器和电流型变频器主电路的基本结构

5.1.2　按开关方式分类

变频器的开关方式通常指的是变频器逆变电路的开关方式。而在按照逆变电路的开关方式对变频器进行分类时，则变频器可以分为 PAM 控制方式、PWM 控制方式和高载频 PWM 控制方式三种。

1．PAM 控制

PAM(Pulse Amplitude Modulation，脉冲振幅调制)是一种在整流电路部分对输出电压(电流)的幅值进行控制，而在逆变电路部分对输出频率进行控制的控制方式。因为在 PAM 控制的变频器中，逆变电路换流器件的开关频率即为变频器的输出频率，所以这是一种同步调速方式。

由于逆变电路换流器件的开关频率(以下简称载波频率)较低，在使用 PAM 控制方式的变频器进行调速驱动时，具有电动机运转噪声小、效率高等特点。但是，由于这种控制方式必须同时对整流电路和逆变电路进行控制，控制电路比较复杂。此外，这种控制方式具有当电动机进行低速运转时波动较大的缺点。由于 PAM 存在一些固有的缺陷，目前变频器中已很少应用。

2．PWM 控制

PWM 控制是在逆变电路部分同时对输出电压(电流)的幅值和频率进行控制的控制方式。在这种控制方式中，以较高频率对逆变电路的半导体开关元器件进行开闭，并通过改变输出脉冲的宽度来达到控制电压(电流)的目的。为了使异步电动机在进行调速运转时能够更加平滑，目前，在变频器中多采用正弦波 PWM 控制方式。这种控制方式也被称为 SPWM 控制。

采用 PWM 控制方式的变频器具有减少高次谐波带来的各种不良影响、转矩波动小，而且控制电路简单、成本低等特点，是目前在变频器中采用最多的一种逆变电路控制方式。但是，该方式也具有当载波频率不合适时会产生较大的电动机运转噪声的缺点。为了克服这个缺点，在采用 PWM 控制方式的新型变频器中，都具有一个可以改变变频器载波频率的功能，以便使用户可以根据实际需要改变变频器的载波频率，从而达到降低电动机运转噪声的目的。

图 5.2 给出了电压型 PAM 控制和 PWM 控制变频器的基本结构以及正弦波 PWM 的波形示意图。

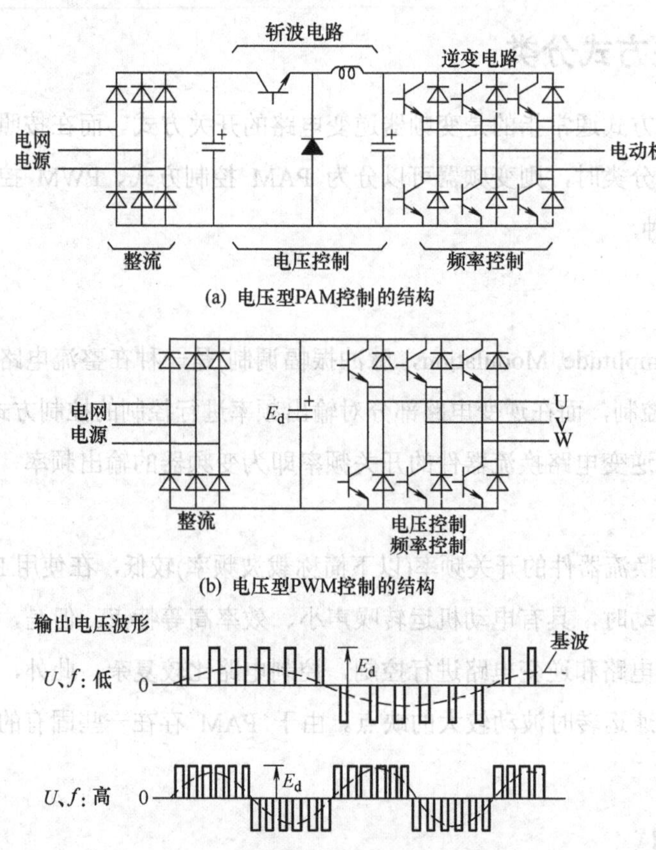

图 5.2 PAM 控制和 PWM 控制变频器的基本结构和正弦波 PWM 的波形

3. 高载频 PWM 控制

这种控制方式原理上实际是对 PWM 控制方式的改进，是为了降低电动机运转噪声而采用的一种控制方式。在这种控制方式中，载频被提高到人耳可以听到的频率(10~20kHz)以上，从而达到降低电动机噪声的目的。这种控制方式主要用于低噪声型的变频器，也将是今后变频器的发展方向。

由于这种控制方式对换流器件的开关速度有较高的要求，所用换流器件只能使用具有较高开关速度的 IGBT 或 MOSFET 等半导体元器件，目前，在大容量变频器中的利用仍然受到一定限制。

但是，随着电力电子技术的发展，具有较高开关速度的换流元器件的容量将越来越大，所以预计采用这种控制方式的变频器也将越来越多。

PWM 控制和高载频 PWM 控制都属于异步调速方式，即变频器的输出频率不等于逆变电路换流器件的开关频率。

5.1.3　按工作原理分类

按照工作原理对变频器进行分类时，按变频器技术的发展过程，可以分为 *U/f* 控制方式、转差频率控制方式和矢量控制方式三种。

1．*U/f* 控制变频器

U/f 控制是一种比较简单的控制方式。它的基本特点是对变频器输出的电压和频率同时进行控制，通过使 *U/f*(电压和频率的比)的值保持一定而得到所需的转矩特性。采用 *U/f* 控制方式的变频器控制电路成本较低，多用于对精度要求不太高的通用变频器。

2．转差频率控制变频器

转差频率控制方式是对 *U/f* 控制的一种改进。在采用这种控制方式的变频器中，电动机的实际速度由安装在电动机上的速度传感器和变频器控制电路得到，而变频器的输出频率则由电动机的实际转速与所需转差频率的和被自动设定，从而实现在进行调速控制的同时控制电动机输出转矩的目的。

转差频率控制是利用了速度传感器的速度闭环控制，并可以在一定程度上对输出转矩进行控制，所以与 *U/f* 控制方式相比，在负载发生较大变化时，仍能达到较高的速度精度和具有较好的转矩特性。

但是，由于采用这种控制方式时，需要在电动机上安装速度传感器，并需要根据电动机的特性调节转差，通常多用于厂家指定的专用电动机，故通用性较差。

3．矢量控制变频器

矢量控制是 20 世纪 70 年代由德国 Blaschke 等人首先提出来的对交流电动机的一种新的控制思想和控制技术，也是交流电动机的一种理想的调速方法。矢量控制的基本思想是将异步电动机的定子电流分为产生磁场的电流分量(励磁电流)和与其相垂直的产生转矩的电流分量(转矩电流)并分别加以控制。由于在这种控制方式中必须同时控制异步电动机定子电流的幅值和相位，即控制定子电流矢量，故这种控制方式被称为矢量控制方式。

矢量控制方式使对异步电动机进行高性能的控制成为可能。采用矢量控制方式的交流调速系统不仅在调速范围上可以与直流电动机相匹敌，而且可以直接控制异步电动机产生的转矩。所以已经在许多需要进行精密控制的领域得到了应用。

由于在进行矢量控制时，需要准确地掌握对象电动机的有关参数，这种控制方式过去主要用于厂家指定的变频器专用电动机的控制。但是，随着变频调速理论和技术的发展以及现代控制理论在变频器中的成功应用，目前，在新型矢量控制变频器中，已经增加了自调整(Auto-tuning)功能。带有这种功能的变频器在驱动异步电动机进行正常运转之前，可以自动地对电动机的参数进行辨识，并根据辨识结果调整控制算法中的有关参数，从而使得对普通的异步电动机进行有效的矢量控制也成为可能。

4. 直接转矩控制变频器

直接转矩控制系统是继矢量控制之后发展起来的另一种高性能的交流变频调速系统。直接转矩控制把转矩直接作为控制量来控制。直接转矩控制是直接在定子坐标系下分析交流电动机的模型，控制电动机的磁链和转矩。它不需要将交流电动机化成等效直流电动机，因而省去了矢量旋转变换中的许多复杂计算；它不需要模仿直流电动机的控制，也不需要为解耦而简化交流电动机的数学模型。

5.1.4 按用途分类

在上面介绍的变频器分类方式中，是按照变频器的工作原理对其进行分类的，但是，对于一个变频器的用户来说，他关心更多的也可能是变频器的用途，而不是其工作原理。下面介绍一下按照用途对变频器进行分类时变频器的种类。

1. 通用变频器

顾名思义，通用变频器的特点是其通用性。这里，通用性指的是通用变频器可以对普通的异步电动机进行调速控制。

随着变频器技术的发展和市场需要的不断扩大，通用变频器也在朝着两个方向发展：低成本的简易型通用变频器和高性能、多功能的通用变频器。这两类变频器分别具有以下特点。

简易型通用变频器是一种以节能为主要目的而削减了一些系统功能的通用变频器。它主要应用于水泵、风扇、鼓风机等对于系统的调速性能要求不高的场所，并具有体积小、价格低等方面的优势。

高性能多功能通用变频器在设计过程中充分考虑了在变频器应用中可能出现的各种需要，并为满足这些需要在系统软件和硬件方面都做了相应的准备。在使用时，用户可以根据负载特性选择算法，并对变频器的各种参数进行设定，也可以根据系统的需要选择厂家所提供的各种选件来满足系统的特殊需要。高性能多功能变频器除了可以应用于简易型变频器的所有应用领域之外，还广泛应用于传送带、升降装置以及各种机床、电动车辆等对调速系统的性能和功能有较高要求的许多场合。

过去，通用型变频器基本上采用的是电路结构比较简单的 *U/f* 控制方式，与采用了转矩矢量控制方式的高性能变频器相比，在转矩控制性能方面要差一些。但是，随着变频器技术的发展和变频器参数自动调整的实用化，目前，一些厂家已经推出了采用矢量控制方式的高性能多功能通用变频器，以适应竞争日趋激烈的变频器市场的需要。这种高性能多功能通用变频器，在性能上已经接近过去的高性能矢量控制变频器，但在价格方面却与过去采用的 U/f 控制方式的通用变频器基本持平。因此，可以相信，随着电力电子技术和计算机技术的发展，今后变频器的性价比将会不断提高。

2. 高性能专用变频器

随着控制理论、交流调速理论和电力电子技术的发展，异步电动机的矢量控制方式得到了充分的重视和发展，采用矢量控制方式，高性能变频器和变频器专用电动机所组成的调速系统在性能上已经达到和超过了直流伺服系统。此外，由于异步电动机还具有对环境适应性强、维护简单等许多直流伺服电动机所不具备的优点，在许多需要进行高速高精度控制的应用中，这种高性能交流调速系统正在逐步替代直流伺服系统。

与通用变频器相比，高性能专用变频器基本上采用了矢量控制方式，而驱动对象通常是变频器厂家指定的专用电动机，并且主要应用于对电动机的控制性能要求较高的系统。此外，高性能专用变频器往往是为了满足某些特定产业或区域的需要，使变频器在该区域中具有最好的性价比而设计生产的。例如，在机床主轴驱动专用的高性能变频器中，为了便于与数控装置配合完成各种工作，变频器的主电路、回馈制动电路和各种接口电路等被做成一体，从而达到了缩小体积和降低成本的目的。而在纤维机械驱动方面，为了便于大系统的维修和保养，变频器则采用了可以简单地进行拆装的盒式结构。

3. 高频变频器

在超精密加工和高性能机械领域中常常要用到高速电动机。为了满足这些高速电动机驱动的需要，出现了采用 PAM 控制方式的高速电动机驱动用变频器。这类变频器的输出频率可以达到 3kHz，所以，在驱动两极异步电动机时，电动机的最高转速可以达到 180000r/min。

4. 单相变频器和三相变频器

交流电动机可以分为单相交流电动机和三相交流电动机两种类型，与此相对应，变频器也分为单相变频器和三相变频器。二者的工作原理相同，但电路的结构不同。

单相电动机和三相电动机的有功功率 P 与电压的有效值 E、电流的有效值 I 及功率因数 $\cos\phi$ 之间有以下关系：

$$\text{单相}\ P = EI\cos\phi \tag{5-1}$$

$$\text{三相}\ P = \sqrt{3}EI\cos\phi \tag{5-2}$$

为了得到相同的驱动转矩(即有功功率)，采用三相变频器时的驱动电流只是单相变频器驱动电流的 $1/\sqrt{3}$。由于在使用单相变频器时需要给出更大的驱动电流，所以在选择变频器时，也应加以注意。

5.2 变频器的控制方式

前面已经介绍过，当按照控制方式对变频器进行分类时，可以将变频器分为 U/f 控制变频器、转差频率控制变频器、矢量控制变频器和直接转矩控制变频器 4 种类型。下面将分别介绍一下这 4 种控制方法的基本工作原理。

5.2.1 *U/f* 控制

对于异步电动机，只要改变其供电电源的频率，即可改变电动机的转速，达到进行调速运转的目的。但是，对于一个实际的交流调速控制系统来说，事情远远不是那么简单。这是因为，当电动机电源的频率被改变时，电动机的内部阻抗也将随之改变，从而引起励磁电流的变化，使电动机出现励磁不足或励磁过强的情况。在励磁不足的情况下，电动机将难以给出足够的转矩，而在励磁过强时，电动机又将出现磁饱和，造成电动机功率因数和效率的下降。因此，为了得到理想的“转矩-速度”特性，在改变电源频率进行调速的同时，必须采取必要的措施来保证电动机的气隙磁通处于高效状态(即保持磁通不变)。这就是 U/f 控制的出发点。图 5.3 给出了异步电动机的等效电路。

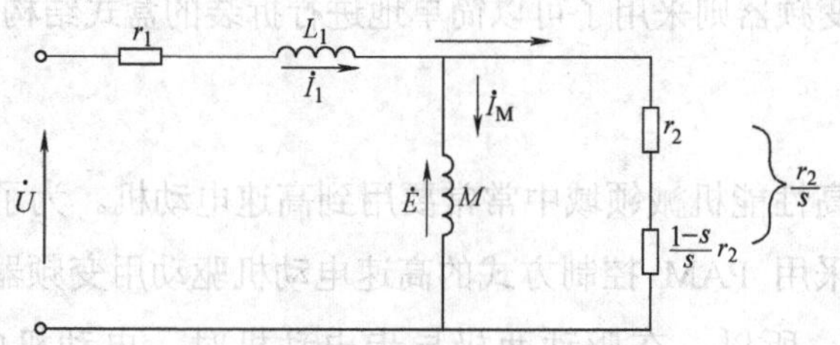

图 5.3 异步电动机的等效电路

在图 5.3 所给出的异步电动机等效电路中，设电动机的气隙磁通用ϕ表示，则可以看出，励磁电流 I_M、感应电势 E 和气隙磁通ϕ之间有以下关系，即：

$$\phi = MI_M \tag{5-3}$$

$$E = j2\pi fMI_M = j2\pi f\phi \tag{5-4}$$

式中的 M 为与电动机绕组、磁路结构有关的常数。

因此，为了使气隙磁通在整个调速过程中保持不变，只需在改变电源频率 f 的同时改变感应电动势 E，使其满足如下关系即可：

$$\frac{E}{f} = 常数 \tag{5-5}$$

但是，在电动机的实际调速控制过程中，由于 E 为电动机的感应电动势，无法直接进行检测和控制，必须采用其他方法，才能使式(5-5)得到满足。

另一方面，从图 5.3 所示的等效电路还可以得知：

$$U = I_1 Z_1 + E \tag{5-6}$$

式中，$Z_1 = \mathrm{j}2\pi L_1 + r_1$，为定子阻抗。

因此，当定子阻抗上的压降与定子电压相比很小时，由于$U \approx E$，所以，只要控制电源电压和频率，使得：

$$\frac{U}{f} = 常数 \tag{5-7}$$

这样，就可以使式(5-5)近似得到满足。图 5.4 所示为 *U/f* 为常数时异步电动机变频调速的机械特性。

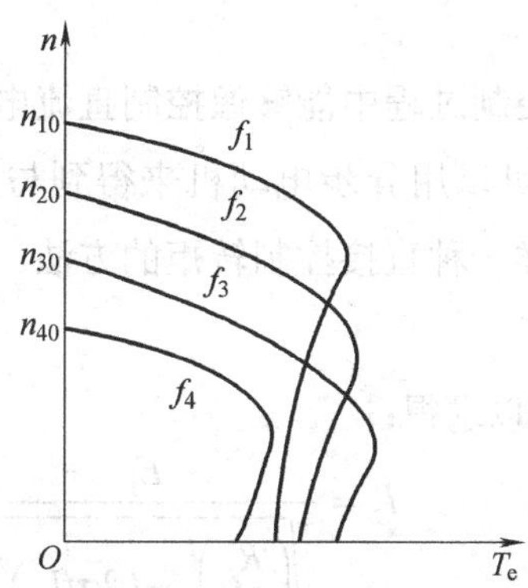

图 5.4　*U/f* 为常数时异步电动机变频调速的机械特性

基于式(5-7)的变频器被称为采用了 *U/f* 控制方式的变频器，简称为 *U/f* 控制变频器。而与此相对应，基于式(5-5)的变频器则被称为 *E/f* 控制变频器。很明显，*E/f* 控制变频器的特性要优于 *U/f* 控制变频器。

初期的通用型变频器基本上采用的是 *U/f* 控制方式。但是，由于在实际的电路中存在着定子阻抗上的压降，尤其是当电动机进行低速运转时感应电动势较小，定子阻抗上的压降更不能忽略。因此，为了得到与 *E/f* 控制相近的特性，必须对这部分压降进行补偿，为了改善 *U/f* 变频器在低频时的转矩特性，使之得到与 *E/f* 控制变频器相近的特性，各个厂家都在自己的产品中采取了不同的补偿措施，以保证当电动机在低速区域运行时仍然能够得到较大的输出转矩。这种补偿也被称为变频器的转矩增强功能或转矩提升功能。图 5.5 所示为恒磁通时的电压补偿特性。曲线 1 为无补偿时的 U_1、f_1 关系曲线，曲线

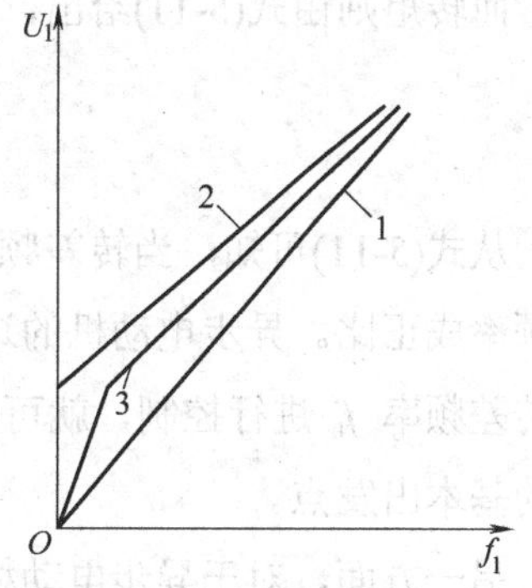

图 5.5　恒磁通时的电压补偿特性

2、3 为有补偿时的 U_1、f_1 关系曲线。实践证明，这种补偿效果良好。

变频器的转矩增强功能可以分为起始转矩增强功能和全范围转矩自动增强功能。所谓起始转矩增强功能，指的是在变频器的低频输出区域，按照某一规则，在变频器的输出电压上加上一定的补偿，从而达到提高输出转矩的目的。而在具有全范围转矩自动增强功能的变频器中，电压补偿是在电动机的整个运行范围内进行的。在具有全范围转矩自动增强功能的变频器中，检测电路对电动机的电流和电压进行实时检测，而 CPU 则按照 E/f 一定的要求进行计算后，求出所需的压降补偿。这种控制方式更接近真正的 E/f 控制，并且在性能方面优于只采用了简单的起始转矩增强补偿的变频器。

5.2.2 转差频率控制

如果在对异步电动机进行控制过程中能够像控制直流电动机那样，用直接控制电枢电流的方法控制转矩，那么，就可以用异步电动机来得到与直流电动机同样的静、动态特性。而转差频率控制，就是这样一种直接控制转矩的方法。下面简单介绍一下转差频率控制方式的基本原理。

从图 5.3 所示的等效电路可以求得：

$$I_2 = \frac{E_1}{\sqrt{\left(\frac{R_2}{s}\right)^2 - \left(2\pi f L_2\right)^2}} \tag{5-8}$$

定义转差频率 f_a 为：

$$f_a = sf \tag{5-9}$$

则可以得到：

$$I_2 = \frac{E_1}{f} \cdot \frac{1}{\sqrt{\left(\frac{R_2}{f_a}\right)^2 + \left(2\pi L_2\right)^2}} \tag{5-10}$$

而转矩则由式(5-11)给出，即：

$$T = \frac{mp}{4\pi}\left(\frac{E_1}{f}\right)^2\left[\frac{f_a R_2}{R_2^2 + \left(2\pi f_a L_2\right)}\right] \tag{5-11}$$

从式(5-11)可知，当转差频率 f_a 较小时，如果 E_1/f=常数，则电动机的转矩基本上与转差频率成正比。异步电动机的这个特性意味着，在进行 E_1/f 控制的基础上，只要对电动机的转差频率 f_a 进行控制，就可以达到控制电动机输出转矩的目的。这就是转差频率控制方式的基本出发点。

另一方面，对于异步电动机来说，其定子电压频率 f、电动机的实际转速 n_0 作为同步转速时的电源频率 f_n，以及转差频率 f_a 三者之间的关系为：

$$f = f_n + f_a \tag{5-12}$$

所以，在进行 E_1/f 控制的基础上，只要知道了异步电动机的实际转速 n_0 对应的电源频率 f_n，并根据希望得到的转矩(对应于某一转差频率 f_{a0})，按照式(5-12)调节变频器的输出频率 f，就可以使电动机具有某一所需的转差频率 f_{a0}，及使电动机给出所需的输出转矩。而采用转差频率控制方式的变频器正是按照上述原理进行控制的。

此外，从式(5-10)还可以看出，当 E_1/f 为一定时，控制电动机的转差频率还可以达到控制电动机转子电流的目的。在采用了转差频率控制方式的变频器中，上述特性被用于对电动机的保护。这是因为，只要能够控制电动机的转差频率，使之不超过电动机最大过载能力时的转差频率，就可以限制电动机转子的最大电流，从而起到保护电动机的作用。

因为在采用转差频率控制方式时，需要检测电动机的实际转速，所以需要在异步电动机轴上安装速度传感器。而电动机的转速检测则由速度传感器和变频器控制电路中的运算电路完成。控制电路还将通过适当的算法，根据检测到的电动机速度产生转差频率和其他的控制信号。此外，在采用了转差频率控制方式的变频器中，往往还加有电流负反馈，对频率和电流进行控制，所以，这种变频器具有良好的稳定性，并对急速的加、减速和负载变动有良好的响应特性。

5.2.3 矢量控制通用变频器

矢量控制方法的出现，使异步电动机变频调速后的机械特性及动态性能达到了与直流电动机调压时的调速性能相媲美的程度，从而使异步电动机变频调速在电动机的调速领域里全方位地处于优势地位。

1. 矢量控制系统的基本思想

交流电动机的转子能够产生旋转，是因为交流电动机的定子能够产生旋转磁动势。而旋转磁动势是交流电动机三相对称的静止绕组 A、B、C，通过三相平衡的正弦电流所产生的。但是，旋转磁动势并不一定非要三相不可。在空间位置上互相“垂直”，在时间(相位)上互差π/2 电角度的两相通以平衡的电流，也能产生旋转磁动势。

直流电动机转子能够产生旋转，是定子与转子之间磁场相互作用的结果。由于直流电动机的电刷位置固定不变，尽管电枢绕组在旋转，但电枢绕组所产生的磁场与定子所产生的磁场在空间位置上永远互相“垂直”。如果以直流电动机转子为参考点，那么，定子所产生的磁场就是旋转磁动势。

由此可见，以产生同样的旋转磁动势为准则，三相交流绕组与两相直流绕组可以彼此等效。设等效两相交流电流绕组分别为α和β。直流励磁绕组和电枢绕组分别为 M 和 T。彼此等效关系用结构图的形式画出来，便得到图 5.6。从整体上看，输入为 A、B、C 三相电压，输出为转速 ω，是一台异步电动机。从内部看，经过 3/2 变换和 2/3 旋转变换(VR 同步旋转变换)，变成一台由 i_{m1} 和 i_{t1} 输入、ω 输出的直流电动机。其中 φ 是等效两相交流电流与直流电动机磁通轴的瞬时夹角。

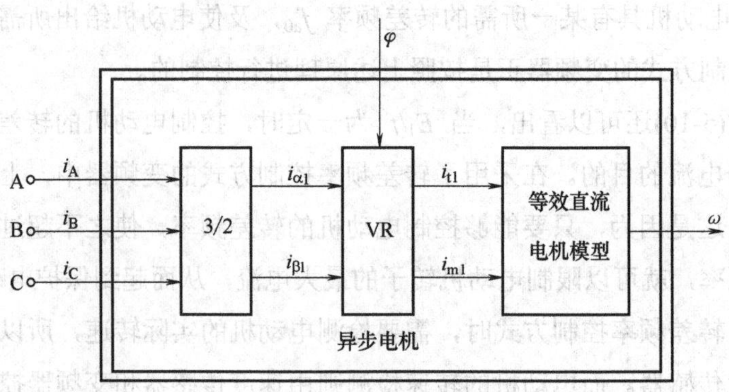

图 5.6　异步电动机的坐标变换结构

既然异步电动机经过坐标变换可以等效成直流电动机，那么，模仿直流电动机的控制方法，求得直流电动机的控制量，经过相应的坐标反变换，就能够控制异步电动机了。由于进行坐标变换的是电流(代表磁动势)的空间矢量，所以这样通过坐标变换实现的控制系统就叫作矢量变换控制系统(Transvector Control System)，或称矢量控制系统(Vector Control System)，所设想的结构如图 5.7 所示。

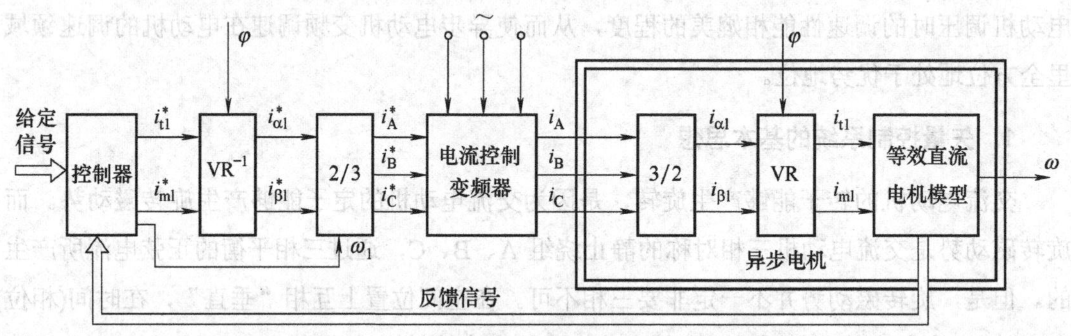

图 5.7　矢量控制的结构

图 5.7 中，给定信号和反馈信号经过类似于直流调速系统所用的控制器，产生励磁电流的给定信号 i_{m1}^* 和电枢电流的给定信号 i_{t1}^*，经过反旋转变换 VR^{-1}，得到 $i_{\alpha1}^*$ 和 $i_{\beta1}^*$，再经过 2/3 变换，得到 i_A^*、i_B^*、i_C^*。

把这 3 个电流控制信号和由控制器直接得到的频率控制信号 ω_1 加到带电流控制的变频器上，就可以输出异步电动机调速所需的三相交频电流，实现了用模仿直流电动机的控制方法去控制异步电动机，使异步电动机达到直流电动机的控制效果。

一般的矢量控制系统均需速度传感器，速度传感器是整个传动系统中最不可靠的环节，安装也麻烦。许多新系列的变频器设置了“无速度反馈矢量控制”功能。对于一些在动态性能方面并无严格要求的场合，速度反馈可以不用。

下面介绍一些与坐标变换相关的理论。

2. 矢量控制系统的坐标变换

(1) 直流电动机和异步电动机的转矩模型。

电动机调速的任务是控制转速，而转速变化是通过转矩变化来实现的。转矩和转速的关系表达式为$T_d - T_L = J\dfrac{d\omega}{dt}$，式中 J 为转动惯量。由此可见，除转矩外，再没有其他控制量可以影响转速，调速的关键是转矩控制。为此，必须弄清直流电动机和异步电动机转矩产生的模型。

图 5.8 所示为描绘直流电动机产生转矩的物理模型。根据左手定则，电动机产生的电磁力大小为：

$$F = \Phi I_a \sin\theta \tag{5-13}$$

直流电动机因碳刷和整流子的特殊功能，保证了Φ和 I_a 的正交关系，故可近似地认为$\theta = 90°$ 不变，则转矩$T = C_m \Phi I_a$，即T和Φ(由励磁电流I_f确定)、I_a(由电枢电流确定并与负载大小有关)成正比例。同时，还可互不干涉地对Φ、I_a 进行控制。例如，让Φ不变，则转矩 T 仅和电枢电流成正比。控制过程中，转矩能迅速响应电流的变化，转矩的控制和调节十分方便。

异步电动机与直流电动机转矩产生的原理有很大的区别，异步电动机的励磁是由三相旋转磁场产生的，它不能像直流电动机一样，固定Φ与 I_a 的夹角(90°)。此外，i_1 的大小虽可用霍尔传感器从气隙中直接测出，但影响Φ大小的励磁电流i_m难以直接检测和控制。异步电动机可供检测的定子电流$i_1 = i_m + i_2'$，混杂着两种成分，必须将二者分离，才能有效地进行转矩控制。

图 5.9 所示为模拟直流电动机绘制的异步电动机产生转矩的物理模型。图中，把三相旋转磁场用一个励磁电流为 i_m 的旋转电磁铁代替。这样，由 i_m 产生的磁通Φ的方向和处于位置α_1 的定子线圈电流 i_1 的方向刚好正交为 90°，从而和直流电动机一样地产生转矩。当转子转动后，定子线圈到达新的位置α_2，由于Φ也在旋转，使 i_1 和Φ仍保持 90° 夹角，从而产生新的转矩，使转子连续转动。因此，要使异步电动机与直流电动机一样地产生转矩并易于控制，就必须做到以下几点。

① 应设法将定子电流 i_1 按矢量变换分解为 i_m 和 i_t。

② 转矩电流 i_t 与 Φ 矢量的夹角始终保持 90°。

③ Φ(或励磁电流 i_m)应为恒值，或可以控制。

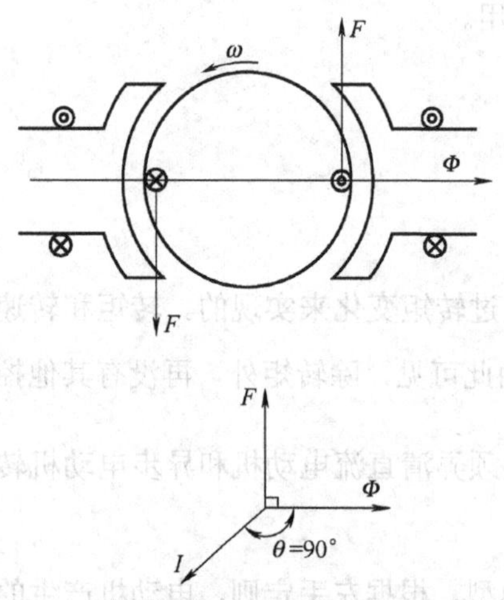

图 5.8 直流电动机转矩模型

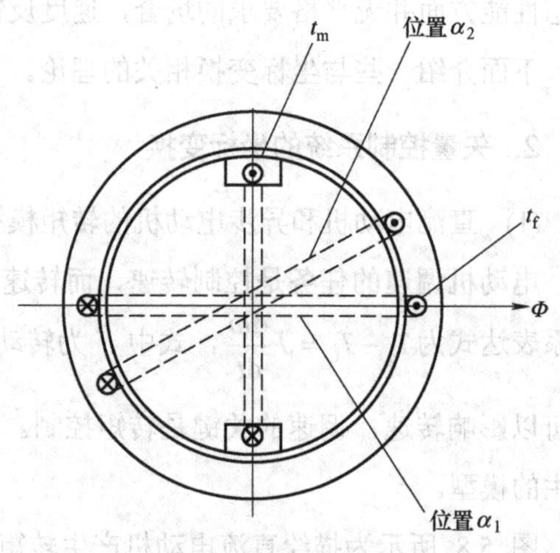

图 5.9 异步电动机转矩模型

(2) 坐标变换的概念。

由三相异步电动机的数学模型可知，研究其特性并控制时，若用两相就比三相简单，如果能用直流控制，就比交流控制更方便。为了对三相系统进行简化，就必须对电动机的参考坐标系进行变换，这就叫坐标变换。在研究矢量控制时，定义有三种坐标系，即三相静止坐标系(3s)、两相静止坐标系(2s)和两相旋转坐标系(2r)。

众所周知，交流电动机三相对称的静止绕组 A、B、C 通入三相平衡的正弦电流 i_A、i_B、i_C 时，所产生的合成磁动势是旋转磁动势 F，它在空间呈正弦分布，并以同步转速 ω_1 顺 A—B—C 相序旋转，其等效模型如图 5.10(a)所示。图 5.10(b)则给出了两相静止绕组α和β，它们在空间上相互差 90°，再通以时间上互差 90°的两相平衡交流电流，也能产生旋转磁动势 F，与三相等效。图 5.10(c)则给出两个匝数相等且互相垂直的绕组 M 和 T，在其中分别通以直流电流 i_m 和 i_t，在空间产生合成磁动势 F。如果让包含两个绕组在内的铁芯(图中以圆表示)以同步转速 ω_1 旋转，则磁动势 F 也随之旋转，成为旋转磁动势。如果能把这个旋转磁动势的大小和转速也控制成 A、B、C 和α、β坐标系中的磁动势一样，那么，这套旋转的直流绕组也就与这两套交流绕组等效了。当观察者站到铁芯上与绕组一起旋转时，会看到 M 和 T 是两个通以直流电而相交垂直的静止绕组，如果使磁通矢量ϕ的方向在 M 轴上，就与一台直流电动机模型没有本质上的区别了。可以认为，绕组 M 相当于直流电动机的励磁绕组，T 相当于电枢绕组。

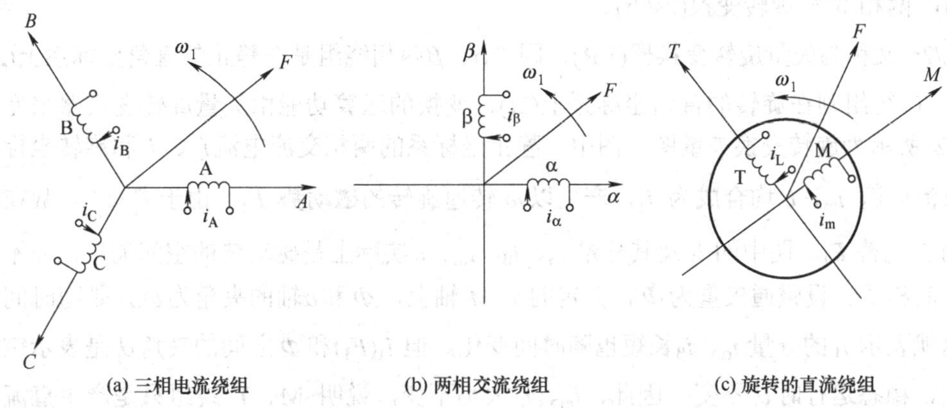

(a) 三相电流绕组　　(b) 两相交流绕组　　(c) 旋转的直流绕组

图 5.10　异步电动机的几种等效模型

(3)　三相/两相变换(3s/2s)。

三相静止坐标系 A、B、C 和两相静止坐标系 α、β 之间的变换，称为 3s/2s 变换。变换原则是保持变换前的功率不变。

设三相对称绕组(各相匝数相等、电阻相同、互差 120° 空间角)通入三相对称电流 i_A、i_B、i_C，形成定子磁动势，用 F_3 表示，如图 5.11(a)所示。两相对称绕组(匝数相等、电阻相同、互差 90° 空间角)内通入两相电流后产生定子旋转磁动势，用 F_2 表示，如图 5.11(b)所示。适当选择和改变两套绕组的匝数和电流，即可使 F_3 和 F_2 的幅值相等。若将两种绕组产生的磁动势置于同一图中比较，并使 F_α 与 F_A 重合，如图 5.11(c)所示，且令 $F \propto I$，则可得出以下等效关系，即：

$$\left.\begin{aligned} i_\alpha &= i_A - \frac{i_B}{2} - \frac{i_C}{2} \\ i_\beta &= \frac{\sqrt{3}}{2} i_B - \frac{\sqrt{3}}{2} i_C \end{aligned}\right\} \tag{5-14}$$

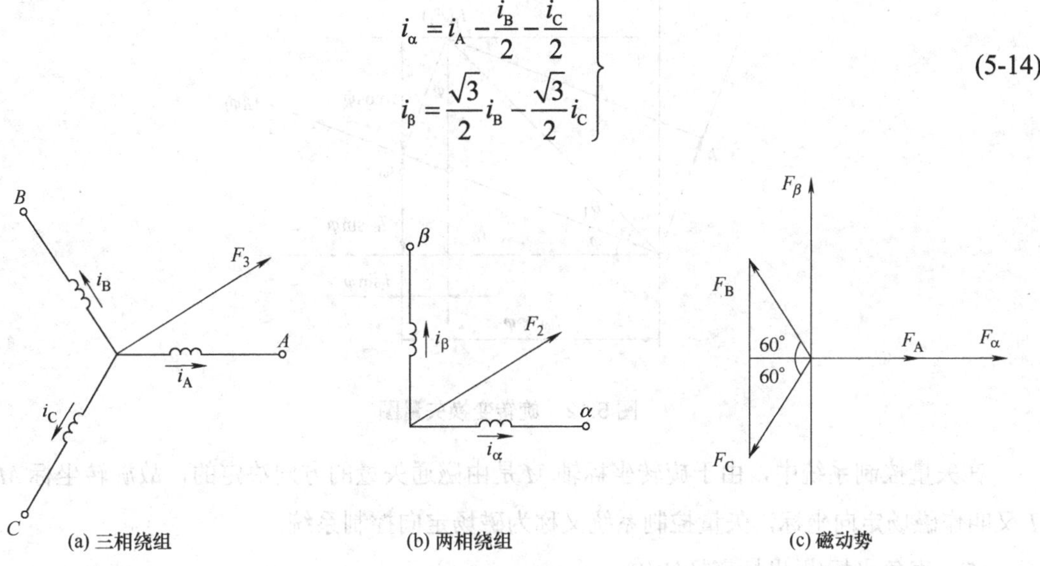

(a) 三相绕组　　(b) 两相绕组　　(c) 磁动势

图 5.11　绕组磁动势的等效关系

(4) 两相/两相旋转变换(2s/2r)。

2s/2r 又称为矢量旋转变换器(VR)，因为α、β两相绕组是在静止的直角坐标系上(2s)，而 M、T 绕组则在旋转的直角坐标系上(2r)，变换的运算功能由矢量旋转变换器来完成，图 5.12 所示为旋转变换矢量图。图中，静止坐标系的两相交流电流i_α、i_β和旋转坐标系的两相直流电流 i_m、i_t 均合成为 i_1，产生以ω_1转速旋转的磁动势 F_1。由于$F_1 \propto i_1$，故在图上亦可用 i_1 代替 F_1。图中的 i_1 及其分量 i_α、i_β、i_m、i_t 实际上是磁动势的空间矢量，而不是电流的时间相量。设磁通矢量为Φ，并定向于 M 轴上，Φ和α轴的夹角为φ，是随时间变化的，这就表示 i_1 的分量 i_α、i_β长短也随时间变化。但 $i_1(F_1)$和Φ之间的夹角θ_1是表示空间的相位角，稳态运行时θ_1不变。因此，i_m、i_t 大小不变，说明 M、T 绕组只是产生直流磁动势。由图中推导出下列关系：

$$\left.\begin{aligned} i_\alpha &= i_m \cos\varphi - i_t \sin\varphi \\ i_\beta &= i_m \sin\varphi + i_t \cos\varphi \end{aligned}\right\} \tag{5-15}$$

写成矩阵形式为：

$$\begin{bmatrix} i_\alpha \\ i_\beta \end{bmatrix} = \begin{bmatrix} \cos\varphi & -\sin\varphi \\ \sin\varphi & \cos\varphi \end{bmatrix} \begin{bmatrix} i_m \\ i_t \end{bmatrix} \tag{5-16}$$

逆变换矩阵为：

$$\begin{bmatrix} i_m \\ i_t \end{bmatrix} = \begin{bmatrix} \cos\varphi & \sin\varphi \\ -\sin\varphi & \cos\varphi \end{bmatrix} \begin{bmatrix} i_\alpha \\ i_\beta \end{bmatrix} \tag{5-17}$$

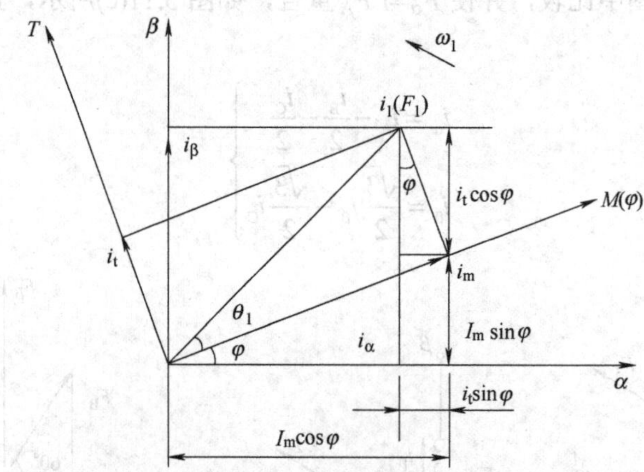

图 5.12 旋转变换矢量图

在矢量控制系统中，由于旋转坐标轴 M 是由磁通矢量的方向决定的，故旋转坐标 M、T 又叫作磁场定向坐标，矢量控制系统又称为磁场定向控制系统。

(5) 直角坐标/极坐标变换(K/P)。

在矢量控制系统中，有时需将直角坐标变换为极坐标，用矢量幅值和相位夹角表示矢量。图 5.12 中，矢量 i_1 和 M 轴的夹角为 θ_1，若由已知的 i_m 和 i_t 来求 i_1 和 θ_1，则必须进行 K/P 变换，其关系公式为：

$$\left.\begin{aligned} i_1 &= \sqrt{i_m^2 + i_t^2} \\ \theta_1 &= \arctan(i_t / i_m) \end{aligned}\right\} \tag{5-18}$$

当 θ_1 在 0°~90° 之间变化时，$\tan\theta_1$ 的变化范围是 0~∞，由于变化幅度太大，电路或微机均难以实现。因此，利用三角公式进行变换的关系公式可改写为：

$$\tan\frac{\theta_1}{2} = \frac{\sin\frac{\theta_1}{2}}{\cos\frac{\theta_1}{2}} = \frac{2\sin\frac{\theta_1}{2}\cos\frac{\theta_1}{2}}{2\cos^2\frac{\theta_1}{2}} = \frac{\sin\theta_1}{1+\cos\theta_1} \tag{5-19}$$

由图 5.12 可知：

$$\sin\theta_1 = \frac{i_t}{i_1} \qquad \cos\theta_1 = \frac{i_m}{i_1}$$

所以：

$$\tan\frac{\theta_1}{2} = \frac{i_t}{i_1 + i_m} \tag{5-20}$$

3. 矢量控制系统的优点和应用范围

异步电动机矢量控制变频调速系统的开发，使异步电动机的调速可获得与直流电动机相媲美的高精度和快速响应性能。异步电动机的机械结构又比直流电动机简单、坚固，且转子无碳刷滑环等电气接触点，故应用前景十分广阔。现将其优点和应用范围综述如下。

(1) 矢量控制系统的优点。

① 动态的高速响应。直流电动机受整流的限制，过高的 $\mathrm{d}i/\mathrm{d}t$ 是不容许的。异步电动机只受逆变器容量的限制，强迫电流的倍数可取得很高，故速度响应快，一般可达到(ms)级，在快速性方面已超过直流电动机。

② 低频转矩增大。一般通用变频器(VVVF 控制)在低频时转矩常低于额定转矩，在 5Hz 以下不能带满负载工作。而矢量控制变频器由于能保持磁通恒定，转矩与 i_t 呈线性关系，故在极低频时，也能使电动机的转矩高于额定转矩。

③ 控制的灵活性。直流电动机常根据不同的负载对象，选用他励、串励、复励等形式，它们各有不同的控制特点和机械特性。而在异步电动机矢量控制系统中，可使同一台电动机输出不同的特性。在系统内用不同的函数发生器作为磁通调节器，即可获得他励或串励直流电动机的机械特性。

(2) 矢量控制系统的应用范围。

① 要求高速响应的工作机械。如工业机器人驱动系统，在速度响应上至少需要 100rad/s，矢量控制驱动系统能达到的速度响应最高值可达 1000rad/s，能保证机器人驱动系统快速、精确地工作。

② 适应恶劣的工作环境。如造纸机、印染机均要求在高温、高压并有腐蚀性气体的环境中工作，异步电动机比直流电动机更为适应。

③ 高精度的电力拖动。如钢板和线材卷曲机属于恒张力控制，对电力拖动的动、静态精确度有很高的要求，能做到高速(弱磁)、低速(点动)、停车时强迫制动。异步电动机应用矢量控制后，静差度小于 0.02%，有可能完全代替直流调速系统。

④ 四象限运转。如高速电梯的拖动，过去均用直流拖动，现在也逐步采用矢量控制变频调速系统代替。

4. 矢量控制通用变频器实际装置举例

6SE35/36(GTR)、6SC36/37(GTO)是西门子公司生产的两种型号矢量控制通用变频器。这类变频器，由于软件功能的灵活性，可以实现变结构控制。有速度传感器和无速度传感器两种控制方式的变换，不必改变硬件电路。速度传感器可以采用脉冲式速度传感器。这种矢量控制调速装置，可以精确地设定和调节电动机的转矩，也可实现对转矩的限幅控制，因而性能较高，受电动机参数变化的影响较小。当调速范围不大，在 1:10 的速度范围内时，常采用无速度传感器方式；当调速范围较大，即使在极低的转速下也要求具有高动态性能和高转速精度时，才需要有速度传感器方式。

(1) 无速度传感器的矢量控制。

这种控制方式下的原理框图(由软件功能选定)如图 5.13 所示。

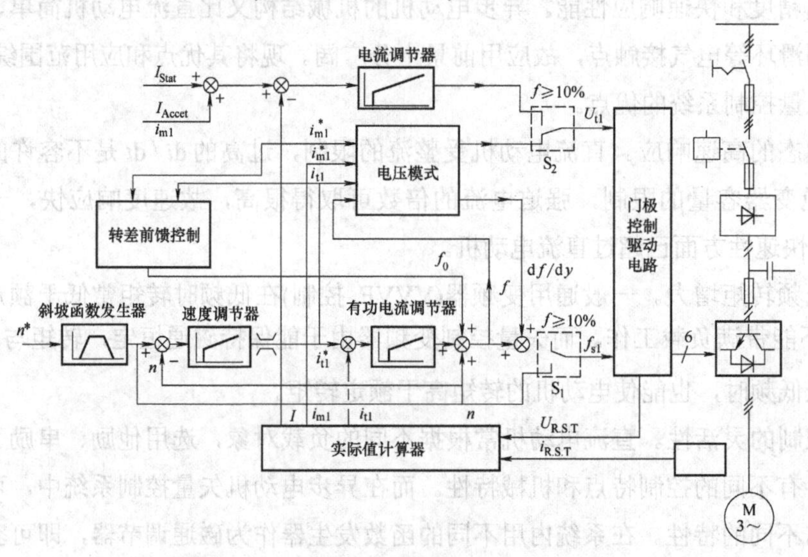

图 5.13 无速度传感器的矢量控制原理框图

这是对异步电动机进行单电动机传动的典型模式。主要性能为：在 1:10 的速度范围内，速度精度小于 0.5%，转速上升时间小于 100ms；在额定频率的 10%的范围内，采用带电流闭环控制的转速开环控制。

工作模式可以用软件功能来选择。

图 5.13 所示的系统中，当工作频率高于 10%额定频率时，软件开关 S_1、S_2 置于图中所示的位置，进入矢量控制状态。转速的实际值可以利用由微型机支持的对异步电动机进行模拟的仿真模型来计算。对于低速范围，频率在 0~10%额定频率的范围内，开关 S_1、S_2 换到与图示相反的位置。这种情况下，斜坡函数发生器被切换到直接控制频率的通道。电流的闭环控制或者说电流的施加将同时完成。两种电流设定值可根据需要来设定：稳态值必须设定得适合于有效负载转矩；附加设定值只在加、减速过程中有效，可以设定得与加速或制动转矩相适应。

(2) 有速度传感器的转速或转矩闭环矢量控制。

这种控制方式的主要特性是：在速度设定值的全范围内，转矩上升时间大约为 15ms；速度设定范围大于 1:100；对闭环控制而言，转速上升时间不大于 60ms。

这种矢量控制原理框图如图 5.14 所示。有功电流调节器仅在 10%额定频率以上时才运行，在 10%以下则不起作用。

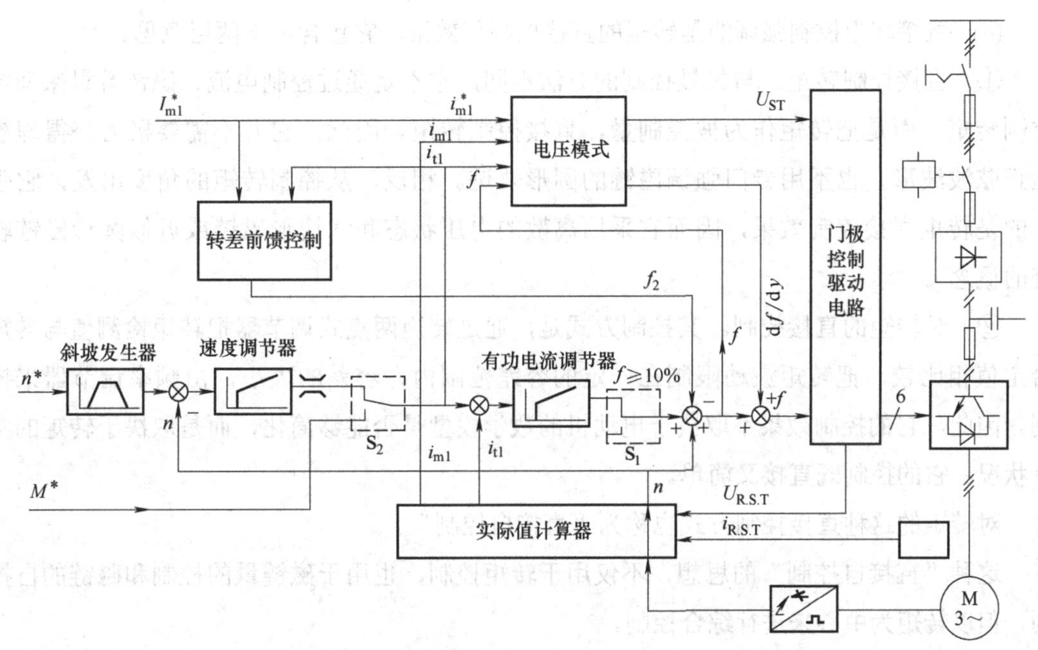

图 5.14　有速度传感器的矢量控制原理框图

直流速度传感器或者脉冲速度传感器(脉冲频率为 500~2500 个脉冲的)均可采用。此种控制方式也可以通过软件来设定。

5.2.4　直接转矩控制

直接转矩控制是继矢量控制变频调速技术之后的一种新型的交流变频调速技术。它是利用空间电压矢量 PWM(SVPWM)通过磁链、转矩的直接控制，来确定逆变器的开关状态而实现的。直接转矩控制还可用于普通的 PWM 控制，实行开环或闭环控制。

直接转矩控制有以下几个主要特点。

(1) 直接转矩控制技术，是直接在定子坐标系下分析交流电动机的数学模型，控制电动机的磁链和转矩。它不需要模仿直流电动机的控制，也不需要为解耦而简化交流电动机的数学模型。它省掉了矢量旋转变换等复杂的计算。因此，它需要的信号处理工作特别简单，所用的控制信号使观察者对于交流电动机的物理过程能够做出直接和明确的判断。

(2) 直接转矩控制磁场定向所用的是定子磁链，只要知道定子的电阻，就可以把它观测出来。而矢量控制磁场定向所用的是转子磁链，观测转子磁链需要知道电动机转子的电阻和电感。因此，直接转矩控制大大减少了矢量控制技术中控制性能易受参数变化影响的问题。

(3) 直接转矩控制采用空间矢量的概念来分析三相交流电动机的数学模型和控制其各物理量，使问题变得特别简单明了。

(4) 直接转矩控制强调的是转矩的直接控制与效果。它包含以下两层意思。

① 直接控制转矩。与矢量控制的方法不同，它不是通过控制电流、磁链等量来间接控制转矩，而是把转矩作为被控制量，直接控制转矩。因此，它并不需要极力获得理想的正弦波波形，也不用专门强调磁链的圆形轨迹。相反，从控制转矩的角度出发，它强调的是转矩直接控制效果，因而它采用离散的电压状态和六边形磁链或近似圆形磁链轨迹的概念。

② 对转矩的直接控制。其控制方式是，通过转矩两点式调节器把转矩检测值与转矩给定值相比较，把转矩波动限制在一定的容差范围内，容差的大小，由频率调节器来控制。因此，它的控制效果不取决于电动机的数学模型是否能够简化，而是取决于转矩的实际状况。它的控制既直接又简单。

对转矩的这种直接控制方式也称为“直接自控制”。

这种“直接自控制”的思想，不仅用于转矩控制，也用于磁链量的控制和磁链的自控制，但以转矩为中心来进行综合控制。

综上所述，直接转矩控制技术，用空间矢量的分析方法，直接在定子坐标系下计算与控制交流电动机的转矩，采用定子磁场定向，借助于离散的两点式调节(Band-Band 控制)产生 PWM 信号，直接对逆变器的开关状态进行最佳控制，以获得转矩的高动态性能。它省掉了复杂的矢量变换与电动机数学模型的简化处理，没有通常的 PWM 信号发生器。它的控制思想新颖，控制结构简单，控制手段直接，信号处理的物理概念明确。该控制系统的转矩响应迅速，限制在一拍以内，且无超调，是一种具有高静态、动态性能的交流调速方法。

下面介绍一些与直接转矩控制相关的理论。

1. PWM 逆变器输出电压的矢量表示

如果三相交流电压是正弦波，电压为：

$$\left.\begin{aligned} u_{\mathrm{U}} &= \frac{1}{\sqrt{3}}U_{\mathrm{m}}\sin(\omega t) \\ u_{\mathrm{V}} &= \frac{1}{\sqrt{3}}U_{\mathrm{m}}\sin(\omega t - 2\pi/3) \\ u_{\mathrm{W}} &= \frac{1}{\sqrt{3}}U_{\mathrm{m}}(\omega t + 2\pi/3) \end{aligned}\right\} \tag{5-21}$$

式中的U_{m}为线电压的峰值。

空间电压矢量U按下式加以定义，即：

$$U = u_{\mathrm{U}} + \alpha u_{\mathrm{V}} + \alpha^2 u_{\mathrm{W}} \tag{5-22}$$

式中，$\alpha = \mathrm{e}^{\mathrm{j}2\pi/3}$。

将式(5-21)代入式(5-22)，整理后得：

$$U = \sqrt{3}U_{\mathrm{m}}\mathrm{e}^{-\mathrm{j}\omega t} \tag{5-23}$$

可以看出，对于三相正弦交流电压，它的瞬时空间电压矢量为以角速度ω旋转的矢量，对应不同的时刻，它处在不同的位置。

众所周知，电压的时间积分是磁通。对瞬时空间电压矢量进行积分得磁通矢量：

$$\phi = \int U\mathrm{d}t = \sqrt{3}\frac{1}{\omega}U_{\mathrm{m}}\mathrm{e}^{-\mathrm{j}(\omega t - \pi/2)} \tag{5-24}$$

可以看出，异步电动机使用正弦电压供电时，气隙磁场是圆形旋转磁场，磁通矢量轨迹处在以一定速度均匀旋转的圆上，电动机的转矩没有脉动。按此思路，如果变频器在进行 PWM 控制时，让变频器所产生的电动机磁通在近似为圆周的轨迹上均匀移动，应该可以减小转矩的脉动，并可控制电动机的转矩。

图 5.15 所示为三相电压逆变器的主电路。

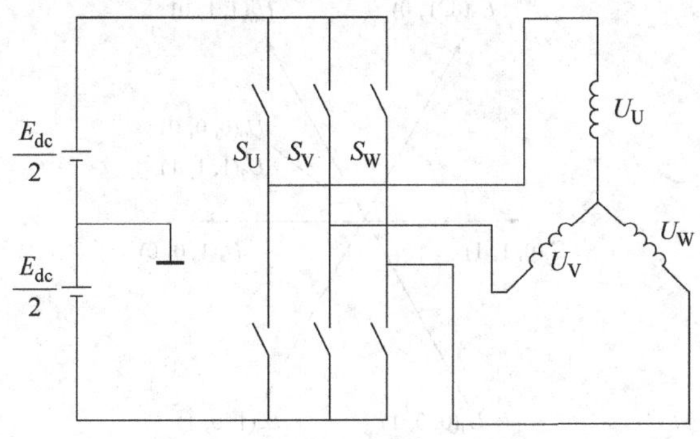

图 5.15　三相逆变器的主电路

为了研究方便，假定直流侧带有中性点，且与电动机的中性点相接。定义三相桥臂的上侧开关导通状态，记作 S_i=1，下侧开关导通状态记作 S_i=0。当 S_i=1 时，电动机的相电压等于 $E_{dc}/2$；当 S_i=0 时，电动机的相电压等于$-E_{dc}/2$。用 $U(S_U, S_V, S_W)$表示三相逆变器的电压矢量，S_U、S_V、S_W 分别为 U、V、W 相桥臂的开关状态。

于是，三相逆变器的输入和输出的关系可以用开关函数来描述。三相输出电压为：

$$\begin{bmatrix} U_U \\ U_V \\ U_W \end{bmatrix} = \begin{bmatrix} S_U & \overline{S}_U \\ S_V & \overline{S}_V \\ S_W & \overline{S}_W \end{bmatrix} \begin{bmatrix} \dfrac{E_{dc}}{2} \\ -\dfrac{E_{dc}}{2} \end{bmatrix} \tag{5-25}$$

式中，$\overline{S}_U$、$\overline{S}_V$、$\overline{S}_W$ 分别为 S_U、S_V、S_W 的逻辑非，并有：

$$\begin{aligned} S_U + \overline{S}_U &= 1 \\ S_V + \overline{S}_V &= 1 \\ S_W + \overline{S}_W &= 1 \end{aligned} \tag{5-26}$$

三相输出线电压为：

$$\begin{bmatrix} U_{UV} \\ U_{VW} \\ U_{WU} \end{bmatrix} = \begin{bmatrix} S_U - S_V \\ S_V - S_W \\ S_W - S_U \end{bmatrix} E_{dc} \tag{5-27}$$

直流输入电流为：

$$i_{dc} = \begin{bmatrix} S_U S_V S_W \end{bmatrix} \begin{bmatrix} i_U \\ i_V \\ i_W \end{bmatrix} \tag{5-28}$$

由此可以看出，当 S_U=S_V=S_W 时，逆变器的直流输入电流 i_{dc}=0；否则，直流输入电流为某一相的线电流值。

将式(5-25)的三相逆变器的输出电压代入空间电压矢量的公式(5-22)，则逆变器的电压矢量如图 5.16 所示。

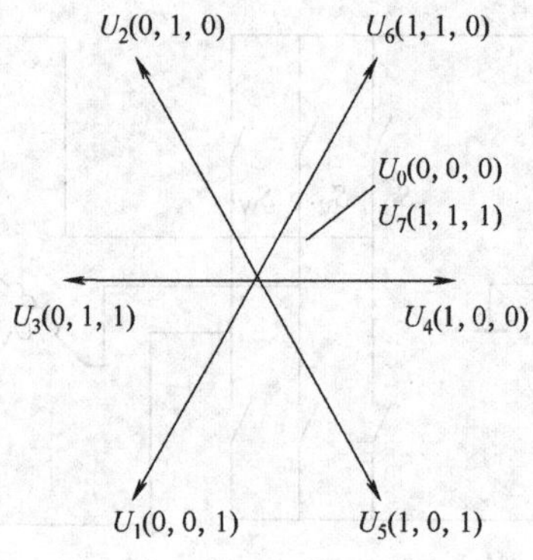

图 5.16　逆变器的电压矢量

以图 5.16 中 $U_5(1,0,1)$为例，由式(5-25)，有：

$$\left.\begin{aligned} U_{\rm U} &= E_{\rm dc}/2 \\ U_{\rm V} &= -E_{\rm dc}/2 \\ U_{\rm W} &= E_{\rm dc}/2 \end{aligned}\right\} \tag{5-29}$$

$$U_5(1,0,1) = (1 - {\rm e}^{{\rm j}2\pi/3} + {\rm e}^{{\rm j}4\pi/3})E_{\rm dc}/2 = {\rm e}^{-{\rm j}\pi/3}E_{\rm dc} \tag{5-30}$$

把式(5-29)和式(5-30)代入式(5-22)，可得图 5.16 中的电压矢量 $\boldsymbol{U}_5(1,0,1)$。

由此可见，三相逆变器的空间电压矢量只有 8 种，即 $\boldsymbol{U}_0(0,0,0)$、$\boldsymbol{U}_1(0,0,1)$、$\boldsymbol{U}_2(0,1,0)$、$\boldsymbol{U}_3(0,1,1)$、$\boldsymbol{U}_4(1,0,0)$、$\boldsymbol{U}_5(1,0,1)$、$\boldsymbol{U}_6(1,1,0)$、$\boldsymbol{U}_7(1,1,1)$。其中，$\boldsymbol{U}_0(0,0,0)$和 $\boldsymbol{U}_7(1,1,1)$为零矢量，矢量的模为 0，它对应逆变器的三个桥臂上部的开关器件(或下部的开关器件)同时处于导通(或关断)状态，因而电动机的三相绕组处于短路状态。

总之，可利用空间电压矢量的概念对 PWM 波形进行评估，并可利用空间电压矢量控制电动机的气隙磁通和减小异步电动机的转矩脉动。

2．磁通轨迹控制

如前所述，电压矢量的积分是磁通矢量，按图 5.16 所示选择空间电压矢量，使磁通的轨迹在圆周上，这就是磁通轨迹控制。需要解决以下两个问题，即如何选择电压矢量和如何正确选择开关状态及持续时间。

逆变器每一次开关动作都将产生磁通的微小变化。假定逆变器的开关状态为 $\boldsymbol{U}_i(S_{\rm U}, S_{\rm V}, S_{\rm W})$，开关的持续时间为 Δt，则电动机经过 Δt 时间，由电压矢量 $\boldsymbol{U}_i(S_{\rm U}, S_{\rm V}, S_{\rm W})$所产生的磁通增量 $\Delta\boldsymbol{\Phi}$ 可以由式(5-31)计算，即：

$$\Delta\boldsymbol{\Phi} = U_i\Delta t \tag{5-31}$$

由此可见，磁通增量的方向为电压矢量的方向，磁通轨迹沿着 $\boldsymbol{U}_i$ 的方向前进了 $\Delta\boldsymbol{\Phi}$ 的距离。如果 $\boldsymbol{\Phi}_n$ 和 $\boldsymbol{\Phi}_{n+1}$ 表示第 n 次和第 n+1 次控制周期结束时的磁通，则 $\boldsymbol{\Phi}_{n+1}$ 为 $\boldsymbol{\Phi}_n$ 和 $\Delta\boldsymbol{\Phi}$ 的矢量和，即：

$$\boldsymbol{\Phi}_{n+1} = \boldsymbol{\Phi}_n + \Delta\boldsymbol{\Phi} \tag{5-32}$$

若 $\boldsymbol{U}_i$ 为零矢量，则磁通的增量为零，磁通的轨迹未发生移动。

在逆变器基波频率的一个周期内，若分割 k 个控制周期，每个周期的时间间隔为：

$$T = \frac{2\pi}{k\omega} \tag{5-33}$$

式中，ω 为基波角频率，k 为一个周期的分割数。

将空间平面按电压矢量分为 6 个扇区，在每个扇区的边沿各有一个电压矢量，记作 $\boldsymbol{U}_1$ 和 $\boldsymbol{U}_2$。在每个控制周期选择三种开关状态，并由此实现 PWM 控制。

(1)　六边形轨迹控制。

如果在 60° 间隔内，只改变逆变器的一支桥臂上、下电子器件的通断状态，则磁通轨迹为六边形。由式(5-32)可知，在 t 时刻的磁通为 $\boldsymbol{\Phi}_n$，如图 5.17 所示。此时选择电压矢量 $\boldsymbol{U}_1$，经过一段时间，磁通轨迹由 O 点到达六边形的顶点 A，但是由于时间 $t_1 \leqslant 60°$，在磁通轨迹到达 A 点后，需要停留一段时间。为此，磁通在到达 A 点后，需要停留一段时间 t_0，即选择零矢量 U_0 和 U_7。停留时间 t_0 应满足：

$$t_1+t_0=60°$$

显然，按上述方法控制，电动机在一个周期内仅仅切换 6 次开关状态，电动机的电流波形将会出现较大的尖峰。从改善电动机电流波形的要求和提高电力电子器件的使用效率考虑，可以适当提高开关频率。其具体做法是将开关持续时间 t_0 和 t_1 分成若干段，即磁通轨迹在由 O 点移动到 A 点的过程中，交替选择电压矢量 $\boldsymbol{U}_0$ 和 $\boldsymbol{U}_1$，只要 $\boldsymbol{U}_0$ 和 $\boldsymbol{U}_1$ 总的持续时间分别为 t_0 和 t_1，则磁通的控制效果并未发生变化，即磁通沿着六边形前进，但是电流的波形轨迹将得到改善。

(2) 圆形轨迹控制。

为了实现磁通轨迹控制，一个控制周期的磁通轨迹移动距离应等于圆形磁通轨迹移动的距离，原理如图 5.18 所示。

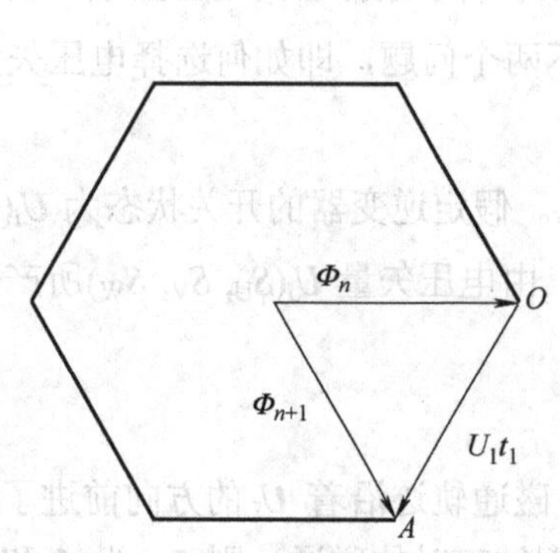

图 5.17　六边形磁通轨迹的控制原理

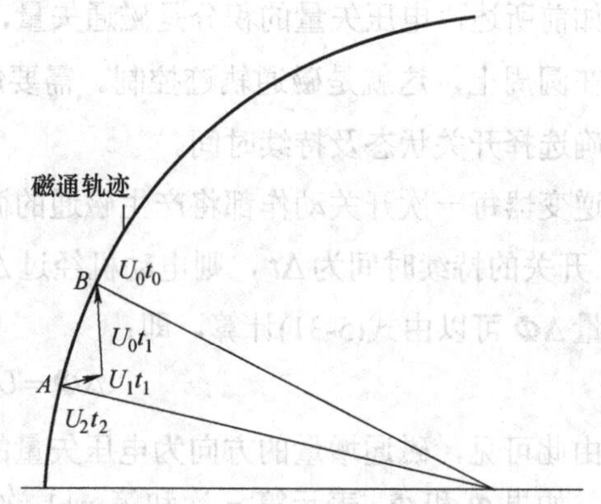

图 5.18　圆形磁通轨迹的控制原理

在逆变器的 k 个控制周期内，选择的电压矢量包含 $\boldsymbol{U}_1$、$\boldsymbol{U}_0$、$\boldsymbol{U}_2$。其中，$\boldsymbol{U}_1$ 为主矢量，$\boldsymbol{U}_2$ 为辅矢量，$\boldsymbol{U}_0$ 为零矢量。主矢量和辅矢量可以是前述的 $\boldsymbol{U}_1(0,0,1)$~$\boldsymbol{U}_6(1,1,0)$，零矢量可以是 $\boldsymbol{U}_0(0,0,0)$和 $\boldsymbol{U}_7(1,1,1)$。$\boldsymbol{U}_1$ 的持续时间为 t_1，$\boldsymbol{U}_2$ 的持续时间为 t_2，$\boldsymbol{U}_0$ 的持续时间为 t_0。

若控制周期为 T，则有：

$$T = t_0 + t_1 + t_2 \tag{5-34}$$

由积分近似公式，有：

$$U^{*}T = U_1 t_1 + U_2 t_2 \tag{5-35}$$

式中：U^* 为正弦电压设定值；U^*T 为在第 k 个控制周期的磁通设定值的增量；$\boldsymbol{U}_1 t_1$ 为电压矢量 $\boldsymbol{U}_1$ 在其持续时间所产生的磁通增量；$\boldsymbol{U}_2 t_2$ 为电压矢量 $\boldsymbol{U}_2$ 在其持续时间所产生的磁通增量。

可以推证：

$$\left.\begin{aligned} t_1 &= \alpha \frac{\sin\gamma}{\sin(\pi/3)} T \\ t_2 &= \alpha \frac{\sin(\pi/3-\gamma)}{\sin(\pi/3)} T \\ t_0 &= T - t_1 - t_2 \end{aligned}\right\} \tag{5-36}$$

式中，$\alpha = U^*/E_{\mathrm{dc}}$，为调制比，它反映逆变器的电压利用系数；$\gamma$ 为电压参考矢量 U^* 与 U_1 之间的夹角。

3. 直接转矩控制的实际结构

直接转矩控制交流调速系统的框图如图 5.19 所示，电动机的定子电流、母线电压由电压、电流检测单元测出后，经坐标变换器变换到模型所用的 d-q 坐标系下，计算出模型磁通和转矩。再与转速信号 n 一起，作为电动机模型的参数，与给定的磁通、转速、转矩值等输入量比较后，送入各自的调节器，经过两点式调节，输出相应的磁通和转矩开关量。这个量作为开关信号选择单元的输入，以选择适当开关状态，来完成直接转矩控制。

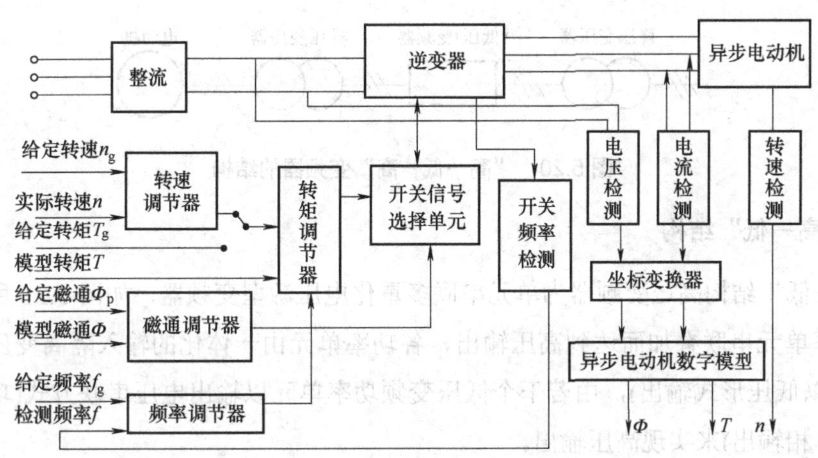

图 5.19　直接转矩控制交流调速系统框图

5.3　高压变频器

人们习惯中所称的高压变频器和高压电动机，实际上电压一般为 3~10kV，国内主要为 3kV、6kV 和 10kV。与电网电压相比，它只能算作中压，所以有的国外资料也称为中压变频器和中压电气设备。

高压变频器的发展和应用离不开高电压、大电流的电力电子器件。与低压变频器中的功率开关器件相比，高压开关器件最重要的特性就是在阻断状态时能承受高电压，同时，还要求在导通状态下具有高的电流密度和低的导通压降；在开关状态转换时，具有足够短的导通时间和关断时间，并能承受高的 du/dt 和 di/dt 。

目前，在高压变频器中得到广泛应用的电力电子器件主要有 GTO、IGBT、IGCT 等。

5.3.1 主电路的拓扑结构

高压变频器不像低压变频器那样具有相同的拓扑结构，其主电路的拓扑结构不尽相同。常见的主电路拓扑结构有“高—低—高”结构、“高—低”结构和“高—高”直接高压结构三种。

1. “高—低—高”结构

图 5.20 所示是“高—低—高”变频器的结构示意图。该结构将输入高压经降压变压器变成 380V 的低电压，然后用普通变频器进行变频，再由升压变压器将电压升到高压。该类高压变频器利用了现有的低压变频技术来实现高压变频，但用降压和升压两台变压器，降低了节能效率，而且变压器需要相应的启停和保护装置，成本高，设备占地面积大，导致系统的可靠性降低。

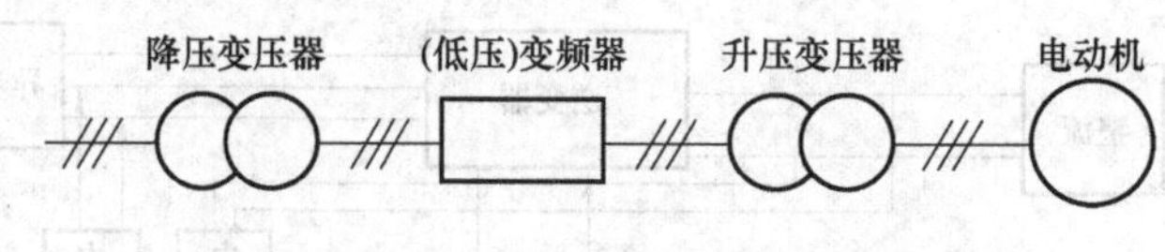

图 5.20 “高—低—高”变频器的结构

2. “高—低”结构

“高—低”结构高压变频器为单元串联多重化电压源型变频器，如图 5.21 所示。它由多个低功率单元串联叠加而达到高压输出，各功率单元由一体化的输入隔离变压器的副边分别供电(以低压形式输出)，由若干个低压变频功率单元以输出电压串联方式(功率单元为三相输入单相输出)来实现高压输出。

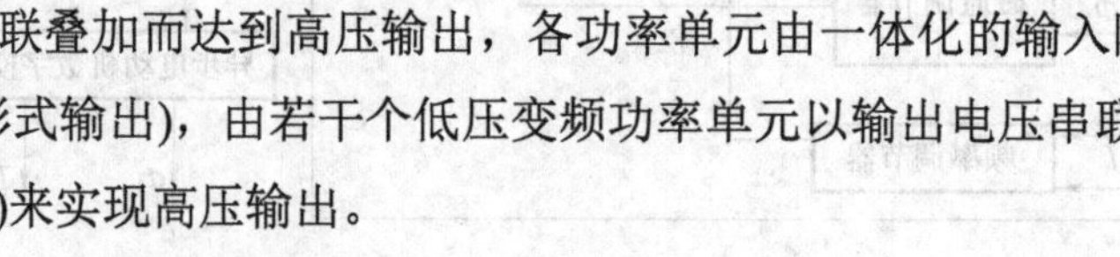

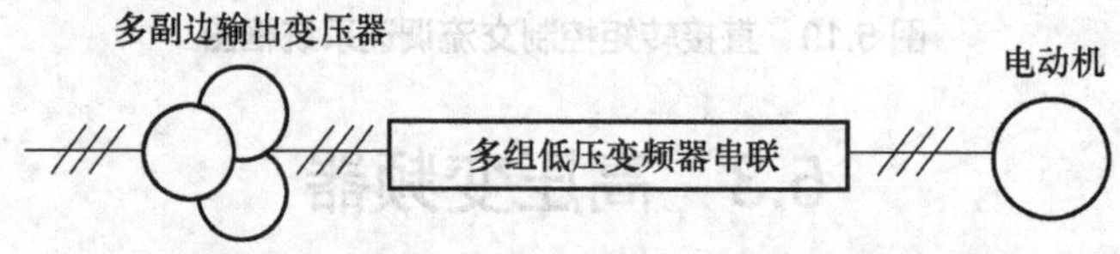

图 5.21 “高—低”结构高(中)压变频器的结构

图 5.22 所示是“高—低”结构高压变频器的电气连接。功率单元单相桥式逆变电路是

用 4 种不同的开关模式，可输出 0 和±1 这三种电平。每个单元采用多电平移相 PWM 控制，即同一相每个单元的调制信号相同，而载波信号互差一个电角度，且正反相对。这样，每个单元的输出便是同样形状的 PWM 波，但彼此相差一个电角度。每个单元串联功率单元越多，输出越接近正弦波。此类变频器又称为“完美无谐波”变频器，其缺点主要有以下两点。

(1) 所用元器件多，因而出现故障的可能性增多。

(2) 串联元件主要以 IGBT、GTO 和 IGCT 等为主，因而这种类型的变频器属于电压型，只能实现能量的单向流动，不能将电能反馈回电网。

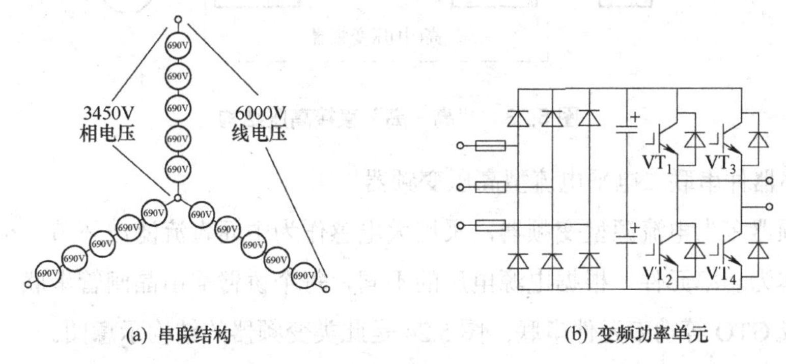

(a) 串联结构　　(b) 变频功率单元

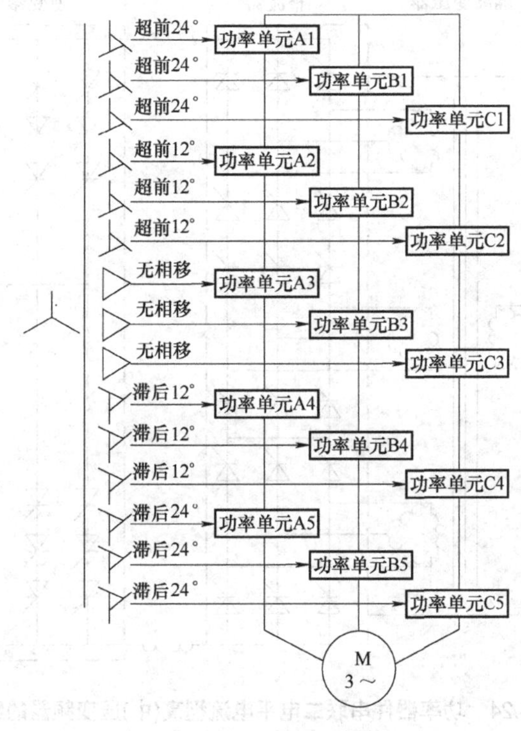

(c) 多电平移相PWM控制

图 5.22　“高—低”结构高压变频器的电气连接

3. “高—高”直接高压结构

直接高压方式，就是直接对高压进行整流后逆变输出，无需降压/升压变压器，可选择隔离变压器或采用进线电抗器，整流部分可采用 PWM 整流器或移相整流器，如图 5.23 所示。常见的“高—高”直接高压结构有功率器件串联二电平电流型高压变频器、中性点钳位三电平 PWM 高压变频器和多电平高压变频器等。

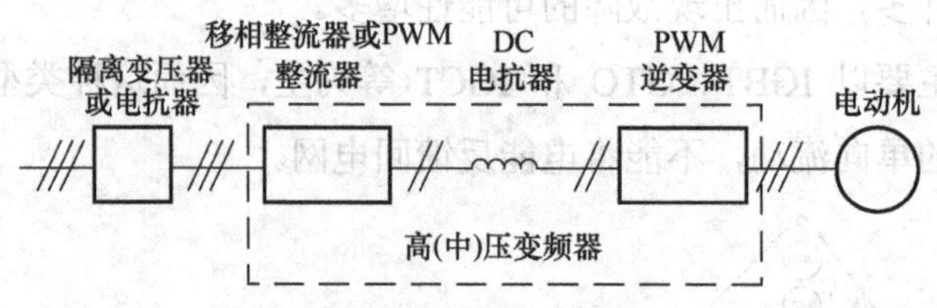

图 5.23 “高—高”直接高压结构

(1) 功率器件串联二电平电流型高压变频器。

这类变频器多为电流源型变频器，采用大电感作为中间直流滤波环节。整流电路一般采用晶闸管作为功率元件，根据电源电压的不同，每个桥臂需由晶闸管串联，而逆变器则采用晶闸管或 GTO 等功率元件串联。图 5.24 是此类变频器的结构示意图。

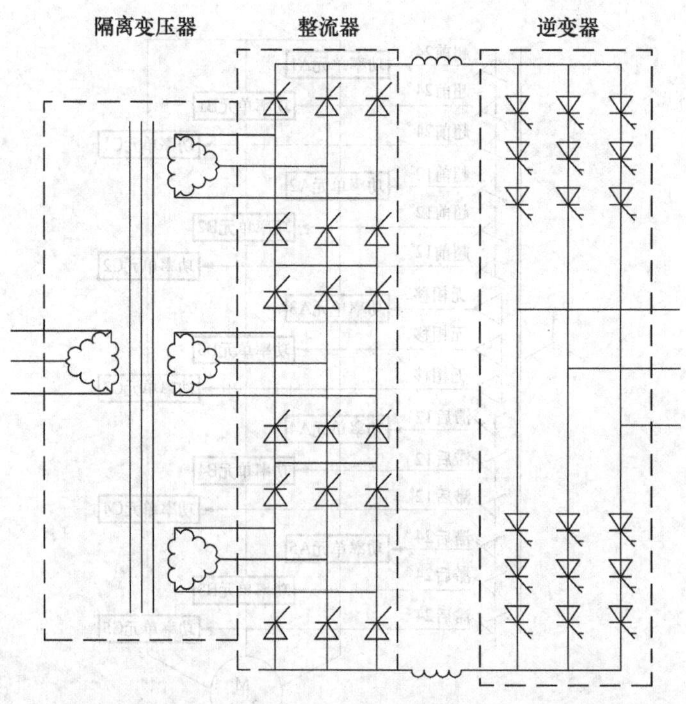

图 5.24 功率器件串联二电平电流型高(中)压变频器的结构

美国 A-B 公司生产的中(高)压变频器 Bulletin 1557 系列，其电路结构为“交—直—交”电流源型，采用功率器件 GTO 串联的两电平逆变器，采用无速度传感器直接矢量控制，电动机转矩可快速变化而不影响磁通，综合了脉宽调制和电流源结构的优点，其运行效果近似直流传动装置。

(2) 中性点钳位三电平 PWM 高压变频器。

在 PWM 电压型变频器中，当输出电压较高时，为了避免器件串联引起静态和动态均压问题，同时降低输出谐波及 d*u*/d*t* 的影响，逆变器部分可采用中性点钳位的三电平方式，逆变器的功率器件可采用高压 IGBT 或 IGCT，如图 5.25 所示。ABB 公司生产的 ACS 1000 系列变频器是采用新型功率器件(集成门极换流晶闸管 IGCT)的三电平变频器，其输出电压等级有 2.2kV、3.3kV 和 4.16kV。

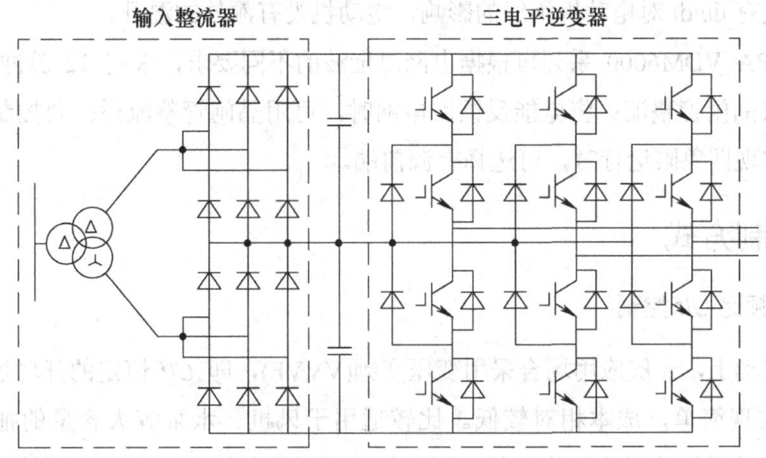

图 5.25　中性点钳位三电平 PWM 高压变频器结构

(3) 多电平高压变频器。

采用多电平结构的高压变频器有法国 AISTOM 公司的 AISPA VDM6000 系列，图 5.26 所示为四电平高压变频器的结构。

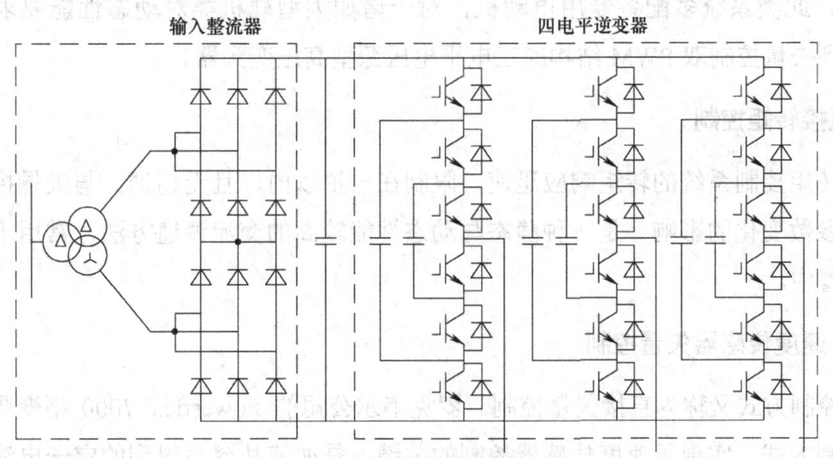

图 5.26　四电平高压变频器的结构

该系统采用模块结构，有效地保证了功率元件的串联连接，它不是元器件简单的串联，而是结构上的串联，这就保证了电压的安全和自然匹配。其特点如下。

(1) 整体单元装置采用串、并联拓扑结构以满足不同的电压等级(如 3.3kV、6.6kV 和 10kV)的需要。

(2) 系统普遍采用直流母线方案，以实现多台高压变频器之间能相互交换。

(3) 没有传统结构中各级功率器件上的众多分压分流装置，从而消除了系统可靠性低的因素。

(4) 输出波形非常接近于正弦波，适用于普通感应电动机和同步电动机调速，而无需降低容量，没有 d*u*/d*t* 对电动机绝缘的影响，电动机没有额外的温升。

(5) AISPA VDM6000 系列可根据电网对谐波的不同要求，采用 12 脉冲、18 脉冲的二极管整流或晶闸管整流；将电能反馈回电网时，可用晶闸管整流桥；要控制电网的谐波功率因数及实现四象限运行时，可选择有源前端。

5.3.2 控制方式

1. 恒压频比 *U*/*f* 控制

在工业传动上，一般应用场合采用变压变频(VVVF)，即 *U*/*f* 恒定的开环控制，这种方法的优点是实现简单，成本相对较低。比较适用于风机、水泵等大容量的拖动性工业负载。主要问题是系统的低速性能较差，不能保持磁通长久恒定，需要电压补偿，同时，异步电动机要强迫通风制冷。

2. 矢量控制

矢量控制可以获得很高的动、静态性能指标，由于异步电动机的参数对其影响比较大，因此，此类系统多配备专用电动机，对于诸如大型轧机类对动态性能要求较高的场合，常用到矢量控制双 PWM 结构的三电平电压源型高压变频器。

3. 直接转矩控制

直接转矩控制系统的转矩响应迅速，限制在一拍以内，且无超调，与矢量控制相比，不受转子参数变化的影响，是一种静态与动态性能较高的交流调速方法，常用于三电平高压变频装置中。

4. 无速度传感器矢量控制

此种控制方式又称为直接矢量控制。罗克韦尔公司的 Powerflex 7000 型变频器就采用了这种控制方式。实现无速度传感器控制的关键，是如何从容易得到的定子电流、定子电压中计算出与速度有关的量。

矢量控制的核心，是控制电动机的磁通，因此，磁通的观测也是无速度传感器控制的关键之一，为保证控制的精度，在无速度传感器控制器中均有参考辨识部件。

5.3.3 高压变频器对电网与电动机的影响

1．对电网的影响

由于高压变频器容量一般较大，占整个电网比例较为显著，所以，高压变频器对电网的谐波污染已不容忽视。解决谐波污染有两种方法：一是采用消波滤波器，对高压变频器产生的谐波进行治理，以达到供电部门的要求；二是采用谐波电流较小的变频器，变频器本身基本不对电网造成谐波污染，即采用所谓的“绿色”电力电子产品，从本质上解决谐波污染问题。

一般电流源型变频器用的 6 脉冲晶闸管电流源型整流电路，其总的谐波电流失真约为30%，远高于 IEEE 519 1992 标准所规定的电流失真小于 5%的要求，所以必须设置输入谐波滤波器。对于 12 脉冲晶闸管整流电路，其总谐波电流失真约为 10%，仍需安装谐波滤波装置。大多数 PWM 电压源型变频器都采用二极管整流电路，如果整流电路也采用 PWM 控制，则可以做到输入电流基本为正弦波，谐波电流很低。单元串联多电平变频器采用多重化结构，输入脉冲数很高。总的谐波电流失真可低于 10%，不加任何滤波器就可满足电网无谐波失真的要求。

高压变频器的另一项综合性能指标是输入功率因数，普通电流源型变频器的输入功率因数较低，且会随着转速的下降而线性下降，因此需要设置功率因数补偿装置。二极管整流电路在整个运行范围内都有较高的功率因数，一般不必设置功率因数补偿装置。采用全控型电力电子器件构成的 PWM 型整流电路，其功率因数可调，可以做到接近 1。单元串联多电平 PWM 变频器功率因数较高，实际功率因数在整个调速范围内可达到 0.95 以上。

从以上两项指标来看，全控型电力电子器件的 PWM 型整流电路和单元串联多电平 PWM(“高—低”结构)变频器均属“绿色”电力电子产品。

2．对电动机的影响

高压变频器输出的谐波会在电动机中引起谐波发热(铁芯)和转矩脉动，且输出 du/dt、共模电压与噪声等也会对电动机有负面影响。电流源型变频器由于输出谐波和共模电压较大，电动机需降额使用和加强绝缘，且存在转矩脉动问题，使其应用受到限制。三电平电压源型变频器存在输出谐波和 du/dt 等问题，一般要设置输出滤波器，否则必须使用专用电动机。对风机和水泵等一般不要求四象限运行的设备，单元串联多电平 PWM 电压源型变频器在输出谐波、du/dt 等方面有明显的优势，对电动机没有特殊的要求，具有较广阔的应用前景。

本章小结

本章主要讲述了变频器的基本构成、工作原理、基本类型和控制方式，并对高压变频器的基本形式和多电压源型高压变频器做了简要的介绍。

U/*f* 控制是使变频器的输出在改变频率的同时也改变电压，通常是使 *U*/*f* 为常数，这样，可使电动机的磁通保持一定，在较宽的调速范围内，电动机的转矩、效率、功率因数不下降。

转差频率控制就是检测出电动机的转速而构成速度闭环，速度调节器的输出为转差频率，通过控制转差频率，来控制转矩和电流，使速度的静态误差变小。

矢量控制是通过控制变频器的输出电流、频率及相位，来维持电动机内部的磁通为设定值，产生所需的转矩，是一种高性能的异步电动机控制方式。

直接转矩控制是直接分析交流电动机的模型，控制电动机的磁链和转矩。

现在的变频器基本上都是以高性能单片机和数字信号处理器(DSP)等为控制核心构成的。专用于变频器控制的单片机的出现，使得系统的体积减小，功能及可靠性大大提高。

思考与练习

(1) 简述变频器的基本构成。

(2) 变频器内部电路的主要功能是什么?

(3) 变频器的主电路主要有哪些基本形式?

(4) 变频器的控制方式有哪些?

(5) 变频器的四种控制方式有哪些异同点?

(6) 高压变频器有哪些基本形式?

(7) 简述多电平电压源型逆变器的特点。

第 6 章　变频器的参数与选择

本章要点

- 变频器的各项功能参数及预置。
- 变频器的主要功能及预置过程。
- 变频调速系统的控制电路。

技能目标

- 掌握变频器参数的设置。
- 掌握变频器的启动与正/反转控制。
- 能根据实际需要设置参数。

变频器系统包括变频器、电动机和负载等，合理选择系统设备和规范操作是实现系统安全、可靠和经济运行的保证。

6.1　变频器的原理框图与接线端子

变频器的内部结构相当复杂，除了由电力电子器件组成的主电路外，还有以微处理器为核心的运算、检测、保护、驱动、隔离等控制电路。对大多数用户来说，变频器是作为整体设备使用的，可以不必深究其内部电路的原理，但对变频器的基本结构有个了解是非常必要的。

6.1.1　变频器的外形与结构

变频器的内部结构比较复杂，三菱 FR-E500 变频器的外形和结构如图 6.1 所示。

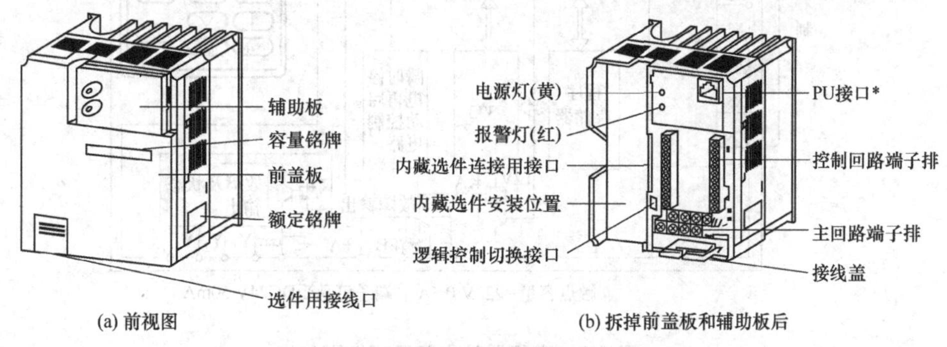

图 6.1　三菱 FR-E500 变频器的外形和结构

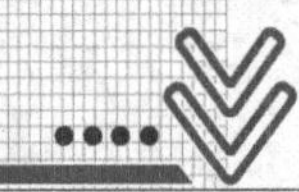

6.1.2 变频器的原理框图

变频器的实际电路相当复杂，图 6.2 所示为变频器的内部原理框图。从图中可以看出变频器的基本组成，图的上方是由电力电子器件构成的整流器、中间环节、逆变器主电路，R、S、T 是三相交流电源输入端，U、V、W 是变频器三相交流电源输出端；图的下方是以 16 位单片机为核心的控制电路，以及过电压、过电流、过热、过载等多种保护电路，周边引出许多种输入/输出控制端子。

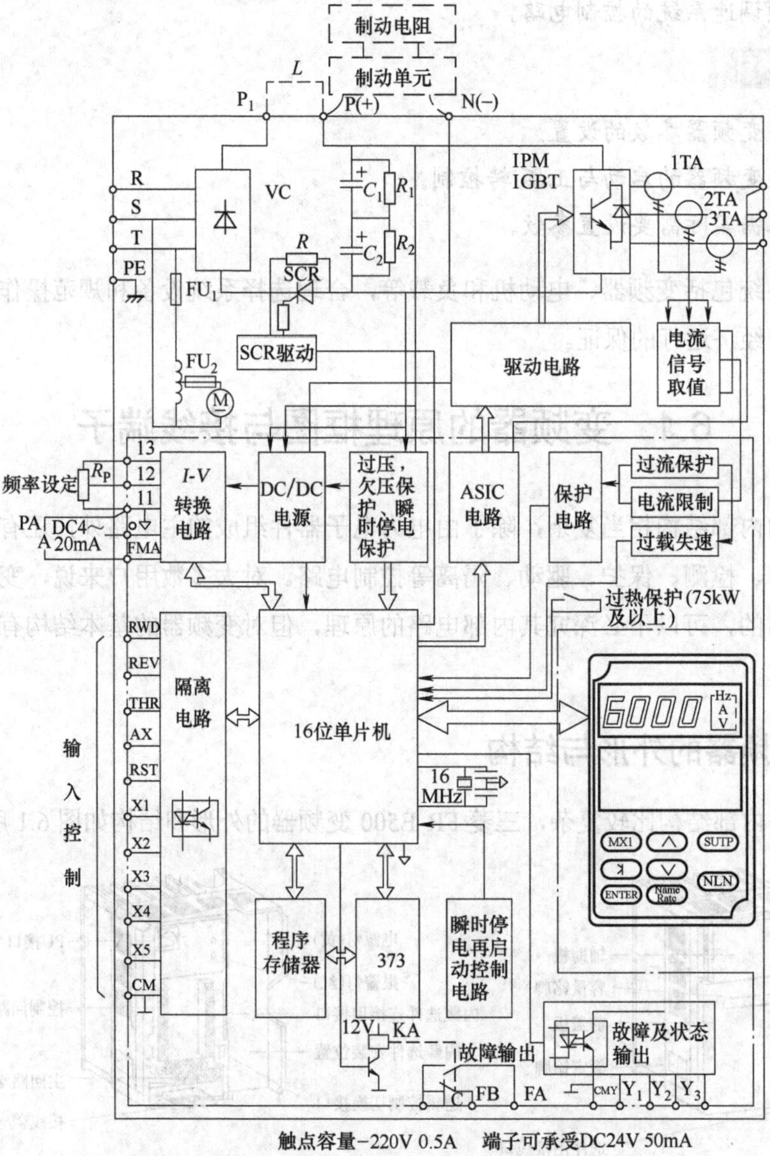

触点容量−220V 0.5A　端子可承受DC24V 50mA

图 6.2 变频器的内部原理框图

6.1.3　变频器与外部连接的端子

变频器与外部连接的端子分为主电路端子和控制电路端子，图 6.3 展示出了三菱 FR-E500 变频器的连接端子。

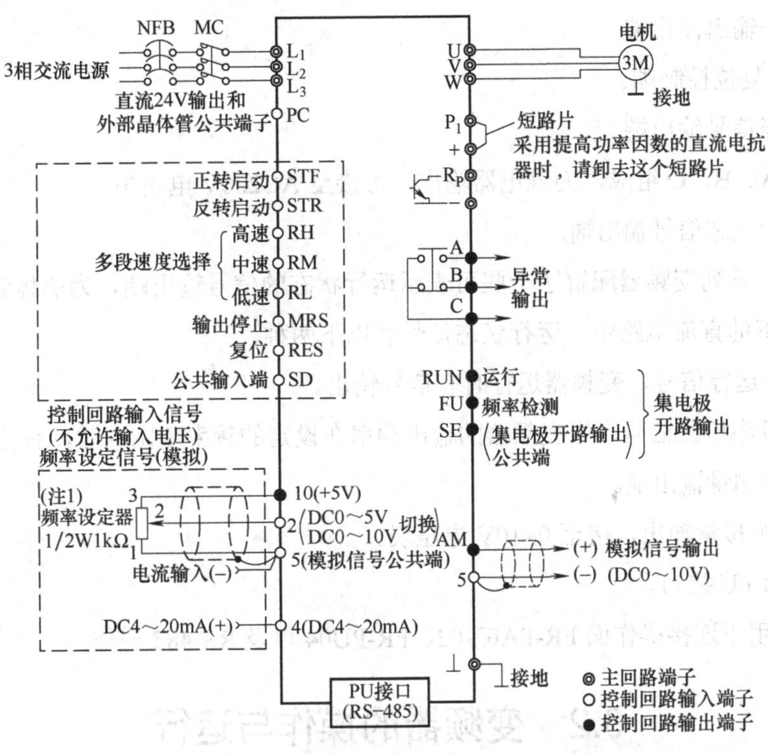

图 6.3　三菱 FR-E500 变频器的连接

1．主电路接线端

(1) 输入端。其标志为 L_1、L_2、L_3，有的标志为 R、S、T，接工频电源。

(2) 输出端。其标志为 U、V、W，接三相笼形电动机。

(3) 直流电抗器接线端。将直流电抗器接至“+”与 P_1 之间，可以改善功率因数。出厂时“+”与 P_1 之间有一短路片相连，需接电抗器时，应将短路片拆除。

(4) 制动电阻和制动单元接线端。制动电阻器接至“+”与 PR 之间，而“+”与“-”之间连接制动单元或高功率因数整流器。

2．控制电路接线端

(1) 外接频率给定端。

变频器为外接频率给定端提供+5V 电源(正端为端子 10，负端为端子 5)，信号输入端分别为端子 2(电压信号)、端子 4(电流信号)。

(2) 输入控制端。

STF——正转控制端。

STR——反转控制端。

RH、RM、RL——多段速度选择端，通过三状态的组合，实现多挡转速控制。

MRS——输出停止端。

RES——复位控制端。

(3) 故障信号输出端。

由端子 A、B、C 组成，为继电器输出，可接至 AC220V 电路中。

(4) 运行状态信号输出端。

FR-E500 系列变频器配置了一些可表示运行状态的信号输出端，为晶体管输出，只能接至 30V 以下的直流电路中。运行状态信号有以下两种。

RUN——运行信号，变频器运行时有信号输出。

FU——频率检测信号，当变频器的输出频率在设定的频率范围内时，有信号输出。

(5) 频率测量输出端。

AM——模拟量输出，接至 0~10V 电压表。

(6) 通信 PU 接口。

PU 接口用于连接操作面 FR-PA02-02、FR-PU04 以及 RS-485 通信。

6.2 变频器的操作与运行

6.2.1 面板配置(FR-PZ02-02)及键盘简介

面板配置如图 6.4 所示。

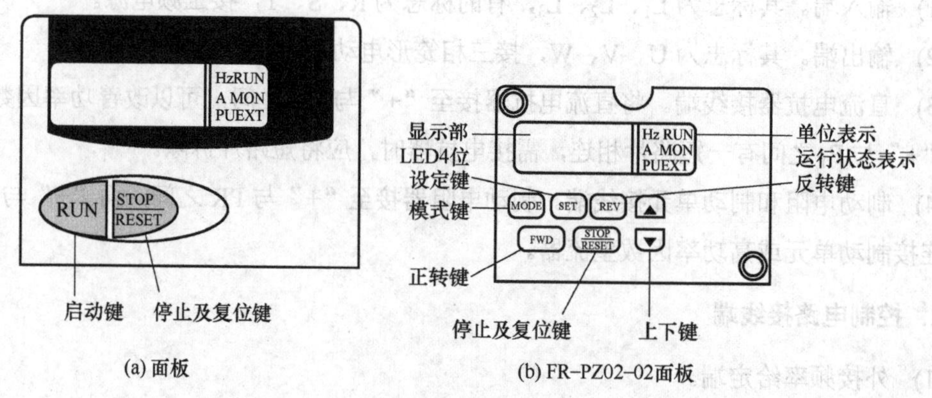

图 6.4 FR-PZ02-02 的操作面板

1．显示

FR-E500 系列变频器的 LED 显示屏可以显示给定频率、运行电流和电压等参数。显示屏旁边有单位指示器状态指示。

Hz——显示频率。

A——显示运行电流。

RUN——显示变频器的运行状态。正转时灯亮，反转时灯闪烁。

MON——监视模式状态显示。

PU——PU 操作模式显示。

EXT——外部操作模式显示。

2．键盘

键盘各键的功能如下。

RUN 键——用于控制正转运行。

MODE 键——用于选择操作模式或设定模式。

SET 键——用于进行频率和参数的设定。

▲/▼ 键——在设定模式中按下此键，则可连续设定参数。用于连续增加或降低运行频率。按下此键可改变频率。

FWD 键——用于给出正转命令。

REV 键——用于给出反转命令。

STOP/RESET 键——用于停止运行变频器及变频器保护功能动作，使输出停止及复位变频器。

6.2.2　功能结构及预置流程

1．功能结构

FR-E500 系列变频器将各种功能分成许多功能组，这些功能组的名称即功能码范围，如表 6.1 所示。

表 6.1　三菱 FR-E540 系列变频器的功能结构

序　号	功能组名称	功能码范围
1	基本功能组	Pr.0 ~ Pr.9
2	标准运行功能组	Pr.10 ~ Pr.27；Pr.29 ~ Pr.39
3	输出端子功能组	Pr.41 ~ Pr.43
4	第二功能组	Pr.44 ~ Pr.48

续表

序　号	功能组名称	功能码范围
5	显示功能组	Pr.52；Pr.55 ~ Pr.56
6	自动再启动功能组	Pr.57 ~ Pr.58
7	附加功能组	Pr.59
8	运行选择功能组	Pr.60~Pr.75；Pr.77~Pr.79
9	通用磁通矢量控制组	Pr.80；Pr.82 ~ Pr.84；Pr.90；Pr.96
10	通信功能组	Pr.117 ~ Pr.124
11	PID 控制组	Pr.128 ~ Pr.134
12	附加功能组	Pr.145 ~ Pr.146
13	电流检测组	Pr.150 ~ Pr.153
14	子功能组	Pr.156；Pr.158
15	附加功能组	Pr.160；Pr.168 ~ Pr.169
16	监视器初始化	Pr.171
17	用户功能组	Pr.173 ~ Pr.176
18	端子安排功能组	Pr.180 ~ Pr.183；Pr.190 ~ Pr.191
19	多段速度运行组	Pr.232 ~ Pr.239
20	子功能组	Pr.240；Pr.244 ~ Pr.247
21	停止选择	Pr.250
22	附加功能组	Pr.251；Pr.342
23	标准功能组	Pr.901 ~ Pr.905；Pr.990 ~ Pr.991

2. 功能预置流程

操作面板(FR-PA02-02)可以进行运行、频率设定、运行指令监视、参数设定和错误表示等设置操作。

(1) MODE键改变设定模式。

改变设定模式如图6.5所示。

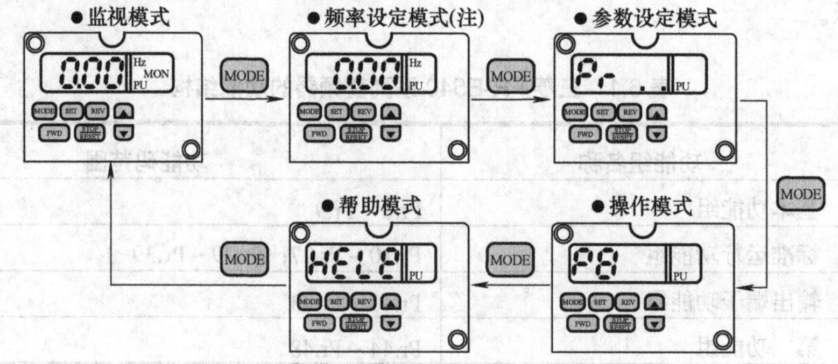

图6.5　按MODE键改变设定模式

注意：频率设定模式，仅在 PU 操作模式显示，图 6.6 表示外部操作模式。

图 6.6　外部操作模式

(2)　监视。

监视器显示运转中的指令：EXT 指示灯亮表示外部操作；PU 指示灯亮表示 PU 操作；EXT 和 PU 同时亮表示 PU 和外部操作组合方式。监视显示在运行中也能改变，如图 6.7 所示。

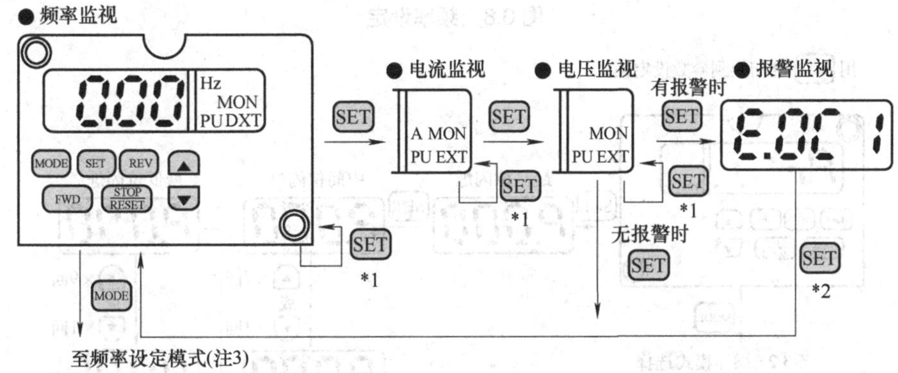

图 6.7　监视模式改变

注意：按下标有*1 的 SET 键超过 1.5s 能把电流监视模式改为上电监视模式；按下标有*2 的 SET 键超过 1.5s 能显示包括最近 4 次的错误指示；可在外部操作模式下转换到参数设定模式。

(3)　频率设定。

在 PU 操作模式下，用 RUN 键(FWD 或 REV 键)设定运行频率值。此模式只在 PU 操作模式时显示，如图 6.8 所示。

(4)　参数设定。

除一部分参数外，参数的设定仅在用 Pr.79 选择 PU 操作模式时可以实施。

一个参数值的设定既可以用数字键设定，也可以用 ▲/▼ 键增减；按下 SET 键 1.5s 写入设定值并更新。

例如，将 Pr.79“操作模式选择”的设定值，由“2”(外部操作模式)变更为“1”(PU 操作模式)的情况如图 6.9 所示。

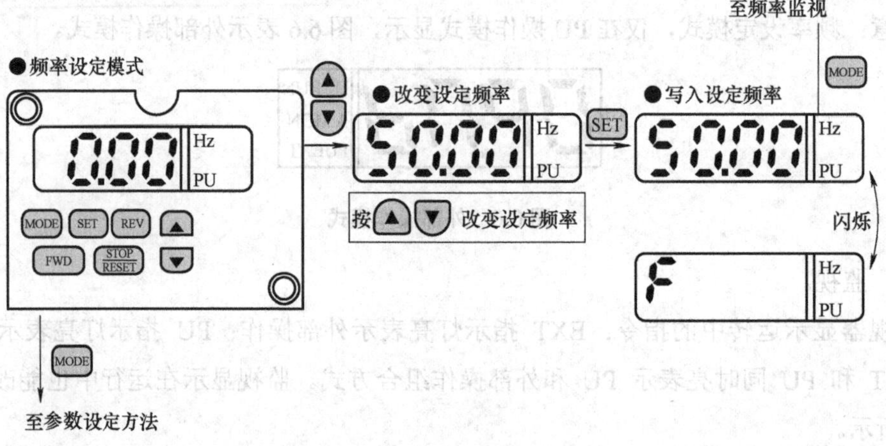

图 6.8 频率设定

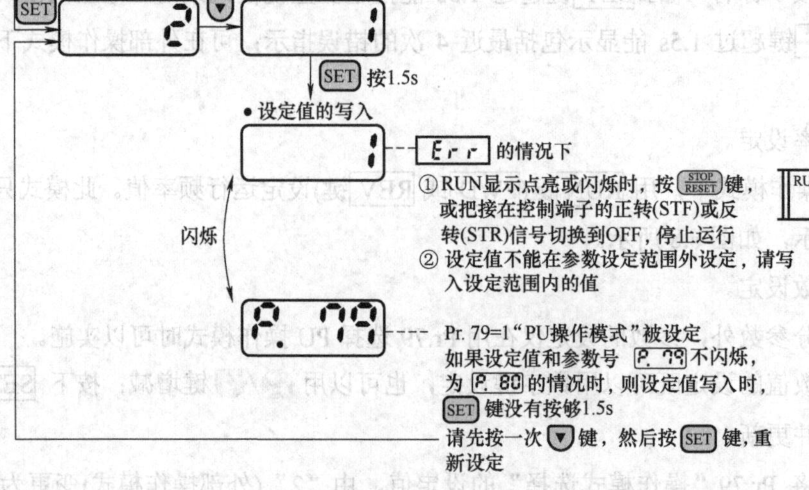

图 6.9 参数设定

(5) 操作模式选择。

Pr.79“操作模式选择”=0 时，如图 6.10 所示。

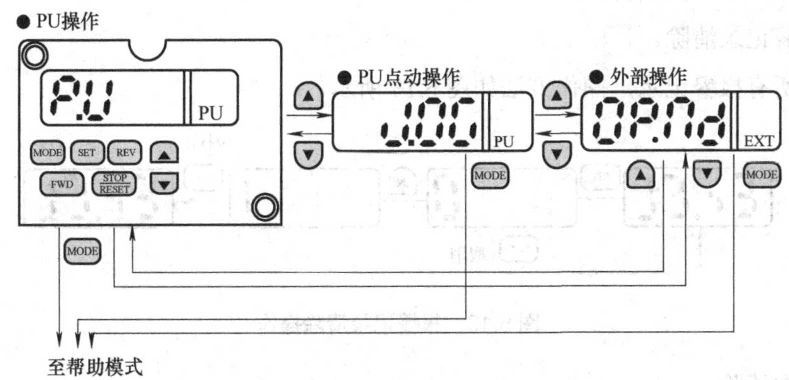

图 6.10　操作模式选择

(6)　帮助模式。

帮助模式操作如图 6.11 所示。

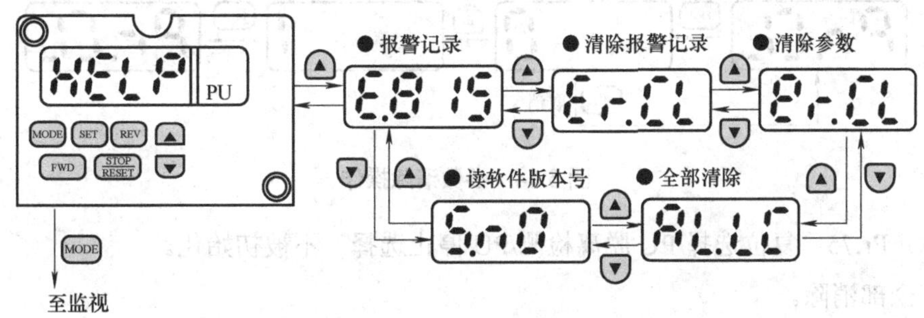

图 6.11　帮助模式操作

(7)　报警记录显示。

用 ▲/▼ 键能显示最近 4 次报警，带有“.”的表示最近的报警，当没有报警存在时，显示“E_ _0”。报警记录显示操作如图 6.12 所示。

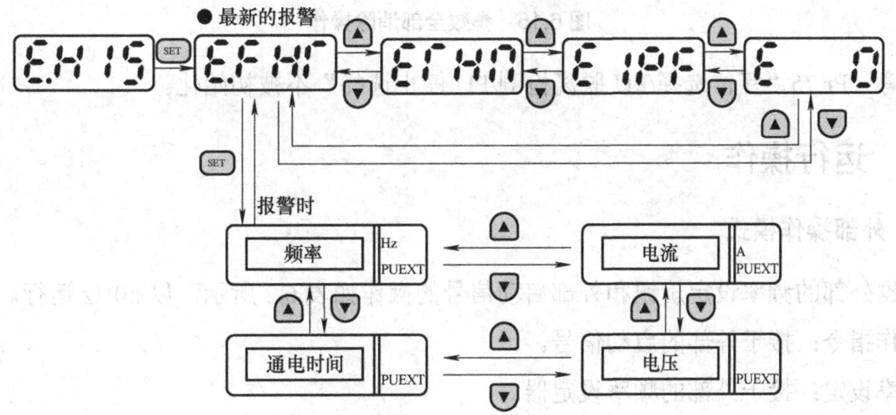

图 6.12　报警记录显示操作

(8) 报警记录清除。

能清除所有报警记录，操作方法如图 6.13 所示。

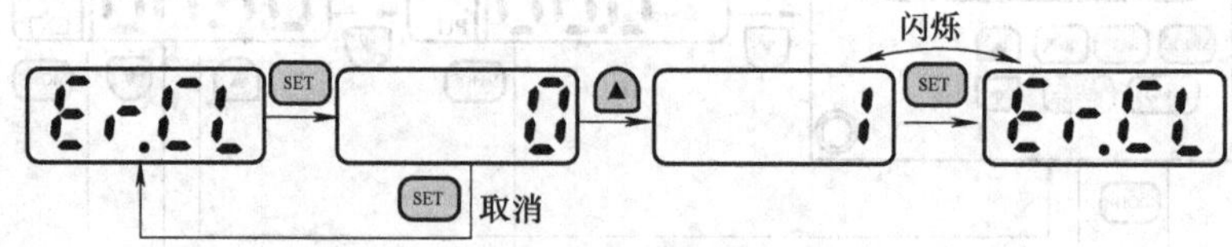

图 6.13 报警记录清除操作

(9) 参数清除。

将参数值初始化到出厂设定值，校准值不被初始化。Pr.77 设定为“1”时(即选择参数写入禁止)，参数值不能被清除。参数清除操作如图 6.14 所示。

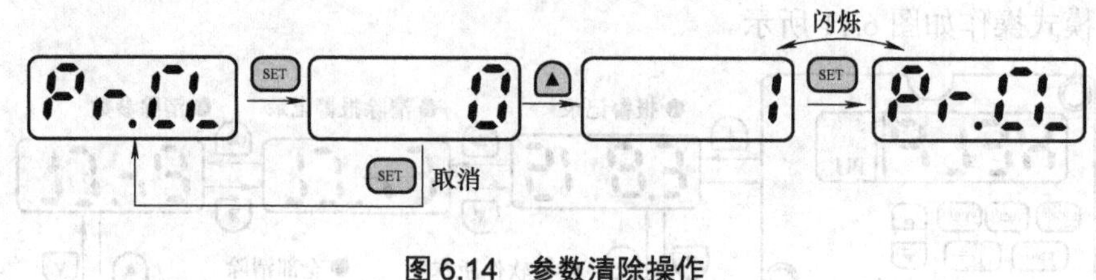

图 6.14 参数清除操作

注意：Pr.75“复位选择/PU 脱离检测/PU 停止选择”不被初始化。

(10) 全部消除。

将参数值和校准值全部初始化到出厂设定值，操作方法如图 6.15 所示。

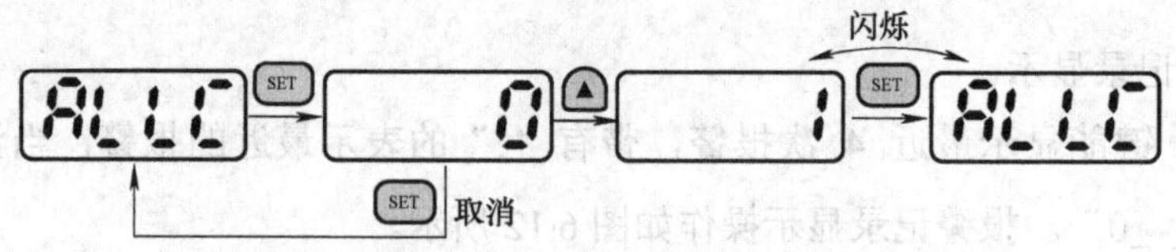

图 6.15 参数全部消除操作

注意：Pr.75“复位选择/PU 脱离检测/PU 停止选择”不被初始化。

6.2.3 运行操作

1. 外部操作模式

根据外部的频率设定旋钮和外部启动信号的操作如表 6.2 所示，以 50Hz 运行。

操作指令：接于外部的启动信号。

频率设定：接于外部的频率设定器。

表 6.2　外部操作模式

步　骤	说　明	图　标
1	上电，确认运行状态。 出厂设定为，当电源处于 ON 位置，则为外部操作模式[EXT]显示点亮，如果[EXT]显示不亮，参照图 6.9 所示设定 Pr.79“操作模式”=2	ON EXT
2	开始。 将启动开关(STF 或 STR)置于 ON 位置。表示运转的[RUN]正转时灯亮，反转时闪烁。如果正转和反转开关都处于 ON 位置，电动机不启动。如果在运行期间，两个开关同时处于 ON 位置，电动机减速至停止状态	正转 反转 Hz RUN MON EXT
3	加速至恒速。 把端子 2~5 间连接的旋钮(频率设定器)慢慢向右转到满刻度，显示的频率数值逐渐增大到 50.00Hz	外部旋钮 3 4 5 6 7 8 9 10 50.00
4	停止。 把端子 2~5 间连接的旋钮(频率设定器)慢慢向左转到头，显示的频率数值逐渐减小到 00.00Hz。电动机停止运行	外部旋钮 3 4 5 6 7 8 9 10 0.00
5	停止。 将启动开关(STF 或 STR)置于 OFF 位置	正转 反转 停止 OFF

参考：把旋钮向右转到底时的运行频率，可以在 Pr.38“5V(10V)输入时的频率”状态下变更。

2. PU 操作模式(用操作面板操作)

PU 操作模式如表 6.3 所示。

表 6.3　操作面板的操作

步　骤	说　明	图　标
1	上电→确认运行状态。 让电源处于 ON，参照图 6.9 所示设定 Pr.79“操作模式选择”=1。[PU]显示点亮	ON EXT

续表

步骤	说明	图标
2	运行频率设定。 设定运行频率为50Hz。 ① 参照图6.5，用MODE键选择频率设定模式。 ② 参照图6.7，用▲/▼键改变设定值，用SET键写入	(或) 50.00
3	开始。 按RUN(或FWD，REV)键。 电动机启动，自动地变为监视模式，显示输出频率。 [RUN]显示正转时点亮，反转时闪烁	RUN FWD/REV 50.00
4	停止。 按STOP RESET键。 电动机减速后停止。 [RUN]显示熄灭	0.00 Hz MON PU

在电动机运行中重复下述的步骤(2)，可改变运转速度。

(1) 运行指令：按RUN键或操作面板(FR-PA02-02)的FWD/REV键。

(2) 频率设定：使用▲/▼键。

(3) 相关参数：Pr.79“操作模式选择”。

3. PU点动运行

仅在按下RUN(或FWD/REV)键的期间内运行，松开后则停止。

(1) 设定参数Pr.15“点动频率”和Pr.16“点动加/减速时间”的值。

(2) 选择PU点动运行模式，参考图6.10。

(3) 仅在按下RUN(或FWD/REV)键的期间内运行。

注意：如果电动机不转，请确认Pr.13“启动频率”的设置。在点动频率设定为比启动频率低的值时，电动机不转。

4. 组合操作模式1

外部启动信号与操作面板并用的操作如表6.4所示。

启动信号由外部输入(开关、继电器等)，运行频率由操作面板设定(Pr.79=3)，不接收外部的频率设定信号和PU的正转、反转、停止键信号。

运行指令：接于外部的启动信号。

频率设定：操作面板(FR-PA02-02)的键或多段速指令(多段速指令优先)。

表 6.4 组合操作模式 1

步 骤	说 明	图 标
1	上电。 电源 ON	ON
2	操作模式选择。 参照图 6.9 所示，设定 Pr.79“操作模式选择”=3。 [PU]显示和[EXT]显示点亮	P. 79 闪烁 3
3	开始。 将启动开关(STF或STR)置于 ON 位置。如果正转和反转都处于 ON 位置电动机不启动；如果运行期间同时处于 ON 位置，电动机减速至停止。RUN显示正转时点亮，反转时闪烁	正转 反转 ON Hz RUN MON PUEXT
4	运行频率设定。 用 ▲/▼ 键把频率设定在 50Hz	单步设定
5	停止。 将启动开关(STF或STR)置于 OFF 位置。电动机停止运行。 RUN显示熄灭	0.00 Hz MON PU EXT

注：STOP RESET键在 Pr.75“PU 停止选择”=14~17 时有效。

5. 组合操作模式 2

组合操作模式 2 如表 6.5 所示。

用接于端子 2~5 间的旋钮(频率设定器)来设定频率，用操作面板(FR-PA02-02)的RUN键或FWD、REV键来设定启动信号(Pr.79=4)。

运行指令：操作面板(FR-PA02-02)的RUN键(或FWD/REV键)。

频率设定：接于外部的频率设定器或多段速指令(多段速指令优先)。

表 6.5 组合操作模式 2

步 骤	说 明	图 标
1	上电。 电源 ON	ON

续表

步骤	说明	图标
2	操作模式选择。 参照图 6.9，设定 Pr.79“操作模式选择”=4。 [PU]显示和[EXT]显示点亮	P. 79 闪烁 4
3	开始。 按下操作面板的 RUN 键(或 FWD/REV 键)。 RUN 显示正转时点亮，反转时闪烁	RUN FWD / REV Hz RUN MON PU EXT
4	加速至恒速。 把端子 2~5 间连接的旋钮(频率设定器)慢慢向右转到满刻度， 显示的频率数值逐渐增大到 50.00Hz	外部旋钮 3 4 5 6 7 8 9 10 50.00
5	减速。 把端子 2~5 间连接的旋钮(频率设定器)慢慢向左转到头，显示的频率数值逐渐减小到 0.00Hz。电动机停止运行	外部旋钮 3 4 5 6 7 8 9 10 0.00
6	停止。 按下 STOP RESET 键。 RUN 显示熄灭	0.00 Hz MON PU EXT

参考：把外部旋钮向右转到底时的运行频率，可以在 Pr.38“5V(10V)输入时的频率”状态下变更。

6.3 功能及参数

6.3.1 频率的给定功能

当变频器设定为外部操作模式时，变频器的输出频率跟随给定信号的变化。选择合适的给定方式和给定信号，是变频器正常运行的前提。

1. 给定方式

给定方式分为模拟量给定和数字量给定。

(1) 模拟量给定方式。

当给定信号为模拟量时，称为模拟量给定方式。模拟量给定时的频率精度略低，为最高频率的±5%以内。

① 电压信号。以电压大小作为给定信号的称电压信号。其范围有 0~5V 或 0~10V。

输入端为 2，通过参数 Pr.73 切换。输入电压(Pr.73)可进行“0~5V、0~10V”选择。

0——DC0~5V。

1——DC0~10V。

② 电流信号。以电流大小作为给定信号的，称电流信号，其范围为 4~20mA。

由于电流信号所传输的信号不受线路电压降、接触电阻及其压降、杂散的热效应及感应噪声等的影响，因此抗干扰能力较强。

在远距离控制中，给定信号的范围常用 4~20mA，其“零”信号为 4mA。这是为了方便检查工作是否正常。

在进行测量时，因为电流为 4mA，说明给定信号电路的工作是正常的，如图 6.16(a)所示。无电流传号说明是因传感器或信号电路发生故障而根本没有信号。在进行测量时，如果给定信号为 0mA。说明给定电路的工作不正常，如图 6.16(b)所示。

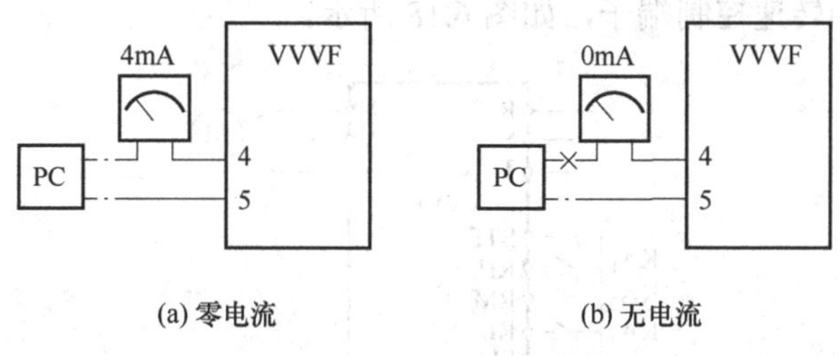

(a) 零电流　　(b) 无电流

图 6.16　零电流与无电流

具体给定方式如下。

① 电位器给定。给定信号为电压信号，信号电源由变频器内部的直流电源(5V)提供，频率给定信号从电位器的滑动触头上得到，如图 6.17 所示。

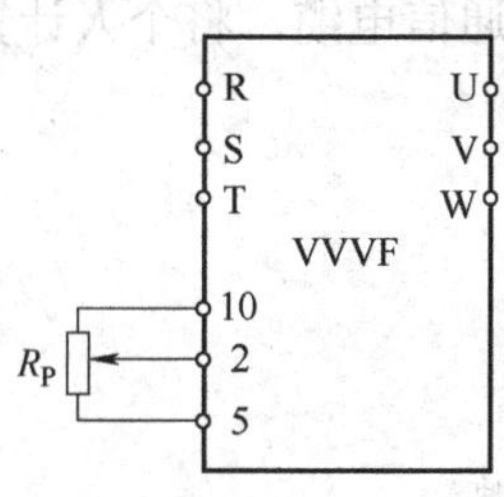

图 6.17　电位器给定

② 直接电压(或电流)给定。由外部仪器设备直接向变频器的给定端输入电压(端子 2 和 5 之间)或电流信号(端子 4 和 5 之间)。

③ 辅助给定。在变频器的给定信号输入端，配置有辅助给定信号输入端(简称辅助给定)。辅助给定信号与主给定信号叠加，起调整变频器输出频率的辅助作用。4 端输入起辅助给定作用，在 PID 控制功能中详细描述。

(2) 数字量给定方式。

即给定信号为数字量，这种给定方式的频率精度很高，可在给定频率的 0.01%以内。

具体给定方式如下。

① 面板给定。即通过面板上的▲/▼键来控制频率的升降。

② 多挡转速控制给定。在变频器的外接输入端中，通过功能预置，最多可以将 4 个输入端(RH、RM、RL、MRS)作为多挡转速控制端。根据若干个输入端的状态(接通或断开)可以按二进制方式组成 1~15 挡。每一挡可预置一个对应的工作频率。则电动机转速的切换便可以用开关器件，通过改变外接输入端子的状态及其组合来实现。

使用多挡转速功能时，必须进行两步预置(以 3 个输入端、7 挡转速说明)。

第一步：通过预置确定哪几个输入端子为多挡转速输入端子。将输入端子功能选择参数 Pr.180 ~ P.182 分别预置成 0、1、2(Pr.180=0、Pr.181=1、Pr.182=2)，则控制端子 RL、RM、RH 即成为多挡转速控制端子，如图 6.18 所示。

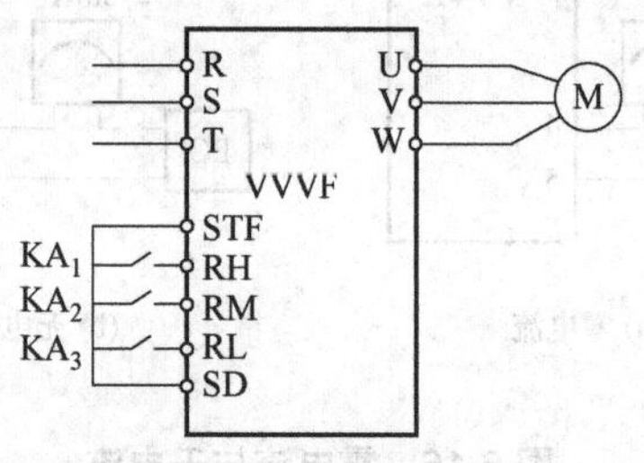

图 6.18 多挡转速控制

第二步：预置与各挡转速对应的工作频率(即进行频率给定)。分别用参数 Pr.4 ~ Pr.6、Pr.24 ~ Pr.27，设置 1~7 挡转速频率，转速挡与各输入端状态之间的关系如图 6.19 所示。

③ 通信给定。通过 RS-485 通信电缆，将个人计算机连接 PU 接口进行通信给定，如图 6.20 所示。

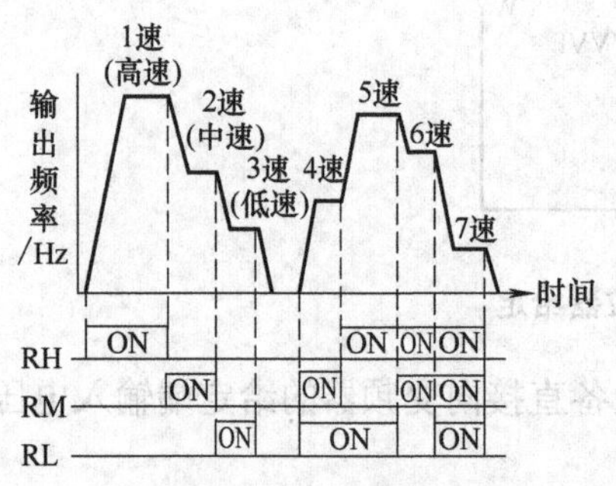

图 6.19 各挡与各输入状态之间的关系

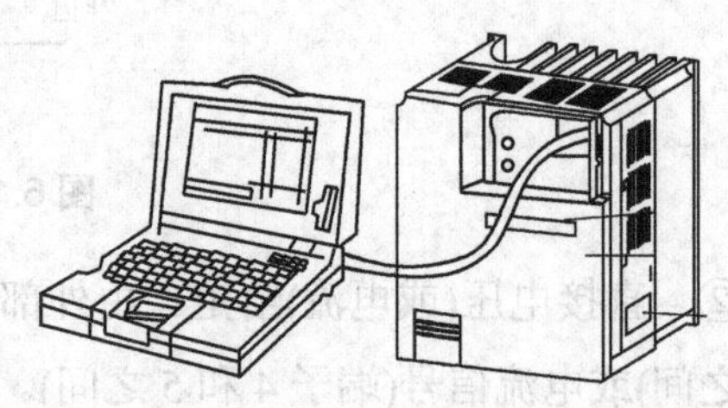

图 6.20 通信给定

2．频率给定

(1) 频率给定的概念。

频率给定指由模拟量进行频率给定时，变频器的给定信号 G 与对应的 $f_G = f(G)$，称为频率的给定。这里的给定信号 G，既可以是电压信号 U_G (0~5V 或 0~10V)，也可以是电流信号 I_G (4~20mA)。

基本频率给定指在给定信号 G 从 0 增至最大值 G_{max} 的过程中给定频率线性地增大到最大频率 f_{max} 的频率给定。

(2) 频率给定预置。

频率给定的起点(给定信号为“0”时的对应频率)和终点(给定信号为最大值时的对应频率)，可以根据拖动系统的需要任意预置。

变频器的起点、终点坐标预置，可通过 Pr.902、Pr.903、Pr.902、Pr.905，分别设置电压(电流)偏置和增益，如图 6.21 所示。

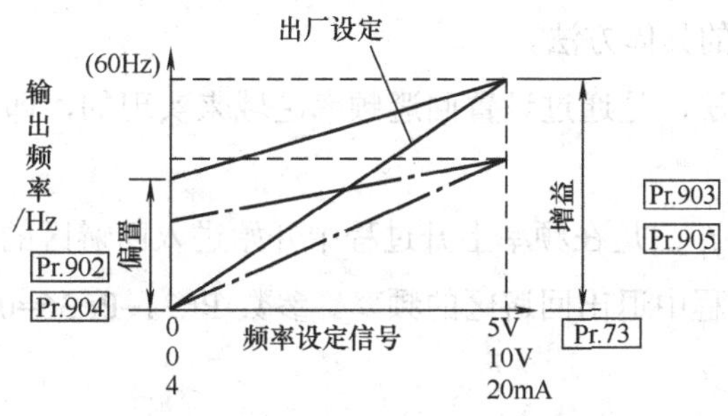

图 6.21　起点和终点坐标的预置

6.3.2　频率控制功能

1．上、下限频率

上限频率和下限频率是指变频器输出的最高、最低频率，常用 f_H 和 f_L 来表示。根据拖动系统所带负载的不同，有时要对电动机的最高、最低转速给予限制，以保证拖动系统的安全和产品的质量。另外，对于由操作面板的误操作及外部指令信号的误动作引起的频率过高和过低，设置上限频率和下限频率可起到保护作用。常用的方法就是给变频器的上限频率和下限频率赋值。一般的变频器均可通过参数来预置其上限频率 f_H 和下限频率 f_L，当变频器的给定频率高于上限频率 f_H 或者是低于下限频率 f_L 时，变频器的输出频率被限制在 f_H 或 f_L。上限频率参数由 Pr.1=0~120 设定；下限频率参数由 Pr.2 设定。

应注意，上限频率 f_H 是根据生产需要预置的最大运行频率，它并不与某个确定的参数相对应。假如采用模拟量给定方式，给定信号为 0~5V 的电压信号，给定频率对应为 0~50Hz，而上限频率 f_H =40Hz，则表示给定电压大于 4V 以后，不论如何变化，变频器的输出频率为最大频率 40Hz，如图 6.22 所示。

2. 跳跃频率

(1) 机械谐振及其消除。

任何机械都有一个固有的振荡频率，它取决于机械结构。其运动部件的固有振荡频率常常和运动部件与基座之间以及各运动部件之间的紧固情况有关。而机械在运行过程中的实际振荡频率则与运动的速度有关。在对机械进行无级调速的过程中，机械的实际振荡频率也不断地变化。当机械的实际振荡频率与它的固有频率相等时，机械将发生谐振。这时，机械的振动将十分剧烈，可能导致机械损坏。

消除机械谐振的途径如下。

① 改变机械的固有振荡频率。

② 避开可能导致谐振的速度。

在变频器调速的情况下，设置回避频率 f 使拖动系统“回避”可能引起谐振的转速。

(2) 预置回避频率的具体方法。

预置回避频率的方法，是通过设置回避频率区域来实现的，即设置回避频率区的上、下限频率。

回避区的下限频率 f_L，是在频率上升过程中开始进入回避区的频率；回避区的上限频率 f_H，是在频率上升过程中退出回避区的频率。参数 Pr.31~Pr.36=0~400Hz，最多可设置 3 个区域，如图 6.23 所示。

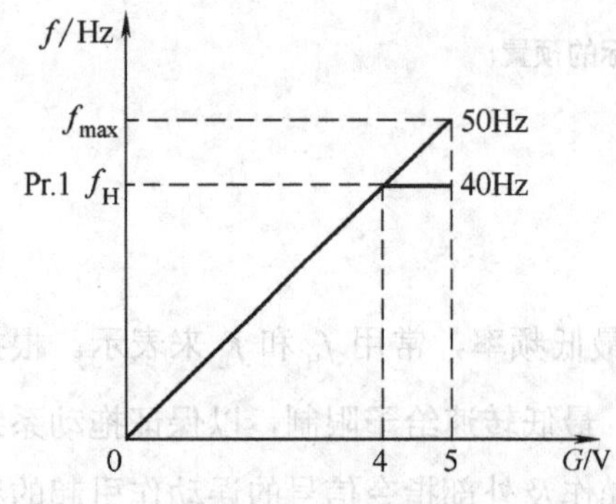

图 6.22 f_{max} 和 f_H 与给定信号的关系

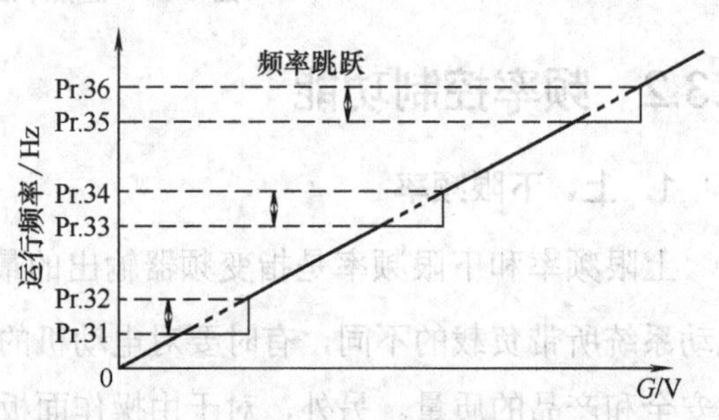

图 6.23 3 个回避区

6.3.3 启动、升速、降速、制动功能

1. 启动

(1) 启动频率。

启动频率是指电动机开始启动时的频率，常用 f_s 表示；这个频率可以从 0 开始，但是

对于静摩擦系数或是惯性较大的负载，为了易于启动，启动时需有一点冲击力。为此，可根据需要预置启动频率 f_s (Pr.13=0~60Hz)，使电动机在该频率下“直接启动”，如图 6.24 所示。

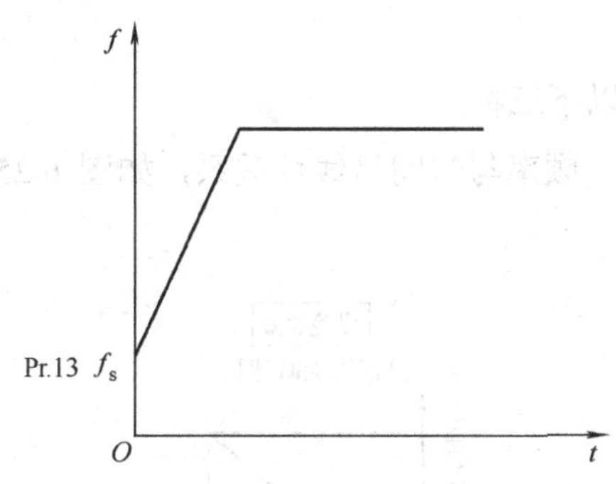

图 6.24　启动频率

(2) 启动前的直流制动。

用于保证拖动系统从零速开始启动。因为变频调速系统总是从最低频率开始启动的，如果在开始启动时，电动机已经有一定转速，将会引起过电流或过电压。启动前的直流制动功能可以保证电动机在完全停转的状态下开始启动。

2．升、降速

(1) 升速时间。

在生产机械的工作过程中，升速过程属于从一种状态转换到另一种状态的过渡过程，在这段时间内，通常不进行生产活动。因此，从提高生产力的角度出发，升速时间越短越好。但升速时间越短，频率上升越快，越容易“过流”。所以，预置升速时间(Pr.7=0~3600s/0~360s)的基本原则，就是在不过流的前提下越短越好。

通常，可先将升速时间预置得长一些，观察拖动系统在启动过程中电流的大小，如启动电流较小，可逐渐缩短时间，直至启动电流接近最大允许值时为止。

(2) 降速时间。

电动机在降速过程中，有时会处于再生制动状态，将电能反馈到直流电路，产生泵升电压，使直流电压升高。降速过程和升速过程一样，也属于从一种状态转换到另一种状态的过渡过程。从提高生产力的角度出发，降速时间应越短越好。但降速时间越短，频率下降越快，直流电压越容易超过上限值。所以在实际工作中，也可以先将降速时间(Pr.8=0~3600s/0~360s)预置得长一些，观察直流电压升高的情况，在直流电压不超过允许范围的前提下，尽量缩短降速时间。

对于水泵、风机型变频器的降速时间，预置时，应适当注意：水泵类负载由于有液体(水)的阻力，一旦切断电源，水泵会立即停止工作，故在降速过程中不会产生泵生电压，直流电压不会增大，但过快的降速和停机，会导致管路系统的“水锤效应”，必须尽量避免。所以直流电压不增大，也应预置一定的降速时间。风机的惯性较大，且风机在任何情况下都属于长期连续负载，因此，其降速时间应适当预置得长一些。

(3) 升、降速方式。

升、降速方式(Pr.29)有以下三种。

① 线性方式(Pr.29=0)。频率与时间呈线性关系，如图 6.25 所示。多数负载可预置为线性方式。

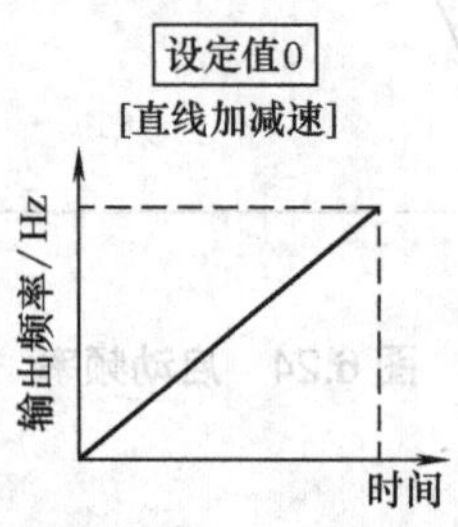

图 6.25 直线方式

② S 形 A(Pr.29=1)。在开始阶段和结束阶段，升、降速比较缓慢，如图 6.26(a)所示。

③ S 形 B(Pr.29=2)。在两个频率 f_1、f_2 间提供一个 S 形升降速曲线，具有缓和升、降速时振动的作用，防止运输时负荷的倒塌，如图 6.26(b)所示。

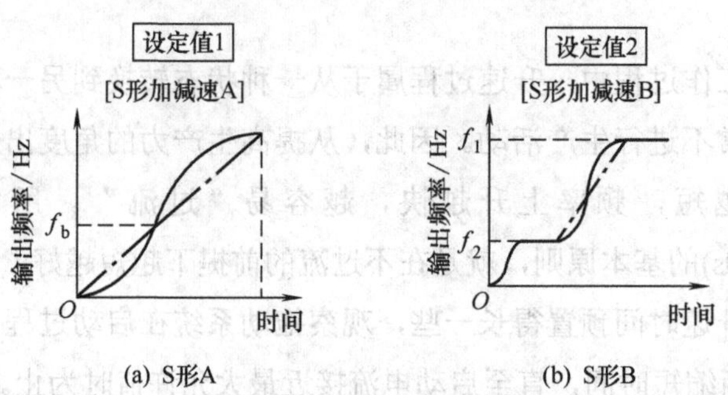

图 6.26 非线性升速方式

3. 直流制动

在减速的过程中，当频率降至很低时，电动机的制动转矩也随之减小。对于惯性较大的拖动系统，由于制动转矩不足，常在低速时出现停不住的现象，即“爬行”现象。针对这种情况，当频率降到一定程度时，向电动机绕组中通入直流电，以使电动机循序停止，这种方法叫直流制动。如图 6.27 所示，采用直流制动时，要预置以下参数。

(1) 直流制动动作频率 f_{DB} (Pr.10=0~120Hz)。在大多数情况下，直流制动都是与再生制动配合使用的。首先用再生制动方式将电动机的转速降至较低转速，其对应的频率 f 即作为直流制动的动作频率 f_{DB}，然后再加入直流制动，使电动机迅速停住。负载要求制动时间越短，则动作频率 f_{DB} 应越高。

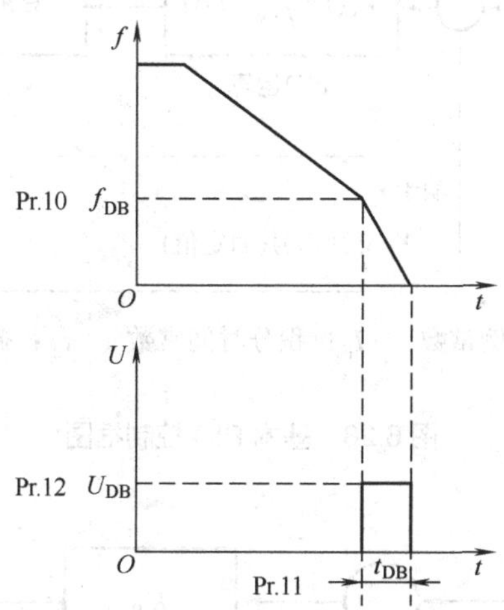

图 6.27　设定直流制动的要素

(2) 直流制动电压 U_{DB} (Pr.12=0，增益为 30%的电源电压)。在定子绕组上施加直流电压的大小，决定了直流制动的强度。负载惯性越大，U_{DB} 也应该越大。

(3) 直流制动时间 t_{DB} (Pr.11=0~10s)。即施加直流制动的时间长短。预置直流制动时间 t_{DB} 的主要依据，是负载是否有“爬行”现象，以及对克服“爬行”的要求，要求高的 t_{DB} 应当长一些。

风机在停机状态下，有时会因自然风的对流而旋转，且旋转方向总是反转的。如遇这种情况，应预置启动前的直流制动功能，以保证电动机在零速下启动。

6.3.4 PID 调节功能

PID 控制是闭环控制中的一种常见形式。反馈信号取自拖动系统的输出端，当输出量偏离所要求的给定值时，反馈信号成正比地变化。在输入端，给定信号与反馈信号相比较，存在一个偏差。对该偏差值，经 PID 调节，变频器通过改变其输出频率，迅速、准确地消除拖动系统的偏差，恢复到给定值，振荡和误差都比较小。

图 6.28 所示为基本 PID 控制框图，X_T 为目标信号，X_F 为反馈信号，变频器输出频率 f_X 的大小由合成信号(X_T-X_F)决定。一方面，反馈信号 X_F 应无限接近目标信号 X_T，即(X_T-X_F)→0；另一方面，变频器的输出频率 f_X 又是由 X_T 和 X_F 相减的结果来决定的，如图 6.29 所示。

为了使变频器输出频率 f_X 维持一定，就要求有一个与此相对应的给定信号 X_G，这个给定信号既需要有一定的值，又要与 X_T-X_F=0 相联系。

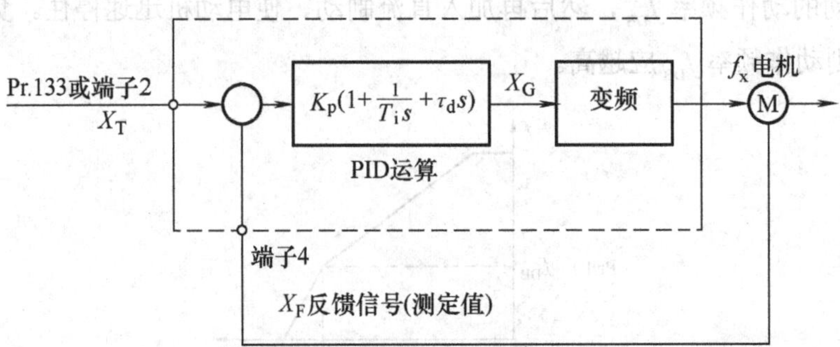

K_p：比例常数　T_i：积分时间常数　τ_d：微分时间常数

图 6.28　基本 PID 控制框图

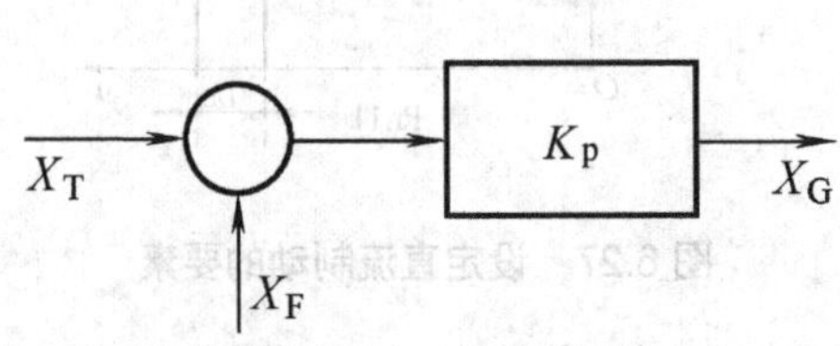

图 6.29　比例放大前、后各量的关系

1. PID 调节功能

(1) 比例增益环节(P)。为了使 X_G 这个给定信号既有一定的值，又与 $X_T-X_F=0$ 相关联，所以将(X_T-X_F)进行放大后，再作为频率给定信号，即：

$$X_G=K_p(X_T-X_F)$$

式中的 K_P 为放大倍数，也叫比例增益。

定义静差$\varepsilon=X_T-X_F$，当 X_G 保持一定值时，比例增益 K_p 越大，静差ε越小，如图 6.30(a)所示。

为了使静差ε减小，就要使 K_p 增大。如果 K_p 太大，一旦 X_T 和 X_F 之间的差值变大，$X_G=K_p(X_T-X_F)$就会一下子增大或减小了许多，很容易使变频器输出频率发生超调，又容易引起被控量的振荡，如图 6.30(b)所示。

(2) 积分环节(I)。积分环节能使给定信号 X_G 的变化与 $K_p(X_T-X_F)$对时间的积分成正比。既能防止振荡，也能有效地消除静差，如图 6.30(c)所示。但积分时间太长，又会产生当目标信号急剧变化时，被控量难以迅速恢复的问题。

(3) 微分环节(D)。微分环节可根据偏差的变化趋势，提前给出较大的调节动作，从而缩短调节时间，克服了因积分时间太长而使恢复滞后的缺点，如图 6.30(d)所示。

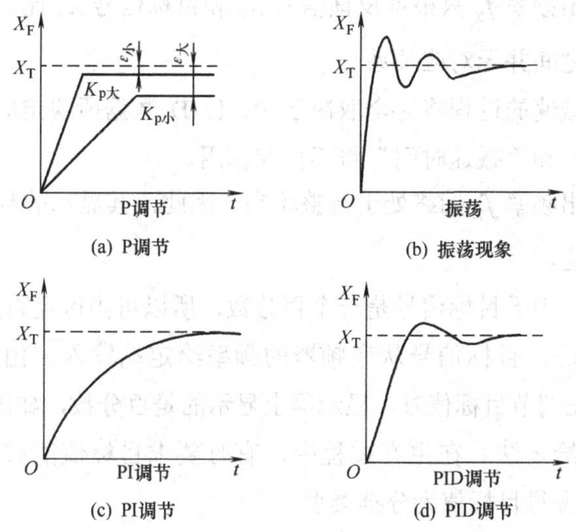

图 6.30　P、I、D 的综合作用示意图

2. PID 调节功能预置

(1) PID 动作选择。

在自动控制系统中，电动机的转速与被控量的变化趋势相反，称为负反馈，或正逻辑，反之为负逻辑。

如空气压缩机的恒压控制中，压力越高，要求电动机的转速越低，其逻辑关系为正逻辑。空调机制冷中，温度越高，要求电动机转速越高，其逻辑关系为负逻辑。

PID 动作选择(Pr.128)有三种功能：

0——PID 功能无效。

1——PID 正逻辑(负反馈、负作用)。

2——PID 反逻辑(正反馈、正作用)。

反馈量的逻辑关系如图 6.31 所示。

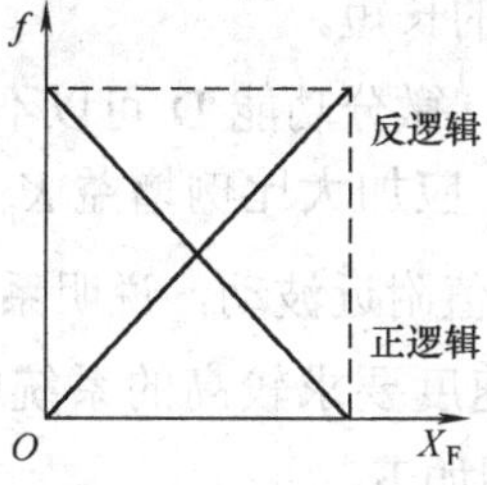

图 6.31　反馈量的逻辑关系

参数 Pr.128 的值根据具体情况进行预置。当预置变频器 PID 功能有效时，变频器完全按 P、I、D 调节规律运行，其工作特点如下。

① 变频器的输出频率 f_X 只根据反馈信号 X_F 和目标信号 X_T 比较的结果进行调整，故频率的大小与被控量之间并无对应关系。

② 变频器加、减速的过程将完全取决于 P、I、D 数据所决定的动态响应过程，而原来预置的“加速时间”和“减速时间”将不再起作用。

③ 变频器的输出频率 f_X 始终处于调整状态，因此，其显示的频率常不稳定。

(2) 目标值的给定。

① 键盘给定法。由于目标信号是一个百分数，所以可由键盘直接给定。

② 电位器给定法。目标信号从变频器的频率给定端输入。由于变频器已经预置为 PID 运行方式，所以在调节目标值时，显示屏上显示的是百分数，如图 6.32 所示。

③ 变量目标值给定法。在生产过程中，有时要求目标值能够根据具体情况进行调整，如图 6.33 所示。变量目标值为分挡类型。

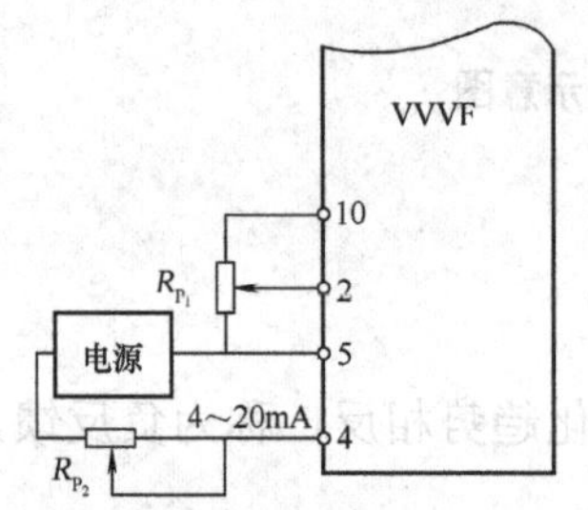

图 6.32 PID 参数手动模拟调试

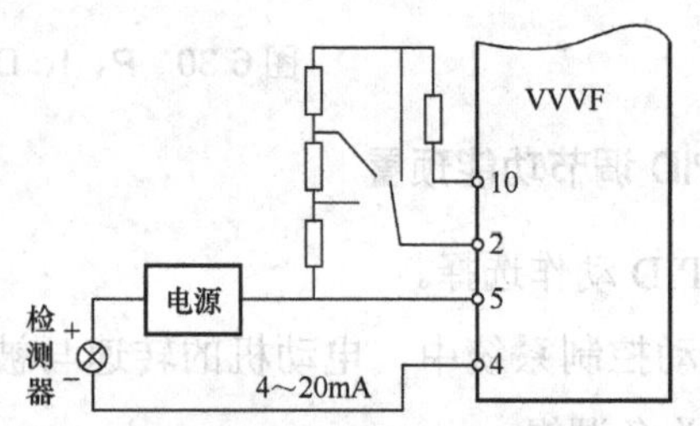

图 6.33 变量目标值给定

(3) PID 参数设定。

在系统运行之前，可以先用手动模拟的方式对 PID 功能进行初步调试(以负反馈为例)。先将目标值预置到实际需要的数值(可以通过图 6.32 中 R_{P_2} 调节)；将一个可调的电流信号(图 6.32 中通过 R_{P_2} 的电流)接至变频器的反馈信号输入端，缓慢地调节反馈信号。正常情况是：当反馈信号超过目标信号时，变频器的输出频率将不断上升，直至最高频率；反之，当反馈信号低于目标信号时，变频器的输出频率将不断下降，直至频率为 0Hz。上升或下降的快慢，反映了积分时间的长短。

在许多要求不高的控制系统中，微分功能 D 可以不用。当系统运行时，被控量上升或下降后难以恢复，说明反应太慢，应加大比例增益 K_P，直至比较满意为止；在增大 K_P 后，虽然反应快了，但容易在目标值附近波动，说明系统有振荡，应加大积分时间，直至基本不振荡为止。在某些对反应速度要求较高的系统中，可考虑增加微分环节 D。FR-E500 变频器的 PID 参数设置及范围如下。

比例增益 K_P：(Pr.129=0.1%~1000%，9999 即无效)。

积分时间 T_i：(Pr.130=0.1~3600s，9999 即无效)。

微分时间 τ_d：(Pr.134=0.01~10.00s，9999 即无效)。

6.3.5　保护功能

1．过电流保护

在变频器中，过电流保护的对象主要是指带有突变性质的电流或者电流的峰值超过了变频器允许的情形。由于逆变器件的过载能力较差，所以，变频器的过电流保护是非常重要的一环。

(1)　过电流的原因。

过电流的原因有以下几种。

①　运行过程中过电流。即拖动系统在工作过程中出现过电流。

②　升速中过电流。当负载的惯性较大而升速时间又设定得比较短时，将产生过电流。

(2)　过电流的自处理。

在实际的拖动系统中，大部分负载都是经常变动的。因此，不论是在工作过程中，还是在升、降速过程中，短时间的过电流总是不可避免的。所以，对变频器的过电流的处理原则是尽量不跳闸，为此，配置了防止跳闸的自处理功能(也称防止失速功能)；只有当冲击电流峰值太大，或防止跳闸措施不能解决问题时，才迅速跳闸。

过电流的自处理功能如下。

①　运行过程中过电流。由用户根据电动机的额定电流和负载的具体情况设定一个电流限值 I_{SET}。当电流超过设定值 I_{SET} 时，变频器首先将工作频率适当降低，到电流低于设定值 I_{SET} 时，工作频率再逐渐恢复，如图 6.34 所示。

②　升、降速时的过电流。在升速和降速过程中，当电流超过 I_{SET} 时，变频器将暂停升速(或降速)，待电流下降到 I_{SET} 以下时，再继续升速(或降速)，如图 6.35 所示。这样处理后，实际上自动地延长了升速(或降速)的时间。

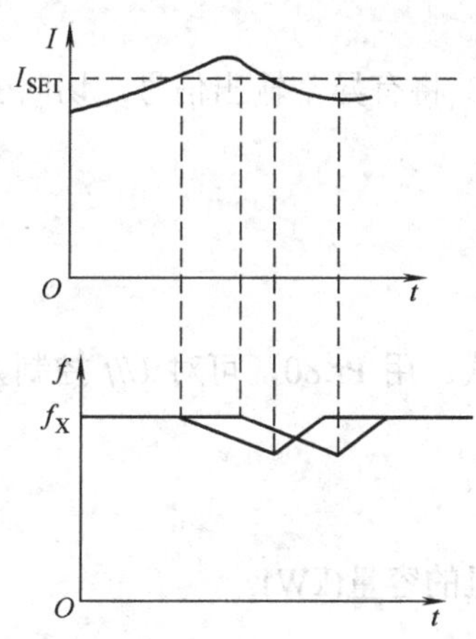

图 6.34　运行时过流的自处理

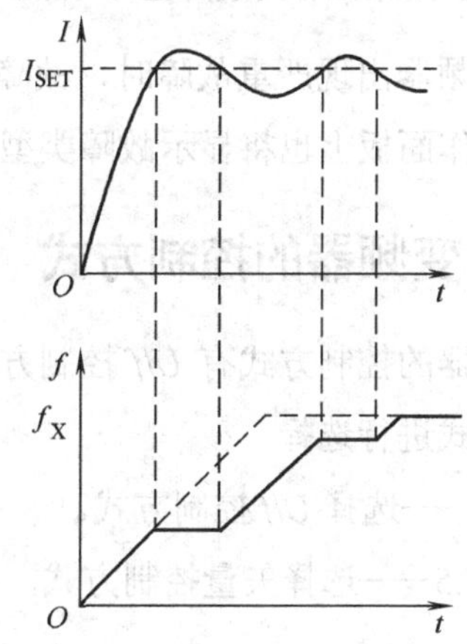

图 6.35　升、降速时过流的自处理

(3) 为防止变频器速度失控，设置以下 3 个参数。

① 失速防止动作水平：(Pr.22=0%~200%)。

② 倍速时失速防止动作水平补正系数：(Pr.23=0%~200%，9999)。

③ 失速防止动作降低开始频率：(Pr.66=0~400Hz)，如图 6.36 所示。

2. 电子热保护功能

电子热保护功能是进行过载保护，主要是保护电动机。其保护的主要依据是电动机的温升不应超过额定值。

热保护曲线如图 6.37 所示，主要特点有以下几种。

(1) 具有反时限特性。

(2) 在不同的运行频率下有不同的保护曲线。

电子热保护的电流值 Pr.9=0~500A。

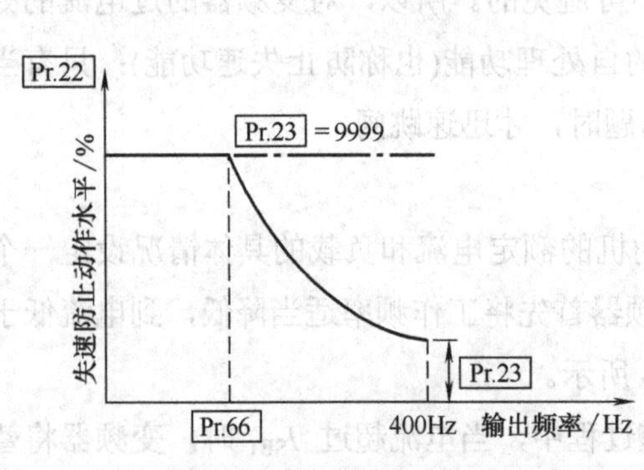

图 6.36 失速防止的参数

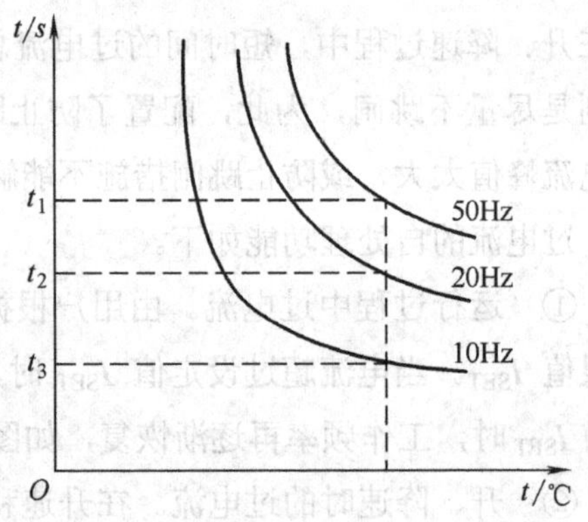

图 6.37 热保护曲线

3. 变频器跳闸及故障显示功能

当变频器出现严重故障时，故障输出端 A、B、C 将有异常输出信号，切断变频器输出，在操作面板上也将显示故障类型。

6.3.6 变频器的控制方式

变频器的控制方式有 *U*/*f* 控制方式和矢量控制方式。用 Pr.80，可对 *U*/*f* 控制方式和矢量控制方式进行选择。

9999——选择 *U*/*f* 控制方式。

0.2~7.5——选择矢量控制方式，并设定使用电动机的容量(kW)。

6.4　负载和操作模式、电动机的选择

6.4.1　适用负载选择

参数 Pr.14 选择使用与负载最适宜的输出特性(U/f特性)。

0——适用于恒转矩负载(运输机械、台车)，如图 6.38(a)所示。

1——适用于二次方律负载(风机、水泵)，如图 6.38(b)所示。

2——提升类负载。正转转矩提升 0%，反转转矩提升为设定值，如图 6.38(c)所示。

3——提升类负载。反转转矩提升 0%，正转转矩提升为设定值，如图 6.38(d)所示。

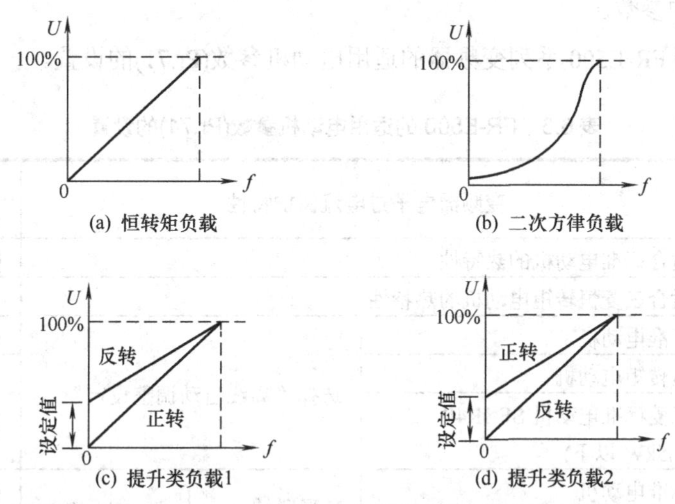

图 6.38　与负载最适宜的输出特性

6.4.2　操作模式选择

参数 Pr.79 用来选择操作模式。

1——PU 操作模式。是指启动信号和频率设定均用变频器的操作面板操作，及运行指令用 RUN 键或操作面板(FR-PA02-02)的 FWD/REV 键，频率设定用 ▲/▼ 键。

2——外部操作模式。是指根据外部的频率设定旋钮和外部启动信号进行的操作。频率设定用外部的接于端子 2~5 之间的旋钮(频率设定器)R_P 来调节。变频器操作面板只起到频率显示的作用。

3——组合操作模式 1。是指启动信号由外部输入；运行频率由操作面板设定，频率设定用操作面板的 ▲/▼ 键。不接收外部的频率设定信号和 PU 的正转、反转信号。

4——组合操作模式 2。是指启动信号用 RUN 键或操作面板的 FWD/REV 键来设定，频率设定用外部的接于端子 2-5 之间的旋钮(频率设定器)R_P 来调节。

5——切换模式。在运行状态下，进行 PU 操作和外部操作的切换。

6——外部操作模式(PU 操作互锁)。当 MRS 信号为 ON 时，可切换到 PU 操作模式；当 MRS 信号为 OFF 时，禁止切换到 PU 操作模式。

7——切换到除外部操作模式以外的模式。当多段速信号 X16 端为 ON 时，切换到外部操作模式；当信号端 X16 为 OFF 时，切换到 PU 操作模式。

6.4.3 适用电动机的选择

不同负载的电动机，其热特性也不相同，变频器为适应不同电动机的热特性，都应对变频器设置相应的参数。

表 6.6 是三菱 FR-E500 系列变频器的适用电动机参数(Pr.71)的设置。

表 6.6 FR-E500 的适用电动机参数(Pr.71)的设置

<table>
<tr><th rowspan="2">Pr.71 设定值</th><th rowspan="2" colspan="3">变频器电子过电流保护特性</th><th colspan="2">适用电动机</th></tr>
<tr><th>标准</th><th>恒转矩</th></tr>
<tr><td>0，100</td><td colspan="3">适合标准电动机的热特性</td><td>○</td><td></td></tr>
<tr><td>1，101</td><td colspan="3">适合三菱恒转矩电动机的热特性</td><td></td><td>○</td></tr>
<tr><td>3，103</td><td>标准电动机</td><td rowspan="3" colspan="2">选择“离线自动调整设定”</td><td>○</td><td></td></tr>
<tr><td>13，113</td><td>恒转矩电动机</td><td></td><td></td></tr>
<tr><td>23，123</td><td>三菱标准电动机 SF-JR4P
(1.5kW 以下)</td><td>○</td><td></td></tr>
<tr><td>5，105</td><td>标准电动机</td><td rowspan="2">Y 形联结</td><td rowspan="4">电动机的常数可以直接输入</td><td>○</td><td></td></tr>
<tr><td>15，115</td><td>恒转矩电动机</td><td></td><td>○</td></tr>
<tr><td>6，106</td><td>标准电动机</td><td rowspan="2">△形联结</td><td>○</td><td></td></tr>
<tr><td>16，116</td><td>恒转矩电动机</td><td></td><td>○</td></tr>
</table>

6.5 变频器的选择

变频器选择的依据主要是功能、容量、质量等性能指标是否可以满足工程要求，其次是产品的品牌、价格等。各种因素综合平衡之后，在满足需要的前提下，对变频器的品牌、型号进行选择。

6.5.1 风机、泵类负载变频器的选择

变频器在风机、泵类等负载中应用，主要目的是利用变频器对负载流量进行控制而有效地节能。实践表明，风机或泵类负载恒速运转改为变频调速后，节能可达 30%~40%。

1．风机、泵类负载的特性

风机是输送空气的装置，水泵是输送水或液体的装置，两者的工作原理基本相同。下面以泵类负载为例加以说明。

泵类负载是平方转矩负载，其转速 n 与流量 Q、扬程 H(对应风机中的风压)、泵的轴功率 P 之间的关系为：

$$Q_1 = kQ_2(n_1/n_2) \quad 或 \quad \frac{Q_1}{Q_2} = k\frac{n_1}{n_2} \tag{6-1}$$

$$H_1 = kH_2(n_1/n_2)^2 \quad 或 \quad \frac{H_1}{H_2} = k(\frac{n_1}{n_2})^2 \tag{6-2}$$

$$P_1 = P_2k(n_1/n_2)^3 \quad 或 \quad \frac{P_1}{P_2} = k(\frac{n_1}{n_2})^3 \tag{6-3}$$

式中，Q 的单位为 m^3/s，H 的单位为 m，P 的单位为 W，n 的单位为 r/min，k 为各式中的比例系数。

由式中可见，流量之比与转速之比成正比；扬程之比与转速之比的平方成正比；输出功率之比与转速之比的 3 次方成正比。在工频恒速运转中，当需要小流量时，是通过阀门节流，而电动机的输出功率几乎不变。在变频运行中，当需要减小流量时，可降低电动机的转速，因为转速与输出功率是 3 次方比例关系，因此会有很好的节能效果。

2．风机、泵类负载的变频器选择要点

风机、泵类负载是最普通的负载，对变频器的要求不是很高，通常情况下，普通 U/f 控制变频器即可满足要求。现在很多厂家都设计、生产了专用变频器，这类专用变频器应用更方便，价格也较低廉，很适合于风机、泵类负载应用。选择和应用变频器时，要注意以下几个问题。

(1) 合理选择变频器的容量。

一般应用时，选择变频器的容量等于电动机的容量即可。但空气压缩机、深水泵、泥沙泵、快速变化的音乐喷泉等负载，由于电动机工作时冲击电流很大，所以选择时，应留有一定的余量。

对新设计的系统，可先计算出电动机容量，然后再根据电动机的工作性质选择变频器容量。电动机的容量可由式(6-4)来计算，即：

$$p = \frac{\rho QH}{\eta_c\eta_p} \times 10^{-3} \tag{6-4}$$

式中，p 为电动机的轴输出功率(kW)，Q 为流量(m^3/s)，H 为全扬程，即吸程和扬程的总和(m)，η_c 为电动机及传动装置的效率，一般取 0.8，η_p 为泵效率，一般取 0.6~0.7，ρ 为液体的密度(kg/m^3)。

(2) 处理好“工频—变频”切换。

风机、泵类负载在运行中往往需要进行工频与变频间的切换。原因有二：一方面，变频运行在不满载的情况下才可达到节能的目的，如果风机工作在高风量区(90%~100%)、泵类工作在大流量区，变频运行反而不如工频运行合适；另一方面，当变频器跳闸或出现故障停止输出时，为使电动机继续运转，需将电动机由变频运行切换到工频运行。因此风机、泵类用变频器都采用“工频—变频”切换电路。由于变频器的输出为电子开关电路，过载能力差，在切换时，要考虑变频器的承受能力。

① 由工频运行切换到变频运行时，先将电动机断电，让电动机自由降速运行。同时检测电动机的残留电压，以推算出电动机的运行频率，使接入变频器的输出频率与电动机的运行频率一致，以减小冲击电流。

② 当变频运行切换到工频运行时，采用同步切换的方法，即变频器将频率升高到工频，确认频率及相位与工频一致时，再进行切换。

(3) 启动瞬停再启动功能。

对一些重要设备或无人看管的节能设备，当电源瞬时停电时，要求变频器具有“在复电后能够重新启动”的功能，以保证电动机连续运转。

(4) 设置合适的运行曲线。

一般变频器都有多条 *U/f* 补偿运行曲线。为了达到节能的目的，变频器要选择平方律补偿曲线，或将变频器设置为节能运行状态。

(5) 风机、泵类负载一般采用联轴器传动，即可满足工作要求。

6.5.2 机械传动系统变频器的选择

选择机械传动用变频器，除了考虑节能效果外，更多的是考虑变频器是否能满足传动要求。下面介绍不同应用场合变频器的选择。

1. 机床用变频器的选择

机床采用变频器作为主轴电动机的驱动系统，不仅可以简化机床的传动结构，提高产量和产品加工精度，同时，可以方便地由数控系统发出的指令进行转速控制。

因此，数控机床主轴电动机均采用变频器驱动，而老式机床经过数控改造后，亦可大大提高机床的性能。

(1) 数控车床。

老式车床的主轴是齿轮传动调速，最多只有 30 种速度可供选择，无法进行恒线速切削控制，影响工作效率及工件表面加工质量。直流电动机虽可进行无级调速，但由于存在电刷维护困难、最高转速受限等问题，也使其应用受到影响。

近年来，随着通用型变频器的问世，数控车床的主轴电动机改为变频器驱动。由变频器驱动主轴电动机，可以根据切削需要改变主轴的转速，还可以由数控系统控制主轴运行、停止，正、反转以及与进刀系统保持严格的传动比关系，完成工件的自动加工，从而大大提高工作效率和工件的成品率。

数控车床一般可选用普通 U/f 控制变频器，为了提高控制精度，选用矢量控制变频器效果更好。考虑到车床的急加速或偏心切削等问题，可适当加大变频器的容量；为了提高低速切削时的主轴转矩，可采用一级降速齿轮传动。

(2) 立式车床。

立式车床是加工大型圆盘类工件的车床，主轴立式安装，圆盘类工件水平装卡在卡盘上。立式车床的主轴也是通过齿轮分挡调速的。当圆盘类工件的端面需要连续地从外加工到中心时，由于中途一般不可变速，刀具越接近中心，线速度越小，工件表面粗糙度增加，机床效率下降。为解决这一问题，立式车床可采用变频调速。

立式车床为重型机床，主轴电动机为 22~100kW，主轴及卡盘的惯性很大，是电动机惯性的 10 倍以上，在断续切削时是一冲击性负载。由于有主轴惯性，相当于配有很大的飞轮，因此，选择变频器时可不增大变频器的容量。由于主轴惯性大，选用变频器时，要特别注意到制动装置和制动电阻的容量。立式车床选择通用 U/f 控制变频器即可满足要求。

立式车床采用变频器传动取消了变速箱、离合器等机械变速部分，使机床维护大为改善；变频器可无级调速，使工件可恒线速切削，提高了效率和加工质量。

2．大惯性负载变频器的选择

大惯性负载，如离心泵、冲床、水泥厂的旋转窑等，此类负载的惯性很大，启动速度慢，启动时可能会产生振荡，电动机减速时有能量回馈。此类负载可选择通用 U/f 控制变频器，为提高启动速度，可加大变频器的容量，以避免振荡；使用时，要配备制动单元，并要选择足够容量的制动电阻。

3．不均匀负载变频器的选择

不均匀负载是指系统工作时负载时轻时重，如轧钢机、粉碎机、搅拌机等。对不均匀负载选择变频器容量时，要以最大时的负载进行测算；如没有特殊要求，可选择通用 U/f 控制变频器。轧钢机除了工作时负载不均匀之外，对速度精度要求很高，原来多采用直流电动机拖动，随着大功率、高性能矢量控制变频器的出现和价格的降低，现在很多轧钢机都选用高性能矢量控制变频器拖动。

4．流水线用变频器的选择

流水线用变频器，要求具有多台电动机按同一速度(或按一定速度比)运行的特点，选择这一类变频器时，要注意在运行中必须具有一定的速度精度。

6.5.3 变频器容量计算

变频器容量的确定，是选择变频器的关键一步，如果容量选择不准确，会造成变频器及电动机发热，也达不到预期的应用效果。选择变频器时，通常以原来(或新选定的)电动机容量和电动机的工作状态作为依据。

由于变频器输出回路是电子开关逆变电路，其输出电流过载能力很差，因此，当电动机的额定电压选定后(低电压为 220V、380V)，选择变频器容量则主要是核算变频器的输出电流，输出电流满足了工作要求，变频器就可以安全工作。

1．连续运行场合

连续运行，指负载不频繁加、减速而连续运行的场合。这种运行场合可以选择变频器的额定电流等于电动机的额定电流，但考虑到变频器的输出电流为脉动电流，比工频供电时电动机的电流要大，所以选择容量时要适当留有余地，一般按式(6-5)选择，即：

$$I_{\mathrm{ON}} \geqslant (1.05\sim1.1)I_{\mathrm{N}} \quad \text{或者} \quad I_{\mathrm{ON}} \geqslant (1.05\sim1.1)I_{\max} \tag{6-5}$$

式中，I_{ON} 为变频器输出额定电流(A)，I_{N} 为电动机额定电流(A)，$I_{\max}$ 为电动机实测最大工作电流(A)。如果按电动机的实测最大工作电流选取，则变频器的容量可以适当减小。

2．频繁加、减速运行的场合

变频器加、减速时，电流大于工作电流，若变频器工作时频繁加、减速，则选择变频器时，容量应适当加大，可按式(6-6)计算，即：

$$I_{\mathrm{ON}} = \frac{I_1t_1 + I_2t_2 + I_3t_3}{t_1 + t_2 + t_3}k_0 \tag{6-6}$$

式中，I_{ON} 为变频器的额定输出电流(A)，I_1、I_2、I_3 为各运行状态下的平均电流(A)，t_1、t_2、t_3 为各运行状态下的运行时间(s)。

3．电流变化不规则的场合

不均匀负载或冲击负载，会造成电动机电流不规则变化。选择变频器时，其额定电流 I_{ON} 应大于电动机工作时的最大转矩电流 $I_{\max}$。

4．电动机直接启动变频器的选择

三相异步电动机直接启动时，启动电流很大，是正常工作电流的 4~7 倍，因此，变频器一般都是从零到几赫兹开始启动。如果有些场合需要直接启动，则变频器的容量就要成倍增加，可按式(6-7)来计算，即：

$$I_{\mathrm{ON}} \geqslant I_{\mathrm{K}}/K_{\mathrm{g}} \tag{6-7}$$

式中，I_K 为电动机在额定工频电压下的堵转电流(A)，K_g 为变频器的允许过载倍数，K_g=1.3~1.5。

5．多台电动机共用一台变频器供电

多台电动机共用一台变频器进行驱动，除了以上 1~4 点需要考虑之外，还要考虑这些台电动机是否同时软启动(即同时从 0Hz 开始启动)，是否有个别电动机需要直接启动等。综合以上因素，变频器的容量可按式(6-8)进行计算，即：

$$I_{ON} \geqslant \left[a_2 I_K + \left(a_1 - a_2\right) I_N\right] / K_g \tag{6-8}$$

式中 a_1 为电动机总台数，a_2 为直接启动的电动机台数。

6.6　变频调速系统的主电路及电器选择

6.6.1　变频调速系统主电路的结构

变频调速系统的主电路是指从交流电源到负载之间的电路，各种不同型号变频器的主回路端子差别不大，大多数变频器的进线端都用 R、S、T 表示。U、V、W 表示输出端，即接至电动机的出线端。在实际应用中，变频器还需要与许多外接的配件一起使用，构成一个比较完整的主电路，如图 6.39 所示。

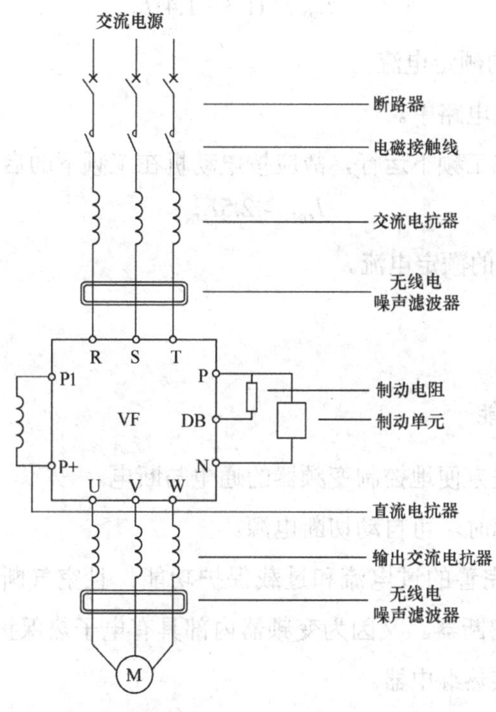

图 6.39　变频器调速系统的主电路

6.6.2 断路器

1. 断路器的功能

断路器俗称空气开关，断路器的主要功能有以下几种。

(1) 隔离作用。当变频器需要抢修时，或者因各种原因而长时间不用时，将断路器(Q)切断，即可使变频器与电源隔离。

(2) 保护作用。当变频器的输入侧发生短路等故障时，可以进行保护。

2. 断路器的选择

现代的空气断路器都具有过电流保护功能，选用时，应充分考虑电路中是否有正常过电流，以防止过电流保护功能的误动作。

(1) 在变频器单独控制的主电路中。

在变频器单独控制的主电路中，属于正常过电流的情况有以下几种。

① 变频器在刚接通电源的瞬间，对电容器的充电电流可高达额定电流的 2~3 倍。

② 变频器的进线电流是脉冲电流，其峰值常可能超过额定电流。

③ 变频器允许的过载能力为 150%，1min。所以，为了避免误动作，空气断路器的额定电流 I_{QN} 应选：

$$I_{QN} \geqslant (1.3 \sim 1.4) I_N \tag{6-9}$$

式中的 I_N 为变频器的额定电流。

(2) 在切换控制的主电路中。

因为电动机有可能在工频下运行，故应按电动机在工频下的启动电流进行选择，即：

$$I_{QN} \geqslant 2.5 I_{MN} \tag{6-10}$$

式中的 I_{MN} 为电动机的额定电流。

6.6.3 接触器

1. 接触器的主要功能

(1) 可通过按钮开关方便地控制变频器的通电与断电。

(2) 变频器发生故障时，可自动切断电源。

由于变频器有比较完善的过电流和过载保护功能，且空气断路器也具有过流保护功能，故进线侧可不必接熔断器。又因为变频器内部具有电子热保护功能，故在只接一台电动机的情况下，可不必接热继电器。

2. 主要电器的选择

(1) 输入接触器。

由于接触器自身并无保护功能，不存在误动作的问题。故选择的原则是：主触点的额定电流只需不小于变频器的额定电流，即：

$$I_{KN} \geqslant I_N \tag{6-11}$$

(2) 输出接触器。

因为变频器的输出电流中含有较强的谐波成分，其有效值略大于工频运行时的有效值，故主触点的额定电流 I_{KN} 应满足：

$$I_{KN} \geqslant 1.1 I_N \tag{6-12}$$

(3) 工频接触器。

工频接触器的选择应考虑到电动机在工频下的启动情况，其触点电流通常可按电动机的额定电流再加大一挡(接触器的额定电流挡)来选择。

6.6.4 输入交流电抗器

输入交流电抗器可抑制变频器输入电流的高次谐波，明显改善功率因数。输入交流电抗器为选购件，在以下情况下可考虑接入交流电抗器。

(1) 变频器所用之处的电源容量与变频器容量之比为 10:1 以上。

(2) 同一电源上接有晶闸管变流器负载，或在电源端带有开关控制调整功率因数的电容器。

(3) 三相电源的电压不平衡度较大(≥3%)。

(4) 变频器的输入电流中含有许多高次谐波成分，这些高次谐波电流都是无功电流，使变频调速系统的功率因数降低到 0.75 以下。

(5) 变频器的功率大于 30kW。

接入交流电抗器应满足以下要求：电抗器自身分布电容小；自身的谐振点要避开抑制频率范围；保证工频压降在 2%以下，功耗要小。交流电抗器的外形如图 6.40 所示。

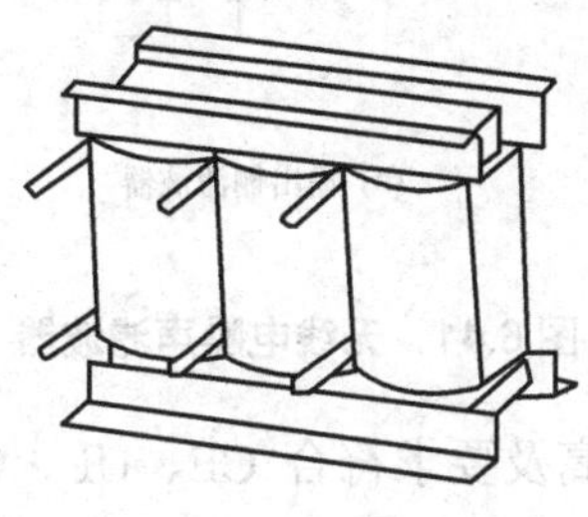

图 6.40　交流电抗器的外形

常用交流电抗器的规格如表 6.7 所示。

表 6.7　常用交流电抗器的规格

电动机容量/kW	30	37	45	55	75	90	110	132	160	200	220
变频器容量/kW	30	37	45	55	75	90	110	132	160	200	220
电感量/mH	0.32	0.26	0.21	0.18	0.13	0.11	0.09	0.08	0.06	0.05	0.05

交流电抗器的型号规定：ALC-□，其中，型号中的□为使用变频器的容量(千瓦数)，如 132kW 的变频器应该选择 ALC-132 型电抗器。

6.6.5　无线电噪声滤波器

变频器的输入和输出电流中都含有很多高次谐波。这些高次谐波电流除了增加输入侧的无功功率、降低功率因数(主要是频率较低的谐波电流)外，频率较高的谐波电流以各种方式把自己的能量传播出去，形成对其他设备的干扰，严重的甚至还可能使某些设备无法正常工作。

滤波器就是用来削弱这些较高频率的谐波电流，以防止变频器对其他设备造成干扰。滤波器主要由滤波电抗器和电容组成。图 6.41(a)所示为输入侧滤波器；图 6.41(b)所示为输出侧滤波器。应注意的是，变频器输出侧的滤波器中，电容器只能接在电动机侧，且应串入电阻，以防止逆变器因电容器的充、放电而受冲击。滤波电抗器的结构如图 6.41(c)所示，由各相的连接线在同一个磁芯上按相同方向绕 4 圈(输入侧)或 3 圈(输出侧)构成。需要说明的是，三相的连接线必须按相同方向绕在同一个磁芯上，这样，其基波电流的合成磁场为 0，因而对基波电流没有影响。

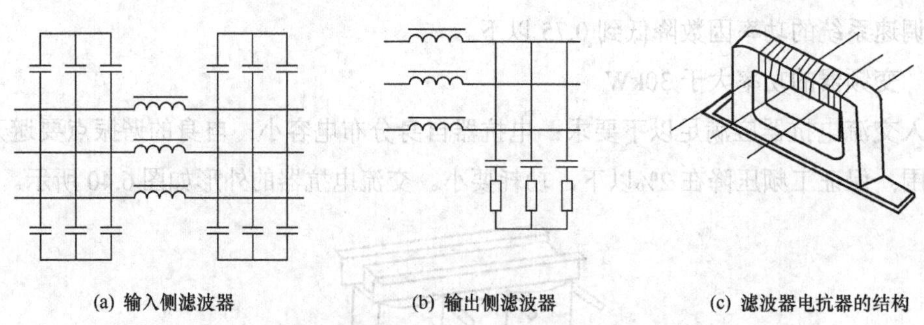

(a) 输入侧滤波器　　(b) 输出侧滤波器　　(c) 滤波器电抗器的结构

图 6.41　无线电噪声滤波器

在对防止无线电干扰要求较高及要求符合 CE、UL、CSA 标准的使用场合，或变频器周围有抗干扰能力不足的设备等情况下，均应使用该滤波器。安装时，注意接线尽量缩短，滤波器应尽量靠近变频器。

6.6.6　制动电阻及制动单元

制动电阻及制动单元的功能是当电动机因频率下降或重物下降(如起重机械)而处于再生制动状态时，避免在直流回路中产生过高的泵生电压。

1．制动电阻 R_B 的选择

(1) 制动电阻 R_B 的大小：

$$R_B = \frac{U_{DH}}{2I_{MN}} \sim \frac{U_{DH}}{I_{MN}} \tag{6-13}$$

式中的 U_{DH} 为直流回路电压的允许上限值(V)。在我国，$U_{DH}\approx 600V$。

(2) 电阻的功率 P_B：

$$P_B = \frac{U_{DH}^2}{\gamma R_B} \tag{6-14}$$

式中的 γ 为修正系数。

① 对于不反复制动的场合。设 t_B 为每次制动所需时间；t_C 为每个制动周期所需时间。如每次制动时间小于 10s，可取 $\gamma=7$；如每次制动时间超过 100s，可取 $\gamma=1$；如每次制动时间在两者之间，则 γ 大体上可按比例算出。

② 对于反复制动的场合。如 $t_B/t_C\leqslant 0.01$，取 $\gamma=5$；如 $t_B/t_C\geqslant 0.15$，取 $\gamma=1$；如 $0.01<t_B/t_C<0.15$，则 γ 大体上可按比例算出。

③ 常用制动电阻的阻值与容量的参考值如表 6.8 所示。

表 6.8　常用制动电阻的阻值与容量的参考值(电源电压为 380V)

电动机容量/kW	电阻值/Ω	电阻功率/kW	电动机容量/kW	电阻值/Ω	电阻功率/kW
0.40	1000	0.14	37	20.0	8
0.75	750	0.18	45	16.0	12
1.50	350	0.40	55	13.6	12
2.20	250	0.55	75	10.0	20
3.70	150	0.90	90	10.0	20
5.50	110	1.30	110	7.0	27
7.50	75	1.80	132	7.0	27
11.0	60	2.50	160	5.0	33
15	50	4.00	200	4.0	40
18.5	40	4.00	220	3.5	45
22	30	5.00	280	2.7	64
30.0	24	8.0	315	2.7	64

由于制动电阻的容量不易准确掌握，如果容量偏小，则极易烧坏。所以，制动电阻箱内应附加热继电器 KR。

2．制动单元 VB

一般情况下，只须根据变频器的容量进行配置即可。

6.6.7　直流电抗器

直流电抗器可将功率因数提高至 0.9 以上。由于其体积较小，因此，许多变频器已将直流电抗器直接装在变频器内。

直流电抗器除了提高功率因数外，还可削弱在电源刚接通瞬间的冲击电流。如果同时配用交流电抗器和直流电抗器，则可将变频调速系统的功率因数提高至 0.95 以上。直流电抗器的外形如图 6.42 所示。直流电抗器的规格如表 6.9 所示。

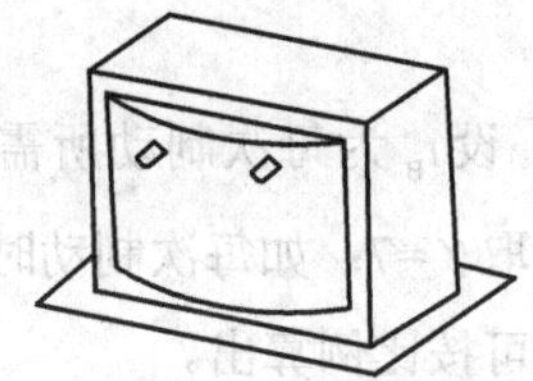

图 6.42　直流电抗器的外形

表 6.9　常用直流电抗器的规格

电动机容量/kW	30	37~55	37~55	37~55	37~55	220	280
允许电流/A	75	150	220	280	370	560	740
电感量/μH	600	300	200	140	110	70	55

6.6.8　输出交流电抗器

输出交流电抗器用于抑制变频器的辐射干扰和感应干扰，还可以抑制电动机的振动。输出交流电抗器是选购件，当变频器干扰严重或电动机振动时可考虑接入。输出交流电抗器的选择与输入交流电抗器相同。

6.7　变频器系统的控制电路

6.7.1　变频器控制电路的主要组成

为变频器的主电路提供通、断控制信号的电路，称为控制电路。其主要任务是完成对逆变器开关器件的开关控制和提供多种保护功能。控制方式有模拟控制和数字控制两种。目前已广泛采用了以微处理器为核心的全数字控制技术，采用尽可能简单的硬件电路，主要靠软件完成各种控制功能，以充分发挥微处理器计算能力强和软件控制灵活性高的特点，完成许多模拟控制方式难以实现的功能。控制电路主要由以下几部分组成。

1．运算电路

运算电路的主要作用，是将外部的压力、速度、转矩等指令同检测电路的电流、电压信号进行比较运算，决定变频器的输出频率和电压。

2．信号检测电路

将变频器和电动机的工作状态反馈至微处理器，并由微处理器按事先确定的算法进行处理后，为各部分电路提供所需的控制或保护信号。

3．驱动电路

驱动电路的作用，是为变频器中逆变电路的换流器件提供驱动信号。当逆变电路的换流器件为晶体管时，称为基极驱动电路；当逆变器电路的换流器件为 SCR、IGBT 或 GTO 晶闸管时，称为门极驱动电路。

4．保护电路

保护电路的主要作用，是对检测电路得到的各种信号进行运算处理，以判断变频器本身或系统是否出现异常。当检测到异常时，进行各种必要的处理，如使变频器停止工作或抑制电压、电流值等。

以上变频器的各种控制电路，有些是由变频器内部的微处理器和控制单元完成的；有些是由外接的控制电路与内部电路配合完成的。由外接的控制电路来控制其运行的工作方式称为外控运行方式(有的说明书上称为“远控方式”)，在需要进行外控运行时，变频器须事先将运行模式预置为外部运行。

6.7.2　正转控制电路

由继电器控制的正转运行电路如图 6.43 所示。

由图 6.43 可以看出，电动机的启动与停止是由继电器 KA 来完成的。在接触器 KM 未吸合前，继电器 KA 是不能接通的，从而防止了先接通 KA 的误动作。而当 KA 接通时，其常开触点使常闭按钮 AB4 失去作用，只有先按下电动机停止按钮 SB3，在 KA 失电后 KM 才有可能断电，从而保证了只有在电动机先停机的情况下，才能使变频器切断电源。

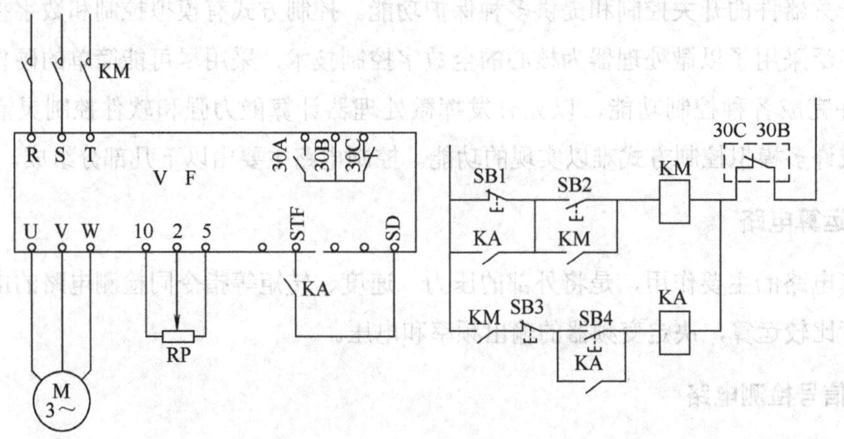

图 6.43 由继电器控制的正转运行电路

6.7.3 正、反转控制

1. 旋转开关控制电路

3 位旋转开关控制的正、反转电路如图 6.44 所示。

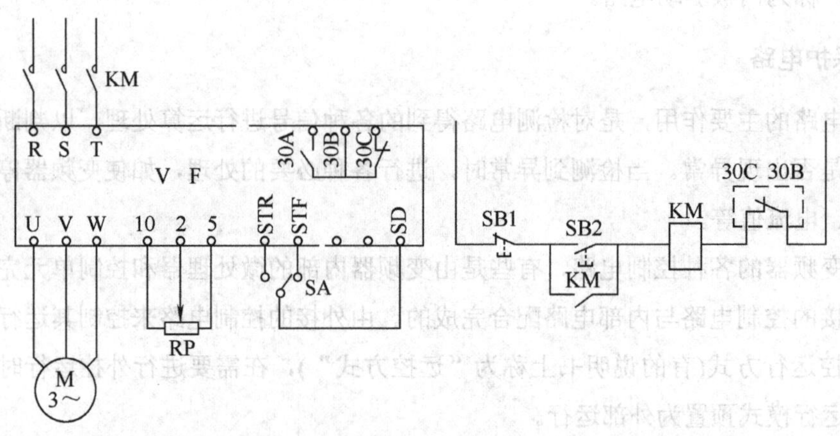

图 6.44 3 位旋转开关控制的正、反转电路

按下 SB2，交流接触器 KM 形成自锁，主触点 KM 接通。当 3 位旋转开关旋转到 STF 位置时，电动机可以正转；旋转到 STR 位置，电动机可反转；在停止位置，电动机不转。图 6.44 所示电路的优点是简单；缺点是难以避免由 KM 直接控制电动机或在 SA 尚未停机的情况下通过 KM 切断电源的误动作。

2. 继电器控制的正、反转电路

继电器工作的控制电路如图 6.45 所示。

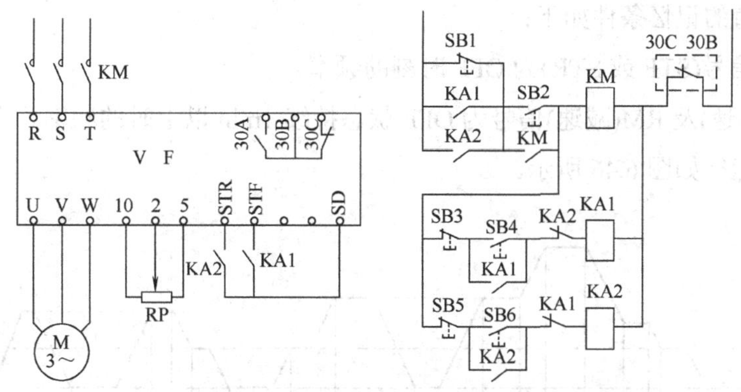

图 6.45　继电器控制的正、反转电路

按钮 SB2、SB3 用于控制接触器 KM，从而控制变频器接通或切断电源。

按钮 SB3、SB4 用于控制正转继电器 KA1，从而控制电动机的正转运行与停止。

按钮 SB5、SB6 用于控制反转继电器 KA2，从而控制电动机的反转运行与停止。

正转与反转运行只有在接触器 KM 已经动作、变频器已经通电的状态下才能进行。

在按钮 SB1 上常闭并联的 KA1、KA2 触点用来防止电动机在运行状态下通过 KM 直接停机。

6.7.4　升速与降速控制

如果操作面板远离控制柜，可以不用模拟信号，而用触点信号完成无级调速设定。变频器的输入控制端中，经过功能设定，可以作为升速和降速之用。可采用变频器的遥控功能来实现。

用 Pr.59 可选择有无遥控设定功能及遥控设定时有无频率设定值记忆功能。Pr.59 的参数值的功能如表 6.10 所示。

表 6.10　Pr.59 参数值及功能

Pr.59 的设定值	动作说明	
	遥控功能设定	频率设定记忆功能(E^2PROM)
0	没有	—
1	有	有
2	有	没有

当选择遥控设定功能时，RH、RM、RL 端子功能改变为加速(RH)、减速(RM)、清除(RL)。信号 RH、RM、RL 可在 Pr.180 ~ Pr.183(输入端子功能选择)处设定。把遥控设定频率(用 RH、RM 设定的频率)存储在存储器里。一旦切断电源再通电时，输出频率为此设定值，重新开始运行(Pr.59=1)。

频率设定值的记忆条件如下：

- 启动信号(STF 或 STR)为 OFF 时刻的频率。
- RH(加速)及 RM(减速)信号为 OFF 状态持续 1min 以上时的频率。

无级调速运行如图 6.46 所示。

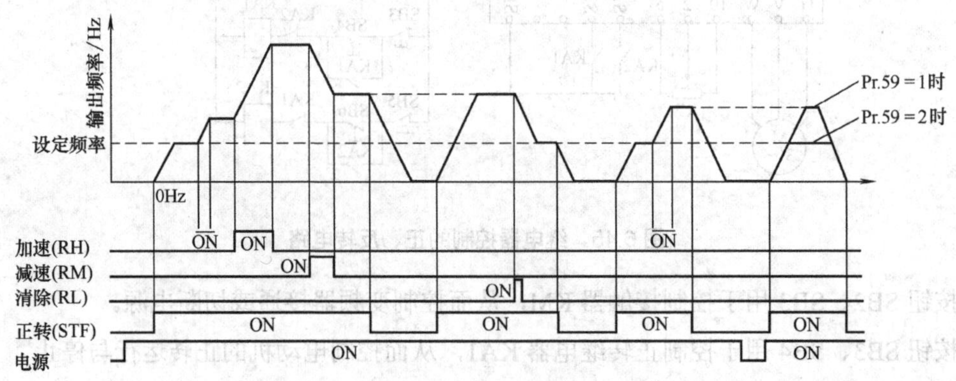

图 6.46　无级调速运行

选择遥控功能时，应注意以下三点。

(1) 频率可通过 RH(加速)和 RM(减速)在 0 到上限频率(由 Pr.1 或 Pr.18 设定值)之间改变。

(2) 加速或减速信号 ON 时，设定频率按照 Pr.44 或 Pr.45 设定的时间斜率改变。输出频率加、减速时间为 Pr.7 和 Pr.8 的设定时间。因此，长的预设时间会引起实际输出频率的变化。

(3) 即使启动信号(STF 或 STR)处于 OFF 时，如果加速(RH)、减速(RM)信号 ON，设定频率也会变化。

变频器的升速、降速控制如图 6.47 所示。

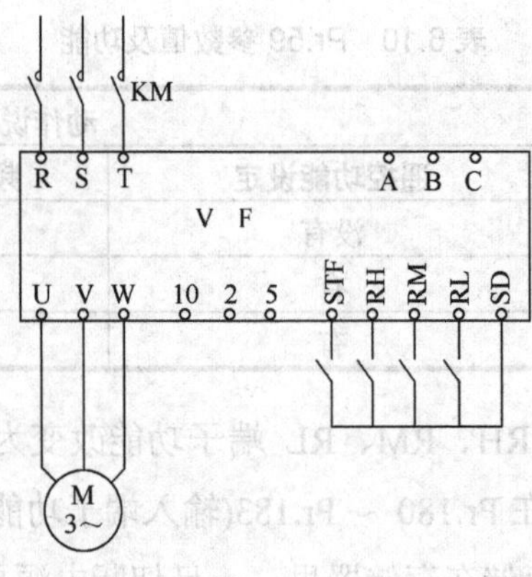

图 6.47　变频器的升速、降速控制

利用这两个升速和降速控制端子，可以在远程控制中通过按钮开关来进行升速和降速控制，从而灵活地应用在各种自动控制的场合中。

6.7.5　变频与工频切换的控制电路

图 6.48 所示为变频器与工频切换的控制电路。该电路可以满足以下要求。

(1) 用户可根据工作需要选择“工频运行”或“变频运行”。

(2) 在“变频运行”时，一旦变频器因故障而跳闸，可自动切换为“工频运行”方式，同时进行声光报警。

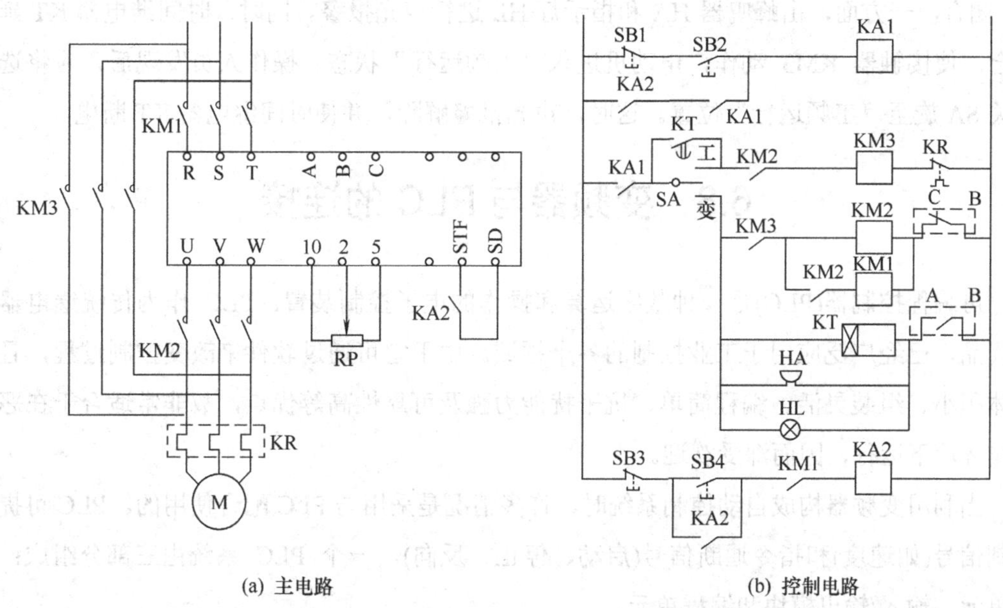

图 6.48　变频器与工频切换的控制电路

图 6.48(a)所示为主电路，接触器 KM1 用于将电源接至变频器的输入端；接触器 KM2 用于将变频器的输出端接至电动机；接触器 KM3 用于将工频电源接至电动机；热继电器 KR 用于工频运行时的过载保护。

对控制电路的要求是：接触器 KM2 和 KM3 绝对不允许同时接通，相互间必须有可靠的互锁，最好选用控制机械互锁的接触器。

图 6.48(b)所示为控制电路，运行方式由 3 位开关 SA 进行选择。当 SA 合至“工频运行”方式时，按下启动按钮 SB2，中间继电器 KA1 动作并自锁，进而使接触器 KM3 动作，电动机进入“工频运行”状态。按下停止按钮 SB1，中间继电器 KA1 和接触器 KM3 均断电，电动机停止运行。

当SA合至“变频运行”方式时，按下启动按钮SB2，中间继电器KA1动作并自锁，进而使接触器KM2动作，将电动机接至变频器的输出端。接触器KM2动作后，接触器KM1也动作，将工频电源接到变频器的输出端，并允许电动机启动。

按下启动按钮SB4，中间继电器KA2动作，电动机开始升速，进入“变频运行”状态。中间继电器KA2动作后，通知按钮SB1将失去作用，以防止直接通过切断变频器电源使电动机停机。

在变频器运行过程中，如果变频器因故障而跳闸，则“B-C”断开，接触器KM2和KM1均断电，变频器和电源之间，以及电动机和变频器之间都被切断。与此同时，“B-A”闭合，一方面，由蜂鸣器HA和指示灯HL进行声光报警。同时，时间继电器KT延时闭合，使接触器KM3动作，电动机进入“工频运行”状态。操作人员发现后，应将选择开关SA旋至“工频运行”位置。这时，声光报警解除，并使时间继电器KT断电。

6.8 变频器与PLC的连接

可编程控制器(PLC)是一种数字运算和操作的电子控制装置。PLC作为传统继电器的替代品，已经广泛应用于工业控制的各个领域。由于它可通过软件来改变控制过程，且具有体积小、组装灵活、编程简单、抗干扰能力强及可靠性高等优点，故非常适合于在恶劣工作环境下运行，因而深受欢迎。

当利用变频器构成自动控制系统时，许多情况是采用与PLC配合使用的。PLC可提供控制信号(如速度)和指令通断信号(启动、停止、反向)。一个PLC系统由三部分组成：中央单元、输入/输出模块和编程单元。

下面介绍变频器与PLC连接时需要注意的有关事项。

1. 开关指令信号的输入

变频器的输入信号中包括对运行/停止、正转/反转、点动等运行状态进行操作的开关型指令信号(数字输入信号)。PLC通常利用继电器输出模块或具有继电器触点开关特性的元器件(如晶体管)与变频器连接，获取运行状态指令，如图6.49所示。

使用继电器触点进行连接时，常因接触不良而带来误动作；使用晶体管进行连接时，则需要考虑晶体管本身的电压、电流容量等因素，保证系统的可靠性。

在设计变频器的输入信号电路时还应注意到，当输入信号电路连接不当时，有时也会造成变频器的误动作。例如，当输入信号电路采用继电器等感性负载，继电器开闭时，产生的浪涌电流带来的噪声有可能引起变频器的误动作，应尽量避免。

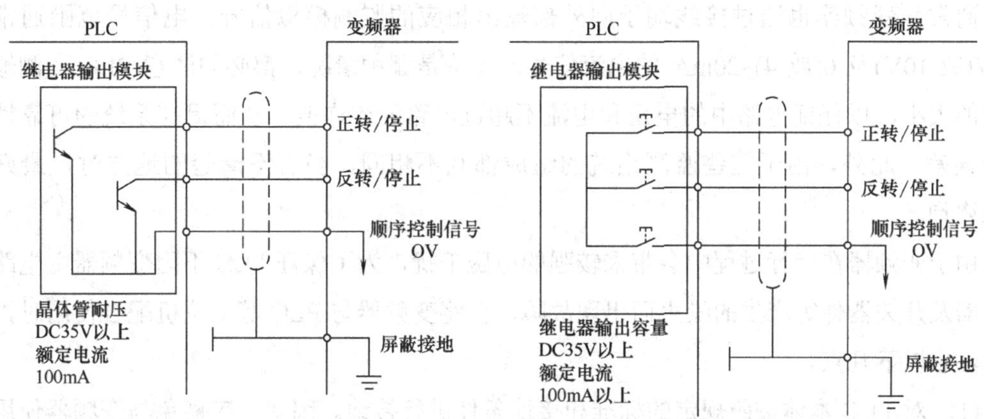

(a) PLC的晶体管与变频器的连接　　(b) PLC的继电器触点与变频器的连接

图 6.49　PLC 与变频器的连接

2．数值信号的输入

变频器中也存在一些数值型(如频率、电压等)指令的输入，可分为数字输入和模拟输入两种，数字输入多采用变频器面板上的键盘操作和串行接口来设定；模拟输入则通过接线端子由外部给定，通常是通过 0~10V(或 5V)的电压信号或 0(或 4)~20mA 的电流信号接入。由于接口电路因输入信号而异，故必须根据变频器的输入阻抗选择 PLC 的输出模块。图 6.50 所示为 PLC 与变频器之间的信号连接。

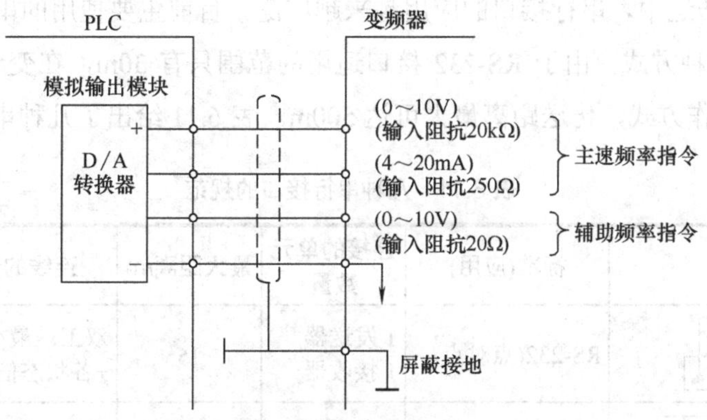

图 6.50　PLC 与变频器之间的信号连接

当变频器与 PLC 的电压信号范围不同时，如变频器的输入信号范围为 0~10V 而 PLC 的输出电压信号范围为 0~5V 时，或 PLC 一侧的输出信号电压范围为 0~10V 而变频器的输入信号范围为 0~5V 时，由于变频器和晶体管的允许电压、电流等因素的限制，则需以串联电阻分压，以保证进行开关时不超过 PLC 和变频器相应部分的容量。此外，在连线时，还应该注意将布线分开，保证主电路一侧的噪声不传至控制电路。

通常，变频器也通过接线端子向外部输出相应的监测模拟信号，电信号范围通常为0~5V(或 10V)及 0(或 4)~20mA 的电流信号。无论是哪种情况，都必须注意 PLC 一侧输入阻抗的大小，以保证电路中的电压和电流不超过电路的容许值，从而提高系统的可靠性和减少误差。此外，由于这些监测系统的组成都互不相同，当有不清楚的地方时，最好向厂家咨询。

由于变频器在运行过程中会带来较强的电磁干扰，为了保证 PLC 不因变频器主电路的断路器及开关器件等产生的噪声而出现故障，在将变频器与 PLC 等上位机配合使用时，还必须注意以下几点。

(1) 对 PLC 本体按照规定的标准和接地条件进行接地。因此，应避免与变频器使用共同的接地线，并在接地时尽可能使两者分开。

(2) 当电源条件不太好时，应在 PLC 的电源模块以及输入/输出模块的电源线上接入噪声滤波器和降低噪声用的变压器。此外，如有必要，在变频器一侧也应采取相应措施。

(3) 当把变频器与 PLC 安装在同一结构中时，应尽可能使与变频器和 PLC 有关的电线分开。

(4) 通过使用屏蔽线和双绞线实现加强抑制噪声水平的目的。

6.9 变频器与 PC 的通信

在数字信息传送中，串行接口的应用越来越广泛。目前主要使用的串行接口有 RS-232和 RS-485/422 两种方式，由于 RS-232 接口适用的范围只有 30m，在变频器上使用的多为RS-485 半双工工作方式，传送距离最大可达 500m。表 6.11 给出了几种串行接口的规范。

表 6.11　几种串行接口的规范

原　理	标准(应用)	连接的单元数量	最大距离/m	连线的数量	信号电平
	RS-232(点对点)	1 发送器 1 接收器	15	双工：最小 3 线 +各状态信号	最小±5V 最大±15V
	RS-423(点对点)	1 发送器 10 接收器	1200	双工：最小 3 线 +各状态信号	最小±3.6V 最大±6V
	RS-422(点对点)	1 发送器 10 接收器	1200	双工：4	最小±2V
	RS-485(总线)	31 发送器 31 接收器	1200	半双工：2	最小±1.5V

▲：发送器；▼接收器

串行接口主要用于变频的设备检测、运转、服务、自动操作和监视。

为使变频器和 PC 间通过串行接口来交换信息，需要一个协议。

目前，有关协议还没有一个统一的标准，大多数工业设备的厂家使用自己的协议，各生产厂家都有自己的标准，但都有相似之处。一般来说，协议都规定了信息的最大长度和每一数据在信息链上的位置。

此外，协议一般提供了以下的功能。

(1) 所用部件的选择(地址)。

(2) 部件的数据需求(如额定电流/电压值)。

(3) 通过地址将数据传输给各部件(如额定值、电流/频率的极限值)。

(4) 将数据传输给所有单元(Broadcast)，使其执行诸如同时停止/启动这样的指令。

在 PC 和变频器之间被传输的信号有以下三种。

- 控制信号：如速度、启动/停止/反向。
- 状态信号：如电动机的电流、电动机的频率、达到的频率。
- 警告信号：如电动机停止、过热。

变频器从 PC 接收控制信号，然后控制电动机。变频器将状态信号发送给 PC 并提供有关控制信号对电动机或某一过程所起作用的信息。如果由于不正常的情况使变频器停止工作，警告信号被传送给 PC，PC 可通过 RS-485 来控制多台变频器或遥控从属于其他控制面板的设备。

带有 RS-232 接口的计算机与多台变频器的组合，如图 6.51 所示。

带有 RS-485 接口的计算机与多台变频器的组合，如图 6.52 所示。

带有 RS-485 的计算机与一台变频器的连接，如图 6.53 所示。

带有 RS-485 的计算机与 n 台变频器的连接，如图 6.54 所示。

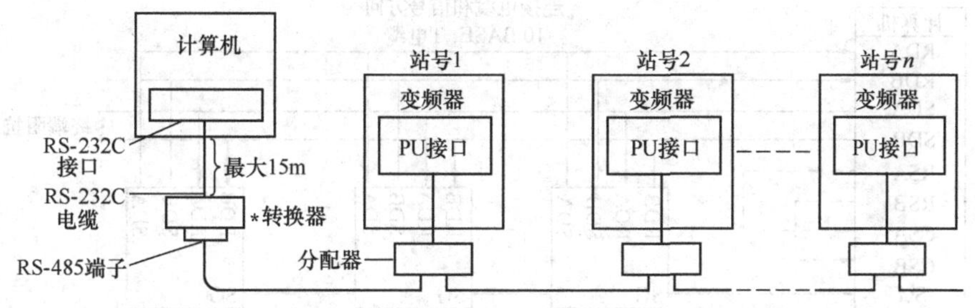

组装时按照计算机使用说明书连接。计算机端子因机种不同而不同，应仔细确认

图 6.51　带有 RS-232 接口的计算机与多台变频器的连接

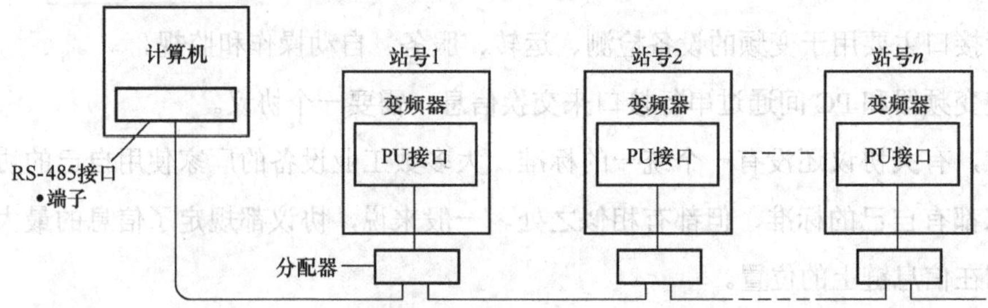

组装时按照计算机使用说明书连接。计算机端子因机种不同而不同，应仔细确认

图 6.52　带有 RS-485 接口的计算机与多台变频器的连接

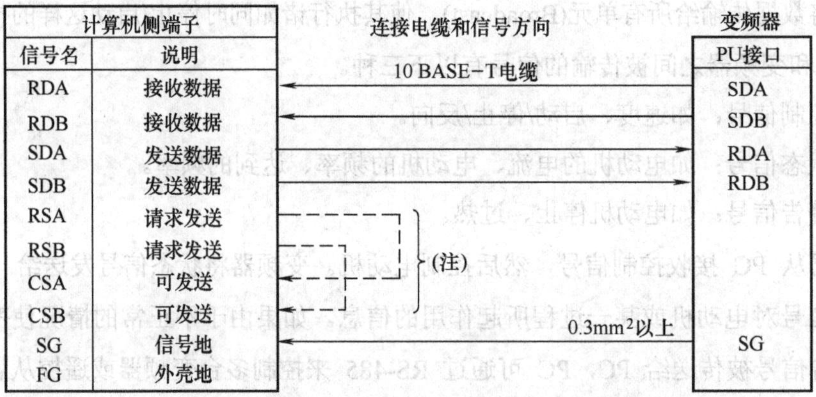

计算机侧端子		连接电缆和信号方向	变频器
信号名	说明	10 BASE−T电缆	PU接口
RDA	接收数据	←	SDA
RDB	接收数据	←	SDB
SDA	发送数据	→	RDA
SDB	发送数据	→	RDB
RSA	请求发送	(注)	
RSB	请求发送	(注)	
CSA	可发送	(注)	
CSB	可发送	(注)	
SG	信号地	0.3mm²以上	SG
FG	外壳地		

注：由于传输速度、传输距离的原因，有可能受到反射的影响。

由于反射造成通信障碍时，应安装终端阻抗。

用 PU 接口时，由于不能安装终端阻抗，应使用分配器。

终端阻抗仅安装在离计算机最远的变频器上(终端阻抗器为 100Ω)

图 6.53　带有 RS-485 的计算机与一台变频器的连接方法

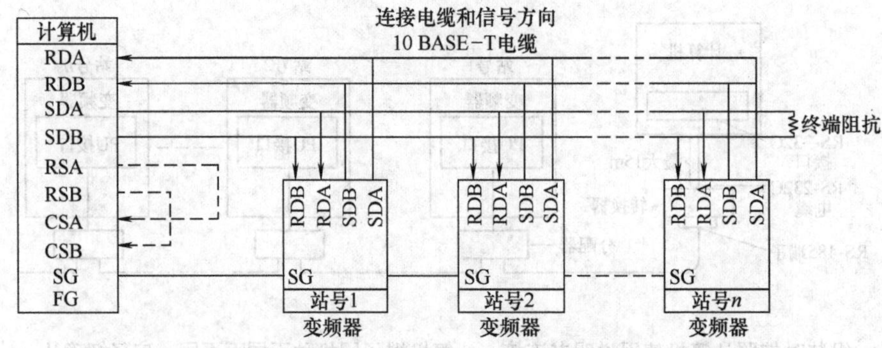

图 6.54　带有 RS-485 的计算机与 n 台变频器的连接方法

本 章 小 结

变频器系统包括变频器、电动机和负载等。

本章主要介绍了变频器的结构和性能；变频器的功能参数的设置；根据负载的工作要求选择电动机和变频器的型号；合理选择系统中的主要电器——断路器、接触器、继电器和开关器件；变频调速系统的正转、反转、正反转、“工频—变频”切换的控制电路。变频器与 PLC 的连接；变频器与 PC 机的通信等。

思考与练习

(1) 如何选择变频器？

(2) 变频器功能预置的方法有哪些？

(3) 根据下列控制要求，合理选择参数。

① 电动机启动频率为 3Hz。

② 电动机加速动作时间为 4s。

③ 电动机运行频率为 50Hz。

④ 运行由变频器的外端子控制。

⑤ 输出频率在 10~20Hz 时，多功能输出接点有信号输出。

(4) 根据下列控制要求，合理选择参数。

由程序控制如下三段速度，反复循环运行：15Hz，9s；25Hz，8s；40Hz，10s。

(5) 根据下列控制要求，合理选择参数。

由外端子控制如下三段速度，反复循环运行：15Hz，9s；25Hz，8s；40Hz，10s。

第 7 章　变频器的安装与维护

本章要点

- 变频器安装过程中的各种要求。
- 变频调速系统的调试方法。
- 变频器的一般维护和常见故障的处理方法。

技能目标

- 能安装与调试变频调速系统。
- 能进行简单的维护、保养和故障处理。
- 根据工程需求正确选择变频器。

7.1　变频器的安装

变频器的正确安装是变频器正常发挥作用的基础，主要包括以下几个方面。

7.1.1　主电路控制开关及导线线径的选择

1. 电源控制开关及导线线径的选择

电源控制开关及导线线径的选择与同容量的普通电动机选择方法相同，按变频器的容量选择即可。因输入侧功率因数较低，应本着宜大不宜小的原则选择线径。

2. 变频器输出线径选择

变频器工作时频率下降，输出电压也下降。在输出电流相等的条件下，若输出导线较长($l>20$m)，低压输出时，线路的电压降 ΔU 在输出电压中所占比例将上升，加到电动机上的电压将减小，因此，低速时可能引起电动机发热。所以决定输出导线线径时，主要考虑 ΔU 的影响，一般要求为：

$$\Delta U \leqslant (2\sim3)\% U_X \tag{7-1}$$

ΔU 的计算为：

$$\Delta U = \frac{\sqrt{3} I_N R_0 l}{1000} \tag{7-2}$$

上式中，U_X 为电动机的最高工作电压(V)，I_N 为电动机的额定电流(A)，R_0 为单位长度导线的电阻(Ω/m)，l 为导线长度(m)。

例 7.1 已知电动机参数为 $P_N = 30kW$，$U_N = 380V$，$I_N = 57.6A$，$f_N = 50Hz$，$n_N = 1460$ r/min。变频器与电动机之间距离为 30m，最高工作频率为 40Hz。要求变频器在工作频段范围内线路电压降不超过 2%，请选择导线的线径。

解：已知 U_N=380V，则 $U_X = U_N \times \frac{f_{max}}{f_N} = 380\times(40/50) = 304(V)$，$\Delta U \leqslant 304\times 2\% = 6.08(V)$

根据式(7-2)，得：

$$\Delta U = \frac{\sqrt{3}\times 57.6\times R_0 \times 30}{1000} \leqslant 6.08$$

解得：$R_0 \leqslant 2.03\Omega/m$。

若变频器与电动机之间的导线不是很长时，其线径可根据电动机的容量来选取。

3．控制电路导线线径的选择

小信号控制电路通过的电流很小，一般不进行线径计算。考虑到导线的强度和连接要求，一般选用 $0.75mm^2$ 及以下的屏蔽线或绞合在一起的聚乙烯线。

接触器、按钮开关等强电控制电路导线可取 $1mm^2$ 的独股或多股聚乙烯铜导线。

7.1.2　变频器的安装环境

装设变频器的场所必须满足以下条件：变频器装设的电气室应湿气少、无水浸入；无爆炸性、可燃性或腐蚀性气体或液体，粉尘少；装置容易搬入安装；有足够的空间，便于维修检查；备有通风口或换气装置，以排出变频器产生的热量；与易受变频器产生的高次谐波和无线电干扰影响的装置分离。若安装在室外，必须单独按照户外配电装置设置。

1．周围温度、湿度

周围温度：变频器的工作环境温度范围一般为-10 ~ +40℃，当环境温度大于变频器规定的温度时，变频器要降额使用，或采取相应的通风冷却措施。

湿度：变频器工作环境的相对湿度为 5%~90%(无结露现象)。

2．周围环境

变频器应安装在不受阳光直射、无灰尘、无腐蚀性气体、无可燃性气体、无油污、无蒸汽滴水等环境中。安装场所的周围振动加速度应小于 $0.6g$($g=9.8m/s^2$)。

3．海拔高度

变频器应用的海拔高度应低于 1000m。在海拔高度大于 1000m 的场合，变频器要降额使用。

7.1.3 安装的方向和空间

裸露安装：用螺栓垂直安装在坚固的物体上。正面是变频器文字键盘，切勿上下颠倒或平放安装。周围要留有一定空间，上下净空在 10cm 以上、左右净空在 5cm 以上。因变频器在运行过程中会产生热量，必须保持冷风畅通，如图 7.1 所示。

控制柜中安装：变频器的上方柜顶要安装排风扇。

控制柜中安装多台：可横向安装，且排风安装位置要正确，如图 7.2 和图 7.3 所示。

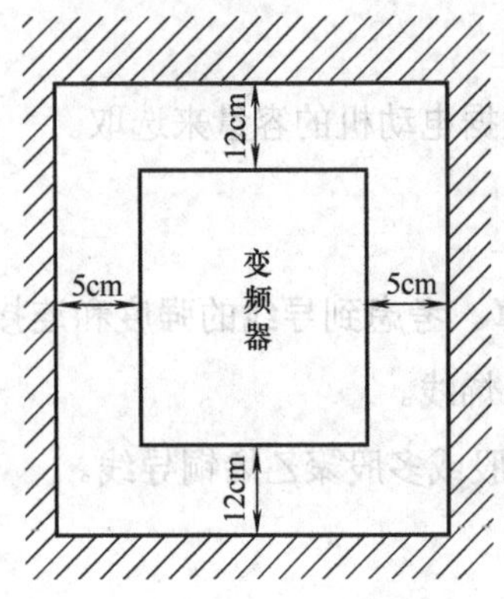

图 7.1　变频器周围空间

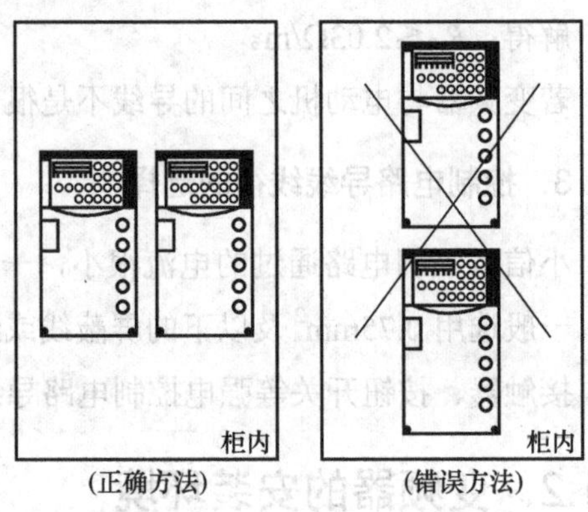

图 7.2　变频器的柜内安装方法

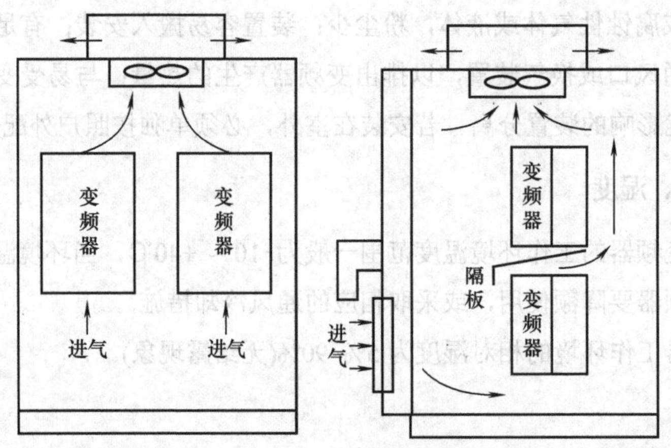

图 7.3　通风口开设位置

7.1.4 变频器在多粉尘现场的安装

在多粉尘(特别是多金属粉尘、絮状物)的场所使用变频器时，正确、合理的防尘措施是保证变频器正常工作的必要条件。

1. 安装设计要求

在控制柜中安装变频器，最好安装在控制柜的中部或下部。要求垂直安装，其正上方和正下方要避免安装可能阻挡进风、出风的大部件；变频器四周距控制柜顶部、底部、隔板或其他部件的距离不应小于 300mm，如图 7.4 中的 H_1、H_2 间距所示。

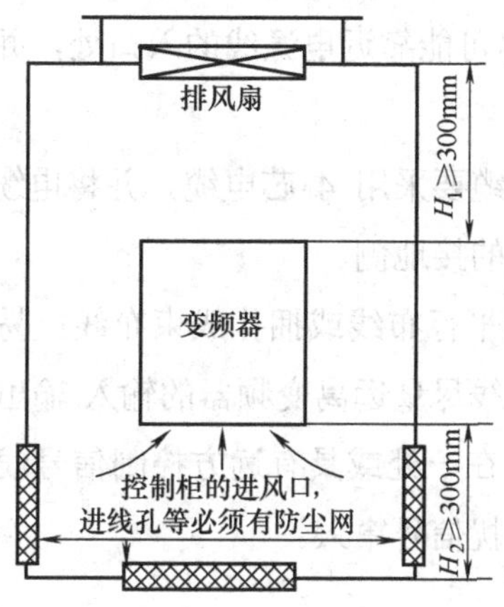

图 7.4　变频器安装示意图

2. 控制柜的通风、防尘、维护要求

(1) 总体要求：控制柜应密封，使用专门设计的进风和出风口进行通风散热。

控制柜顶部应设有出风口、防风网和防护盖；底部应设有底板、进线孔、进风口和防尘网。

(2) 风道要设计合理，使排风通畅，不易产生积尘。

(3) 控制柜内的轴流风机的风口需设防尘网，并在运行时向外抽风。

(4) 对控制柜要定期维护，及时清理内部和外部的粉尘、絮毛等杂物。对于粉尘严重的场所，维护周期在 1 个月左右。

7.1.5 安装布线

合理选择安装位置及布线是变频器安装的重要环节。电磁选件的安装位置、各连接导线是否屏蔽、接地点是否正确等，都直接影响到变频器对外干扰的大小及自身工作情况。

1. 布线的原则

在变频器与外围设备之间布线时，应采取以下措施。

(1) 当外围设备与变频器共用一供电系统时，要在输入端安装噪声滤波器，或将其他设备用隔离变压器或电源滤波器进行噪声隔离。

(2) 当外围设备与变频器装入同一控制柜中且布线又很接近变频器时，可采取以下方法抑制变频器的干扰。

① 将易受变频器干扰的外围设备及信号线远离变频器安装；信号线使用屏蔽电缆线，屏蔽层接地。亦可将信号电缆线套入金属管中；信号线穿越主电源线时确保正交。

② 在变频器的输入/输出侧安装无线电噪声滤波器或线性噪声滤波器(铁氧体共模扼流圈)。滤波器的安装位置要尽可能靠近电源线的入口处，并且滤波器的电源输入线在控制柜内要尽量短。

③ 变频器到电动机的电缆要采用 4 芯电缆，并将电缆套入金属管，其中一根的两端分别接到电动机外壳和变频器的接地侧。

(3) 避免信号线与动力线平行布线或捆扎成束布线；易受影响的外围设备应尽量远离变频器安装；易受影响的信号线尽量远离变频器的输入/输出电缆。

(4) 当操作台与控制柜不在一处或具有远方控制信号线时，要对导线进行屏蔽，并特别注意各连接环节，以避免干扰信号窜入。

2. 变频器安装注意事项

(1) 电动机电缆的地线应在变频器侧接地，但最好电动机与变频器分别接地。在处理接地时，如采用公共接地端，不能经过其他装置的接地线接地，要独立走线，如图 7.5 所示。

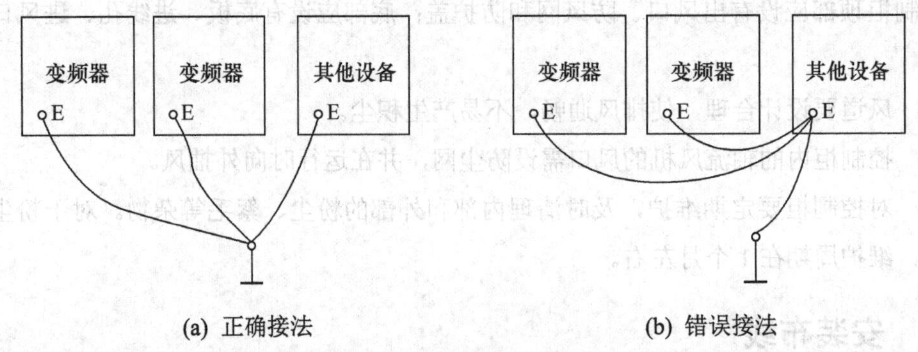

图 7.5 变频器的接地方法

(2) 电动机电缆和控制电缆应使用屏蔽电缆，机柜内为强制要求，将屏蔽金属丝网与地线一端连接起来，连接方法如图 7.6 所示。

(3) 如果现场只有个别敏感设备，可单独在敏感设备侧安装电磁滤波器，这样可降低成本。

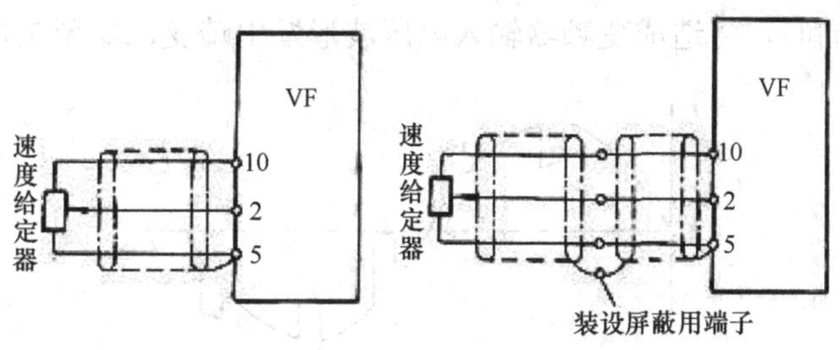

(a) 正确连接

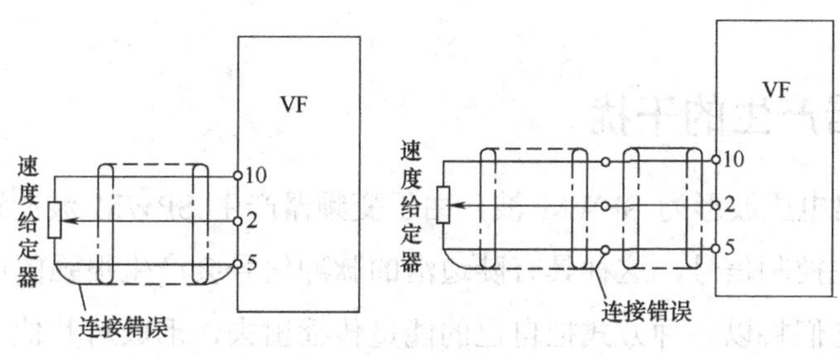

(b) 错误连接

图 7.6　屏蔽电缆的连接方法

7.2　变频器的抗干扰及抑制

变频器的输入侧整流回路具有非线性，使输入电源的电压波形和电流波形发生畸变，配电网络中常接有功率因数补偿电容器及晶闸管整流装置等，当变频器同时接入网络中，在晶闸管换向时，将造成变频器输入电压波形畸变。当电容投入运行时，亦造成电源电压畸变。另外，配电网络三相电压不平衡也会使变频器的输入电压和电流波形发生畸变。

7.2.1　对变频器的干扰

(1) 输入电流波形的畸变。如果“交—直—交”电压型变频器接入配电网，三相电压通过三相全波整流电路整流后向电解电容充电，其充电电流的波形取决于整流电压和电容电压之差。充电电流使三相交流电流波形在原来基波分量的基础上叠加了高次谐波，使输入电流波形发生了畸变。

(2) 配电网络三相电压不平衡使变频器输入电流波形发生畸变。

当配电网络电源电压不平衡时，变频器输入电压、电流波形都将发生畸变。

(3) 配电网络同时接有功率补偿电容器及晶闸管整流器时，变频器输入电流波形的畸变常由于配电网络中接有功率因数补偿电容器及晶闸管整流装置等，当变频器同时接入网络中，在晶闸管换向时，将造成变频器输入电压波形发生畸变，如图 7.7 所示。

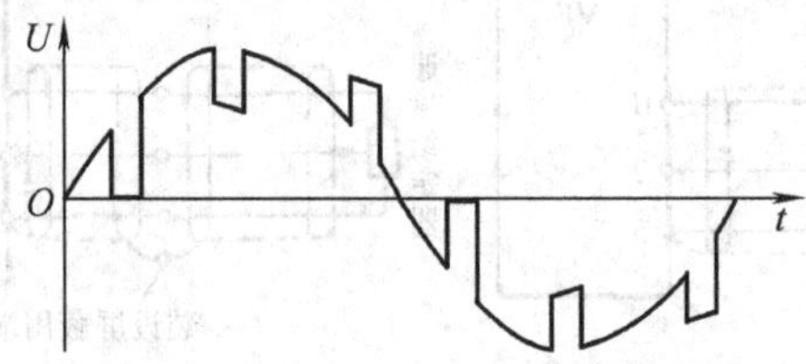

图 7.7　换相作用造成的电源电压波形畸变

7.2.2　变频器产生的干扰

变频器的输出电压波形为 SPWM 波，由于变频器产生 SPWM 波的逆变部分是由电力半导体开关来产生控制信号，这种具有陡边沿的脉冲信号会产生很强的电磁干扰信号，尤其是输出电流，它们将以各种方式把自己的能量传播出去，形成对其他设备的干扰信号。变频器的生产厂家为变频器用户制造了一些专用设备来抑制变频器产生的干扰，以求达到质量检测标准并确保设备的安全运行。变频器对外产生干扰的方式有以下几种。

(1) 通过电磁波的方式向空中辐射。

(2) 通过线间电感向周围线路产生电磁感应。

(3) 通过线间电容向周围线路及器件产生静电感应。

(4) 通过电源网络向电网传播。

当变频调速系统的容量足够大时，所产生的高频信号将足以对周围各种电子设备的工作形成干扰，其主要后果是影响无线设备的正常接收，影响周围机器设备的正常工作。

此外，变频器输出的具有陡边沿的驱动脉冲包含多次高频谐波，而变频器与电动机之间的连接电缆存在杂散电容和电感，并受某次谐波的激励而产生衰减振荡，造成传送到电动机输入端的驱动电压产生过冲现象。

同时，电动机绕组也存在杂散电容，过冲电压在绕组中产生尖峰电流，使其在绕组绝缘层不均匀处引起过热，甚至烧坏绝缘层而导致损坏，并且会增加电源的功率损耗。如果逆变器的开关频率位于听觉范围内，电动机还会产生噪声污染。

7.2.3　抑制变频器干扰的措施

1. 抑制变频器输入侧干扰的措施

(1) 配电变压器容量非常大的情况。当变频器使用在配电变压器容量大于 500kVA 或变压器容量大于变频器容量 10 倍以上时，在变频器输入侧加装交流电抗器 X_L，如图 7.8 所示。

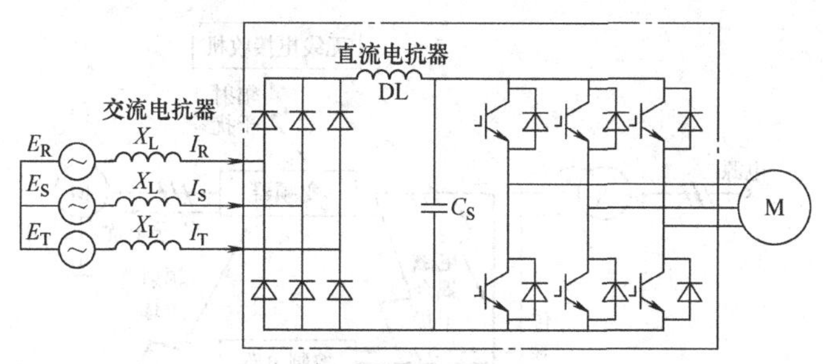

图 7.8　变频器接入交流电抗器 X_L

(2) 当配电变压器输出电压三相不平衡，且其不平衡率大于 3 时，变频器输入电流的峰值就很大，则会造成连接变频器的电线过热，或者变频器过电压或过电流，或者损坏二极管及电解电容。此时，需要加装交流电抗器。特别是变压器是 Y 形连接时更为严重，除在变频器交流侧加装电抗器外，还须在直流侧加装直流电抗器，如图 7.8 中的 DL 所示。

(3) 配电变压器接有功率因数补偿电容的情况。当配电网络接有功率因数补偿电容或晶闸管整流装置时，此时，变频器输入电流峰值变大，加重了变频器中整流二极管的负担。若在变频器交流侧连接交流电抗器，其等效电路如图 7.9 所示。

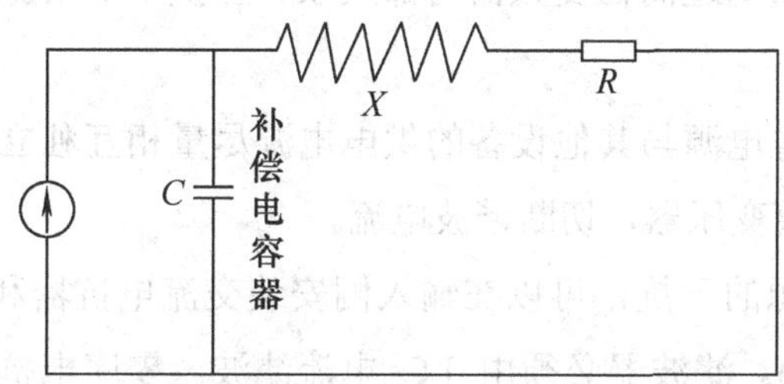

图 7.9　配电系统有功率因数补偿电容的等效电路

变频器产生的谐波电流输给补偿电容及配电系统，当配电系统的电感与补偿电容发生谐振，呈现最小阻抗时，其补偿电容和配电系统将呈现最大电流，使变频器及补偿电容都会受到损伤。为了防止谐振现象发生，在补偿电容器前串联一个电抗器，对 5 次以上的高次谐波来说，就可以使电路呈现感性，避免谐振现象的产生。同时需要指出，变频器的输出侧接有电动机，不要为了补偿电动机功率因数而接入补偿电容，因变频器的逆变部分处于高速开关状态，瞬时输出电压有急剧的变化，会给电容很大的电流，使变频器和电容器都受到损害。

2．抑制变频器输出侧干扰的措施

变频器的输出侧亦存在波形畸变，即亦存在高次谐波，且高次谐波的功率较大，这样，变频器就成为一个强有力的干扰源，其干扰途径与一般电磁干扰是一致的，分为辐射、传导、电磁耦合、二次辐射等，如图 7.10 所示。

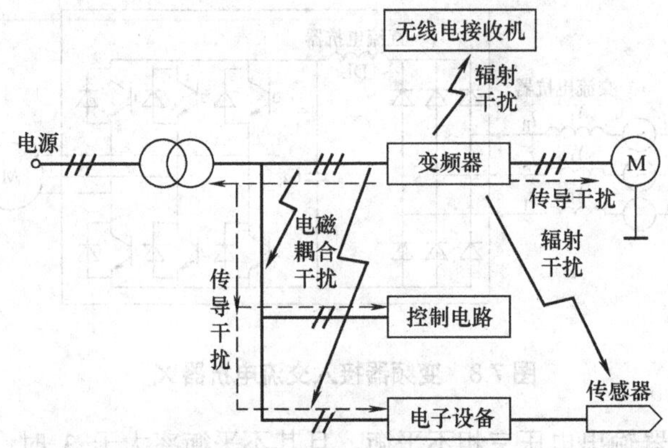

图7.10 谐波干扰途径

从图中可以看出，变频器产生的谐波第一是辐射干扰，它对周围的其他设备仪器产生干扰；第二是传导干扰，它使直接驱动的电动机产生电磁噪声，增加铁损和铜损，使温度升高；第三是谐波干扰，对电源输入端所连接的电子敏感设备产生影响，造成误动作；第四是在传导过程中，与变频器输出线相平行敷设的导线会产生电磁耦合，形成感应干扰，为了防止干扰，除变频器制造商在变频器内部采取一些抗干扰措施外，还应在安装接线方面采取以下对策。

(1) 变频系统的供电电源与其他设备的供电电源尽量相互独立，或在变频器和其他用电设备的输入侧安装隔离变压器，切断谐波电流。

(2) 为了减少对电源的干扰，可以在输入侧安装交流电抗器和输入滤波器(要求高时)或零序电抗器(要求低时)。滤波器必须由 LC 电流滤波。零序电抗器的连接因变频器的容量不同而异，小容量时，每相导线按相同方向绕 4 圈以上；容量变大时，若导线太粗不好绕，将4个电抗器固定在一起，三相导线按同方向穿过内孔即可。

(3) 为了减少电磁噪声，可以在输出侧安装输出电抗器，可以单独配置或同时配置输出滤波器。

应注意，输出滤波器虽然也是由 LC 电路构成的，但与输入滤波器不同，不能混用。如果将其接错，则有可能造成变频器或滤波器的损伤。

(4) 变频器本身用铁壳屏蔽为好，电动机与变频器之间的电缆应穿钢管或用铠装电缆，电缆尺寸应保证在输出侧最大电流时电压降为额定电压的2%以下。

(5) 控制线距离主电路配线至少在 100mm 以上，绝对不能与主回路放在同一行线槽内，以避免辐射干扰；相交时要成直角。

(6) 控制回路的配线，特别是长距离的控制回路的配线，应该采用双绞线，双绞线的绞合间距应在15mm以下。

(7) 为防止各路信号的相互干扰，信号线以分别绞合为宜。

(8)　如果操作指令来自远方，需要的控制线路配线较长时，可采用中间继电器。

(9)　接地线除了可以防止触电外，对防止噪声干扰也很有效，所以务必可靠接地。为了防止电击和火警事故，电气设备的金属外壳和框架均应按有关标准要求接地。

接地必须使用专用接地端子，并且用粗短线接地，不能与其他接地端公用接地端子，如图 7.11 所示。

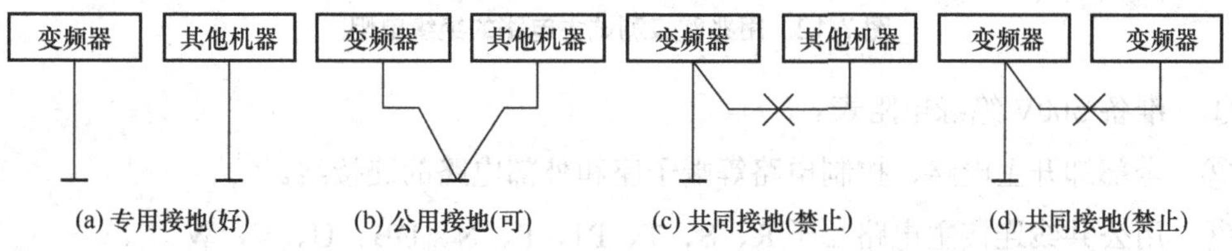

图 7.11　变频器的接地方式

(10) 模拟信号的控制线必须使用屏蔽线，屏蔽线的屏蔽层一端接在变频器的公共端(如 COM)上，另一端必须悬空。

7.3　变频调速系统的调试

变频器系统的调试工作，其方法、步骤与一般的电气设备调试基本相同，应遵循“先空载、继轻载、后重载”的规律。

7.3.1　通电前的检查

变频器系统安装、接线完成后，在通电前应进行如下几个方面的检查。

1. 外观、构造的检查

它包括检查变频器的型号是否有误、安装环境有无问题、装置有无脱落或破损、电缆直径和种类是否合适、电气连接有无松动、接线有无错误、接地是否可靠等。

2. 绝缘电阻的检查

一般在产品出厂时已经进行了绝缘试验，因而尽量不要用绝缘电阻表测试；万不得已用绝缘电阻表测试时，要按以下要领进行测试，若违反测试要领，接入时会损坏设备。

(1)　主电路。

用万用表检查，必须用兆欧表时，应按图 7.12 所示连接。

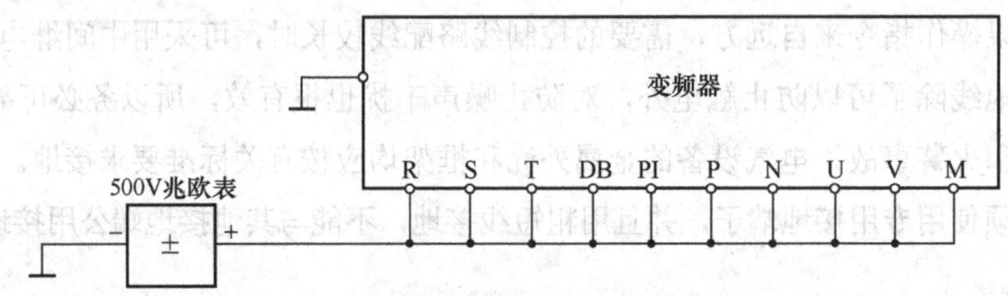

图7.12 用兆欧表测试主电路的绝缘电阻

① 准备500V绝缘电阻表。

② 全部卸开主电路、控制电路等端子座和外部电路的连接线。

③ 用公共线连接主电路端子R、S、T、P1、P、N、DB、U、V、W。

④ 用绝缘电阻表测试，仅在主电路公用线盒与大地(接地端子PE)之间进行。

⑤ 绝缘电阻表若指示5MΩ以上，就属正常。

(2) 控制电路。

不能用兆欧表对控制电路进行测试，否则会损坏电路的零部件。只能使用高阻量程万用表。

① 全部卸开控制电路端子的外部连接。

② 进行对地之间的电路测试，测量值若在1MΩ以上，就属于正常。

③ 用万用表测试接触器、继电器等控制电路的连接是否正确。

7.3.2 通电检查

在断开电动机负载的情况下，对变频器通电，主要进行以下几个方面的检查。

1. 观察显示情况

各种变频器在通电后，显示屏的显示内容都有一定的变化规律，应对照说明书，观察其通电后的显示是否正常。

2. 观察风机

变频器内部都有风机排出内部的热空气，可用手在风的出口处试探风机的风量，并注意倾听风机的声音是否正常。

3. 测量进线电压

测量三相进线电压是否正常。若不正常，应查出原因，确保供电电源的正确。

4. 进行功能预置

根据生产机械的具体要求，对照产品说明书进行变频器内部各功能的设置。

5．观察显示内容

变频器的显示内容可以切换显示，通过操作面板上的操作按钮进行显示内容切换，观察显示的输出频率、电压、电流、负载率等是否正常。

7.3.3　空载试验

将变频器的输出端与电动机相接，电动机不带负载，主要测试以下两项。

1．测试电动机的运转

对照说明书，在操作面板上进行一些简单的操作，如启动、升速、降速、停止、点动等。观察电动机的旋转方向是否与所要求的一致。控制电路工作是否正常。通过逐渐升高运行频率，观察电动机在运行过程中运转是否灵活、有无杂音，运转时有无振动现象及是否平稳等。

2．电动机参数的自动检测

对于应用矢量控制功能的变频器，应根据说明书的指导，在电动机的空转状态下测定电动机的参数。有的新型系列变频器也可以在静止状态下进行自动检测。

7.3.4　带负载测试

将电动机与负载连接起来进行试车。测试的内容如下。

1．低速运行试验

低速运行是指采用该生产机械所要求的最低转速。电动机应在该转速下运行 1~2h。测试内容如下。

(1)　生产机械的运转是否正常。

(2)　电动机在满负荷运行时温升是否超过额定值。

2．全速启动试验

将给定频率设定在最大值，按“启动”按钮，使电动机的转速上升至生产机械所要求的最大转速，测试内容如下。

(1)　启动是否顺利。电动机的转速是否从一开始就随频率的上升而上升。如果在频率很低时，电动机不能很快地旋转起来，说明启动有困难，应适当增大 U/f 比或启动频率。

(2)　启动电流是否过大。将显示内容切换至电流显示，观察在启动全过程中的电流变化。如因电流过大而跳闸，应适当延长升速时间；如机械对启动时间并无要求，则最好将启动电流限制在电动机的额定电流以内。

(3) 观察整个启动过程是否平稳。即观察是否在某一频率时有较大的振动，如有，则将运行频率固定在发生振动的频率以下，以确定是否发生机械谐振，以及是否有预置回路频率的必要。

(4) 停机状态下是否旋转。对于风机，还应注意观察在停机状态下，风叶是否因自然风而反转，如有反转现象，则应预置启动前的直流制动。

3. 全速停机试验

在停机试验过程中，应注意以下问题。

(1) 直流电压是否过高。把显示内容切换至直流电压显示，观察在整个降速过程中直流电压的变化情况。如因电压过高而跳闸，应适当延长降速时间。如降速时间不宜过长，则应考虑加入直流制动功能，或接入制动电阻和制动单元。

(2) 拖动系统能否停住。当频率降至 0Hz 时，机械是否有“蠕动”现象，并了解机械是否允许“蠕动”，如需要制动“蠕动”，应考虑预置直流制动功能。

4. 高速运行试验

把频率升高至与生产机械所要求的最高转速相对应的值，运行 1~2h，并观察以下两种情况。

(1) 电动机的带负载能力。电动机带负载高速运行时，注意观察当变频器的工作频率超过额定频率时，电动机是否能带动该转速下的额定负载。

(2) 机械运转是否平稳。注意观察生产机械在高速运行时是否有振动。

7.4 变频器的维护、保养与故障处理

变频器是以半导体元件为中心而构成的静止设备。为了防止由于温度、潮湿、灰尘、污垢和振动等使用环境因素的影响，以及出现元件老化、使用寿命等其他问题，必须进行日常检查。

7.4.1 维护和检查时的注意事项

(1) 只有受过专业训练的人，才能拆卸变频器并进行维修和器件更换。

(2) 维修变频器后，不要将金属等导电物留在变频器内；否则可能造成变频器损坏。

(3) 断开电源后不久，电容上可能仍然有剩余的高压电。当进行检查时，断开电源，过 10min 后，用万用表等确认变频器主回路+、-端子两端电压在直流 30V 以下后进行。

(4) 对长期不使用的变频器，通电时，应使用调压器慢慢升高变频器的输入电压，直

至额定电压，否则会有触电和爆炸的危险。

7.4.2　变频器的日常巡视

包括耳听、目测、触感和气味等。一般巡视内容如下。

(1) 周围环境、温度、湿度是否符合要求。

(2) 变频器的进风口和出风口有无积尘，是否被积尘堵死。

(3) 变频器的噪声、振动、气味是否在正常范围之内。

(4) 变频器运行参数及面板显示是否正常。

(5) 是否出现过热和变色。

7.4.3　变频器的定期维护与保养

1. 低压小型变频器的维护和保养

低压小型变频器是指工作在低压电网 380V(220V)上的小功率变频器。多以垂直壁挂形式安装在控制柜中，其定期维护和保养主要包括以下内容。

(1) 定期检查除尘。变频器内部及通风口积尘。除尘时，应先切断电源，待变频器的储能电容充分放电后(等待 5~10min)打开机盖，用毛刷或压缩空气对积尘进行清理。除尘时，不要碰触机芯的元器件及微型开关、接插件端子等。

(2) 定期检查电路的主要参数。如主电路和控制电路电压是否正常；滤波电容是否漏液及容量是否下降等。此外，面板显示清楚与否、有无缺少字符也应为检查的内容。

(3) 定期检查变频器的外围电路和设施。主要包括检查制动电阻、电抗器、继电器、接触器等是否正常；连接导线有无松动；柜中的风扇工作是否正常；风道是否畅通；各引线有无破损、松动。

(4) 根据维护信息判断元器件的寿命。变频器主电路的滤波电容随着使用时间的增长，其容量逐渐下降。当下降到初始容量的 85%时，即需更换。通风风扇使用时间超过 $(3\sim4)\times10^4$h 时，也需要更换。在高档变频器中，面板显示器可显示主电路电容器的容量和风扇的寿命，以提示及时更换。控制电路的电解电容器无法测量和显示，要按照累计工作时间乘以由变频器内部温升决定的寿命系数来推断其寿命。运行累计时间以小时(h)为单位，一般最低定为 6×10^4h。

2. 高压柜式变频器的定期维护与保养

高压变频器指工作电压在 6kV 以上的变频器。一般均为柜式，其定期维护与保养除了参照以上低压变频器的维护与保养条款外，还有以下内容。

(1) 母线排的定期维护。

(2) 对主电路整流、逆变部分定期检查。对整流、逆变部分的二极管、GTR(IGBT)等大功率器件进行电气检测。测定其正、反向电阻，并查看同一型号的器件一致性是否良好，如个别器件偏离较大，应及时更换。

(3) 对接线排的检查。检查老化松脱；短路隐患故障；检查各连接线是否牢固，线皮有无破损；各电路板接线插头是否牢固；进出主电源线连接是否可靠，连接处有无发热、氧化等现象。

如有条件，可对滤波后的直流波形、逆变输出波形及输入电源谐波成分进行测定。

7.4.4 变频器的常见故障及处理

变频器控制系统常见的故障类型主要有过电流、短路、接地、过电压、电源缺相、变频器内部过热、变频器过载、电动机过载、CPU 异常、通信异常等。当发生这些故障时，变频器保护装置会立即动作停机，并显示故障代码和故障类型，大多数情况下，可以根据显示的故障代码循序找到故障原因并排除故障。但也有一些故障的原因是多方面的，并不是由单一原因引起的，因此需要从多方面查找，逐一排除，才能找到故障点。如过流故障是最常见、最易发生，也是最复杂的故障之一，引起过电流的原因，往往需要从多个方面分析查找，才能找到故障的根源，只有这样，才能真正排除故障。

1. 过电流

过电流故障分为加速中过电流、运行中过电流和减速中过电流几种情况。在以上运行过程中，变频器电流超过了过电流保护动作设定值，即保护装置产生动作。其产生的原因可能是：过电流保护值设置过低，与负载不相适应；负载过重，电动机过电流；输出电路相间或对地短路；加速时间过短；电动机在运行中变频器投入，而启动模式不相适应；变频器本身故障等。在生产中出现过电流故障时，首先查看相关的参数、检查故障发生时的实际电流，然后根据装置及负载状况判断故障发生的原因。

2. 对地短路

变频器在检测到输出电路对地短路时，则保护装置产生动作，该报警发生的原因，可能是电动机或电缆对地短路，须断开电缆与变频器的连接，用适合电压等级的绝缘表检查电动机及电缆的对地绝缘。但切记不得直接测量变频器端子的对地绝缘电阻，因为变频器的输入/输出元件均是具有一定耐压的电子元器件，如果测量不当，会将其击穿。如果电动机及电缆的绝缘在允许的范围内，则应认为是变频器本身质量原因。

3. 过电压

变频器的过电压保护也分为加速中过电压、运行中过电压和减速中过电压几种情况。通常，过电压产生的原因是电动机的再生制动电流回馈到变频器的直流母线，使变频器直流母线电压升高到设定的高电压检出值而使保护装置动作。因此，过电压故障多发生于电动机减速过程中，或在正常运行过程中电动机转速急剧变化时。解决的方法是：根据负载惯性，适当延长变频器的减速时间。当对动态过程要求高时，必须通过增设制动电阻来消耗电动机产生的再生能量。需要注意的是，如果输入的交流电源本身电压过高，变频器是没有保护功能的。在试运行时，必须确认所用交流电压在变频器的允许输入范围内。

4. 欠电压

当外部电源电压降低，或因变频器内部故障使直流母线电压降至保护值以下时，欠电压保护装置产生动作。欠电压动作值在一定范围内可以设定，动作方式也可以通过参数设定。在许多情况下，需要根据现场情况设定该保护模式。比如，在具有电炉炼钢的钢铁企业，电炉炼钢时电流波动极大。如果电源容量不是非常大，可能会引起交流电压的大幅度波动，这对变频器的稳定运行是一个很大的问题。在这种条件下，需要通过参数改变保护模式，防止变频器经常处于保护状态。变频器的工作电流取自母线，当直流母线电压下降到一定值时，变频器即停止工作。

5. 电源缺相

当输入的三相交流电压中的任一相缺相时，该保护动作。因为电源缺相可能会造成主滤波电容的损坏。在变频器前面的短路保护采用快速熔断器时，可能因为过热或熔断器本身质量问题造成一相熔断，进而产生电源缺相故障。从保护主回路元件的目的出发，快速熔断器是一个好的选择，但该状况的产生是不希望看到的。因为许多品牌的变频器均建议对变频器的保护采用无熔丝保护器，通常也多用自动空气开关作为主回路的短路保护。

6. 散热片过热

产生该故障的原因，可能是冷却风扇故障而造成散热不良、散热片脏、堵等原因造成的实际散热片温度过高，也可能是变频器的模拟输入电流过大或者模拟辅助电源的电流过大所致。判断的方法，可以检查维护信息里的散热片温度，正常情况下其温度界限为：不超过 22kW 的产品为 20℃，大容量产品为 50℃。如果其显示正常，则可能并非实际温度过高。另外，通过目视，也可以清楚地看到变频器散热板的脏污情况。

7. 变频器内过热

变频器没有通风散热条件造成内部温度上升是产生该报警的可能情况之一，模拟电流的超限也会产生该报警，还有就是控制回路的冷却故障可能会产生变频器内过热报警。有些变频器的控制回路冷却风扇内置了一个检测元件，在风扇检测不正常时，会产生该报警，通过检查维护信息的实际温度，也可以判断故障原因。需要注意的是，如果是控制风扇故障，必须更换同型号风扇，否则该报警不能解除。

8. 外部报警

当使用外部热继电器时，如果相关输入端子无效，则产生外部报警。外部热继电器的使用一般可做以下考虑：当变频器只带一台电动机时，因为变频器本身具有可靠的过电流和过载保护，可以可靠地保护电动机，一般不再考虑再附加热继电器保护；当一台变频器拖动多台电动机时，因为变频器的保护值远高于每一台电动机的额定电流，不能对每一台电动机进行保护，则需要在每一个电动机回路中使用热继电器，然后将所有触点串联后接入变频器。

9. 电动机过载

当设定电子热继电器功能时，如果运行电流达到运行值并持续设定时间，电动机过载报警产生。其动作参数可通过参数设置，须根据电动机及变频器的容量和运行状况合理设置。

10. 制动电阻过热

当选择制动电阻热保护功能时，如果制动电流达到动作值并持续设定时间，制动电阻过热报警产生。在报警时，须检查相关参数及实际运行电流和制动电阻及制动单元的允许电流，合理设置相关参数，包括直流制动和制动时间的设定。

11. 自整定不良

当电路提供的工作电源异常或工作接触器接触不良时产生自整定不良报警。通常，当该接触器接触不良时，将不能很好地短接其充电限流电阻，则负载电流将通过充电电阻提供。当负载电流达到一定程度后，会使直流母线电压下降到很低的值，产生该报警。许多情况下，可能会因短时电流过大而使充电电阻烧毁。

本章小结

本章介绍了变频器的选择、安装及抗干扰等基本知识。要求根据工程需要正确选择变频器，主要是选功能、选容量、选品牌。

选功能是选择控制功能和其他基本功能，控制功能包括基本 U/f 控制变频器和矢量控制变频器。基本 U/f 控制变频器功能少、价格低；矢量控制变频器功能多、性能优，但价格贵。其他功能包括外端子是否符合应用要求，变频器功能是否包括所需要的功能，如应用系统需要变频器具有 PID 控制功能，那么就必须选择有 PID 功能的变频器。

选容量有两种方法：一是直选法，即根据现有电动机的容量进行对比选取；二是计算法，即通过计算变频器的输出功率和输出电流进行选取。而根据计算电流选取更为可靠。

选品牌是选择哪家的产品。由于变频器的生产厂家众多，各个厂家的产品都有自己的特点，在功能满足要求的前提下，再比较各个厂家的产品质量、售后服务、价格高低等，再决定选择哪家的产品。

变频器工作时会产生电磁干扰，一是对供电电源及周围环境的干扰，二是对变频器自身的干扰。为了消减干扰，就要选择外选件，但这要增加变频器的应用成本，选不选外选件和选择什么样的外选件，要根据具体需要进行选择。为了削弱电磁辐射对周围环境的干扰，除了接入防电磁辐射的选件外，必要时，还要对变频器进行铁箱屏蔽。

变频器工作时要产生热量，热量如不能及时散去，就会引起变频器过热而跳闸，因此，对变频器安装环境提出了具体要求。为了抑制变频器工作时产生的内外干扰，对安装布线有明确要求，如信号线和主电源线不能绑扎在一起、采用屏蔽线安装、合理接地等。为将相互影响减到最小，还要根据部件的发热及电磁干扰情况进行分区安装。

思考与练习

(1) 变频器的安装场所须满足什么条件？

(2) 在安装变频器时，其周围的空间最少为多少？

(3) 变频器系统的主回路电缆与控制回路电缆安装时有什么要求？

(4) 变频器运行为什么会对电网产生干扰？如何抑制？

(5) 电网电压对变频器运行会产生什么影响？如何防止？

(6) 在变频器的日常维护中，应注意些什么？

(7) 说明变频器系统的调试方法和步骤。

(8) 变频器的常见故障有哪些？如何处理？

第 8 章　变频器的综合应用

本章要点

- 变频器在工业中的各种运用。
- 专用变频器特殊功能的运用。
- 变频器电路的分析方法。

技能目标

- 能阅读并分析变频器的应用电路。
- 能设计简单的变频器调速控制电路。
- 能初步检修变频调速系统。

8.1　变频器在恒压供水中的应用

8.1.1　恒压供水技术

变频调速技术和可编程控制器应用面广、功能强大、使用方便，已经成为当代工业自动化的主要装置之一，在工业生产领域中得到了广泛的使用，在其他领域(如民用和家庭自动化)的应用中也得到了迅速的发展。

由于变频调速技术和可编程序控制器的应用灵活方便，在恒压供水系统中，亦得到广泛的应用。采用 PLC 作为中心控制单元，利用变频器与 PID 结合，根据系统状态，可快速调整供水系统的工作压力，达到恒压供水的目的，提高了系统的工作稳定性，得到了良好的控制效果及明显的节能效果。

8.1.2　节能原理

在供水系统中，通常以流量为控制目的，常用的控制方法有阀门控制法和转速控制法。阀门控制法是通过改变阀门的开启度来调节流量的，水泵电动机的转速保持不变。其实质是通过改变管路中的阻力来实现流量的调节，因此，管阻将随阀门开启度的变化而改变，但水泵的扬程特性不变。转速控制法是通过改变水泵电动机的转速来调节流量，而阀门开启度保持不变，其实质是通过改变水的动能来调节流量。因此，扬程特性将随水泵转速而发生改变，但管阻特性不变。变频调速供水方式属于转速控制，其工作原理是根据用户用水量的变化自动地调整水泵电动机的转速，使管网压力始终保持恒定；当用水量增大时电动机加速，用水量减小时则电动机减速。

供水管网及水泵的运行特性曲线如图 8.1 所示。

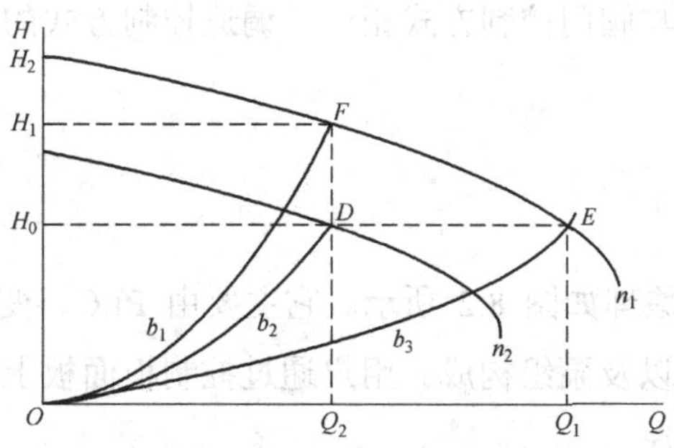

图 8.1　管网及水泵的运行特性曲线

当采用阀门控制时，若供水量高峰期水泵工作在 E 点，此时，水泵流量为 Q_1，扬程为 H_0；当供水量从 Q_1 减小到 Q_2 时，必须关小阀门，此时阀门的摩擦阻力变大，阻力曲线从 b_3 移到 b_1，扬程则从 H_0 升至 H_1，运行工况点从 E 点移到 F 点，此时水泵输出功率用图形表示为(O，Q_2，F，H_1)围成的矩形部分，其值为：

$$P_{\mathrm{D}}=\frac{\lambda H_1 Q_2}{102\eta} \tag{8-1}$$

当采用调速控制时，若采用恒压(H_0)变速泵(n_2)供水，管阻特性曲线为 b_2，扬程特性变为曲线 n_2，工作点从 E 点移到 D 点。此时，水泵输出功率用图形表示为(O，Q_2，D，H_0)围成的矩形面积，其值为：

$$P_{\mathrm{F}}=\frac{\lambda H_0 Q_2}{102\eta} \tag{8-2}$$

改用调速控制可节约的能耗为由(H_0，D，F，H_1)围成的矩形面积，其值为：

$$\Delta P=P_{\mathrm{D}}-P_{\mathrm{F}}=\frac{\lambda(H_1-H_0)Q_2}{102\eta} \tag{8-3}$$

可见，当采用阀门控制流量时，有 ΔP 功率被浪费，且随着阀门的不断关小，阀门的摩擦阻力不断变大，管阻特性曲线上移，运行工况点也随之上移，导致被浪费的功率随之增加。根据水泵变速运行的相似定律，变速前、后的流量 Q、扬程 H、功率 P 与转速 N 之间的关系为：

$$\frac{Q_2}{Q_1}=\frac{N_2}{N_1} \tag{8-4}$$

$$\frac{H_2}{H_1}=\left(\frac{N_2}{N_1}\right)^2 \tag{8-5}$$

$$\frac{P_2}{P_1}=\left(\frac{N_2}{N_1}\right)^3 \tag{8-6}$$

式中，Q_1、H_1、P_1 为变速前的流量、扬程、功率，Q_2、H_2、P_2 为变速后的流量、扬程、功率。

由上面的公式可知，与阀门控制方式相比，调速控制方式的供水功率要小得多，节能效果显著。

8.1.3 系统结构

变频恒压供水系统的原理如图 8.2 所示。它主要由 PLC、变频器、压力变送器、液位传感器、动力及控制线路以及泵组构成。用户通过控制柜面板上的指示灯和按钮、转换开关来了解和控制系统的运行。

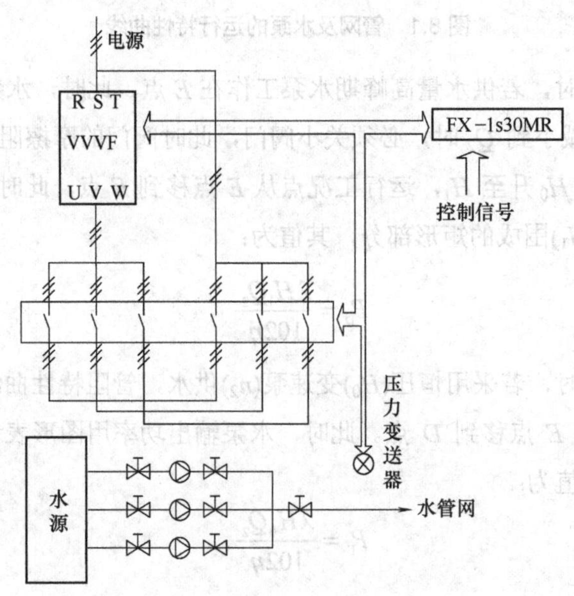

图 8.2　变频恒压供水系统的原理

通过安装在出水管网上的压力变送器，把出口压力信号变成 4~20mA 信号送入变频器内置的 PID 调节器，经 PID 运算，与给定压力参数进行比较，得到 4~20mA 参数信号，4~20mA 信号送至变频器。控制系统由变频器控制水泵的转速以调节供水量，根据用水量的不同，变频器调节水泵的转速不同、工作频率也就不同，在变频器设置中，设定一个上限频率和下限频率检测，当用水量大时，变频器迅速上升到上限频率，此时，变频器输出一个开关信号给 PLC；当用水处于低峰时，变频器输出达到下限频率，变频器也输出一个开关信号给 PLC；两个信号不会同时产生。当产生任何一个信号时，信号即反馈给 PLC，PLC 通过设定的内部程序驱动 I/O 端口开关量的输出，来实现切换交流接触器组，以此协调投入工作的水泵电动机台数，并完成电动机的启停、变频与工频的切换。通过调整投入工作的电动机台数和控制电动机组中一台电动机的变频转速，使系统管网的工作压力始终稳定，进而达到恒压供水的目的。

8.1.4　工作原理

该系统有手动和自动两种运行方式。手动方式时，按下按钮启动和停止水泵，可根据需要分别控制 1#~3#泵的启停，该方式主要供设备调试、自动有故障和检修时使用。自动运行时，首先由 1#水泵变频运行，变频器输出频率从 0Hz 上升，同时 PID 调节器把接收的信号与给定压力比较运算后送给变频器控制。如压力不够，则频率上升到 50Hz，变频器输出一个上限频率到达信号给 PLC，PLC 接收到信号后经延时，1#泵变频迅速切换为工频，2#泵变频启动，若压力仍达不到设定压力，则 2#泵由变频切换成工频，3#泵变频启动；如用水量减少，PLC 控制从先启动的泵开始切除，同时根据 PID 调节参数使系统平稳运行，这样就能始终保持管网压力。

若有电源瞬时停电的情况，则系统停机，待电源恢复正常后，系统自动恢复到初始状态开始运行。变频自动功能是该系统最基本的功能，系统自动完成对多台泵的启动、停止、循环变频的全部操作过程。

8.1.5　PLC 控制系统

该系统采用三菱 FX-1s30MR，I/O 点数为 30 点，继电器输出，PLC 编程采用 FX-20P-E 手持式编程器或三菱 PLC 专用编程软件 SWOPC-FX/WIN-C，PLC 可编程序控制器及软件提供完整的编程环境，可进行离线编程、在线连接和调试。为了提高整个系统的性价比，该系统采用可编程序控制器的开关量输入/输出来控制电动机的启停、自动投入、定期切换，供水泵的变频及故障的报警等，而电动机的转速、设定压力、频率、电流、电压等模拟信号量及实际运行参数，则由变频器及其内置 PID 来显示和控制。

三菱 PLC 的编程指令简单易懂，且程序设计灵活，本系统 PLC 主体程序用 STL 指令与状态继电器 S。STL 指令可以编制与生产流程和工作顺序图非常接近的程序，顺序功能图中的每一步与其他步是完全隔离开的，根据控制要求，将这些程序段按一定的顺序组合在一起，就可以成功地完成控制任务。FX 系列 PLC 的状态继电器编制顺序控制程序时，一般与 STL 指令一起使用。

泵组切换示意图如图 8.3 所示，工作条件满足，开始工作时，1#泵变频启动，泵的转速随变频器输出频率的上升而逐渐升高，如变频器的频率达到 50Hz 而此时水压还未达到设定值，变频器检测到上限频率并输出一个开关信号给 PLC，延时一段时间后，1#泵迅速切换至工频运行，同时解除变频器运行信号，使变频器频率降为 0Hz，然后 2#泵变频启动，若压力仍未达到，则 2#泵切换至工频，3#泵变频启动，在运行中始终保持一台泵变频运行，当压力达到设定值时，变频输出将为 0Hz，同时变频器输出一个下限频率信号至

PLC，由 PLC 决定切除 1#工频泵，此时由一台工频泵和一台变频泵运行，如果此时压力达到设定值，变频器的输出为 0Hz，同时输出下限信号给 PLC，PLC 解除 2#工频泵，只由 3#泵变频运行来维持管网压力。若压力下降，变频器频率升至 50Hz 输出信号，延时后 3#泵切换为工频，1#泵变频启动，若压力仍不满足，则 1#变切换为 1#工，2#泵变频运行，如果压力仍达不到，2#变切换为 2#工，启动 3#变，3 台泵同时工作，以保证供水需求。

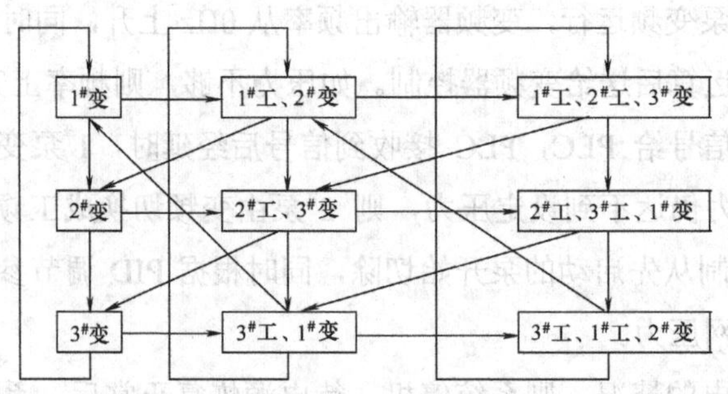

图 8.3　泵组切换示意图

这样的切换过程有效地减少了泵的频繁启停，同时，在实际管网对水压波动做出反应之前，由变频器迅速调节，使水压平稳过渡，从而有效地避免了高楼用户短时间停水情况的发生。以往的变频恒压供水系统在水压高时，通常是采用停变频泵，再将变频器以工频运行方式切换到正在以工频运行的泵上进行调节。这种切换的方式，理论上要比直接切换工频的方式先进，但容易引起泵组的频繁启停，从而减少设备的使用寿命。而在该系统中采用直接停工频泵的运行方式，同时由变频器迅速调节，只要参数设置合适，即可实现泵组的无冲击切换，使水压过渡平稳，有效地防止了水压的大范围波动及水压太低时的短时间缺水问题，提高了供水品质。

8.1.6　注意事项

要使系统稳定、快速、准确地运行，应注意以下参数。

1. 变频、工频切换时间 T

切换时间 T 在 PLC 程序中设定，设置 T 时，为了确保在加泵时，泵由变频转换为工频过程中，同一台泵的变频运行和工频运行各自对应的交流接触器不会同时吸合，而损坏变频器，同时为了避免工频启动时启动电流大而对电网产生冲击，所以，在允许的范围内，时间 T 必须尽可能小。

2. 上、下限频率持续时间 T_H 和 T_L

变频器运行的频率随管网用水量增大而升高，本系统以变频运行的频率是否达到上限(下限)，并保持一定的时间来判断是否加、减泵，这个判断时间就是 $T_H(T_L)$，如果设定值过大，系统就不能迅速地对管网用水量的变化做出反应；如果设定值过小，管网用水量变化时，就很可能引起频繁的加、减泵工作。

8.2　变频器在家用空调中的应用

8.2.1　家用空调概述

家用空调分为移动式、窗式和分体式。分体式空调也可分为一个房间、两个房间、三个房间用的。分体式空调日常应用较多，下面介绍分体式空调使用变频器调节控制一个房间温度的情况。

过去，一般房间的空调是采用 ON/OFF 控制方式，用笼型电动机带动压缩机来调节冷暖气，但它存在着下述问题。

(1) 根据地区气候、房屋的朝向等估计一年中最大负载，从而选择恰当的空调机比较困难。

(2) 由于是 ON/OFF 方式运行，室内温度和湿度会发生波动，引起不舒适感。

(3) 在 50/60Hz 地区会产生较大差别。

(4) 压缩机在启动时有很大的冲击电流，因此需要比连续运行时更大的电源容量。

(5) 由于压缩机转速恒定，外面温度变化会引起冷暖空调能力的变化(特别在暖气运行时，外面气温下降会导致暖气效果下降)。

8.2.2　变频器解决方案

将变频器应用于房间空调，可连续地控制笼型电动机的转速，能够解决上述问题。变频器控制框图如图 8.4 所示。

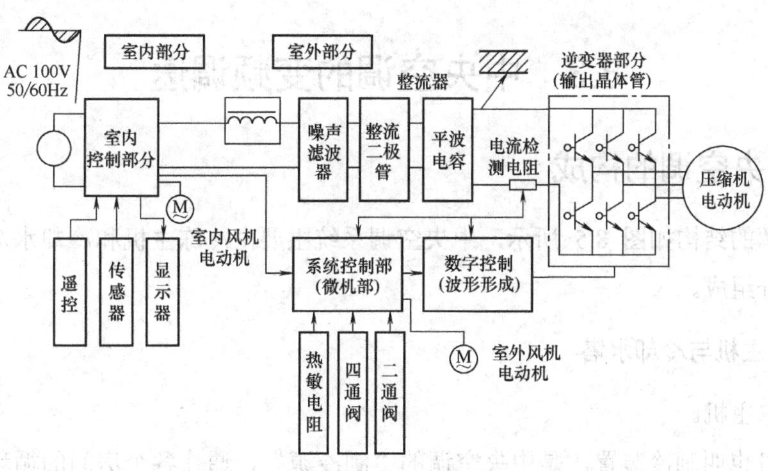

图 8.4　变频器控制框图

室内部分以室内控制部为中心，由遥控、传感器、显示器和风机电动机驱动回路组成。温度和湿度数据及运行模式等设定以序列信号的形式送往室外部分。

室外部分以系统控制部为中心，由整流单元、逆变单元、电流传感器、室外风机电动机及阀门控制部分组成。

房间空调的室内部分备有室温传感器，并将设定温度和运行情况等信息传送给室外部分。室外部分则分析这些信息，了解温差与室温变化的时间等，然后计算并指定压缩机电动机的频率。开始运行时，如果室温与设定温度差别较大，就采用高频运行，随着温度差的减小，采用低频运行。另外，在室温急剧变化时，使频率也大幅度变化，室温变化缓慢时，使频率小范围变化，并在平衡冷暖气负载与压缩机输出的同时，以最短时间使室温达到希望值。使用变频器控制空调可以达到以下效果。

(1) 利用变频器控制节能。房间空调一年的运行模式基本上是在轻负载下运行。变频器的容量控制在负载下降时使压缩机能力也下降，以此来保持与负载的平衡。在利用变频器变频控制使压缩机转速下降的场合，由于相对于压缩机容量，热交换器的相对比率增加，所以是高效运行，特别是轻负载时更为显著。

(2) 压缩机 ON/OFF 损耗减少。由于使用变频器控制的空调可用变频来适应负载，所以可减少压缩机开停次数，使制冷回路的制冷剂压力变化引起的损耗减少。

(3) 舒适性改善。与通常的热泵空调相比，装上变频器后，在室外气温下降、负载增加时，压缩机转速上升，能提高暖气的效果。

(4) 消除 50/60Hz 的地区的能力差。由于变频器控制的空调在原理上是将交流变为直流再逆变为交流，所以与 50Hz 和 60Hz 的地区差无关，始终具有最大能力。

(5) 启动电流减小。由变频器控制的空调再启动压缩机时，选择较低电压及频率来抑制启动电流，并获得所需启动转矩，所以可防止预定导通电流的增加。

8.3 中央空调的变频调速

8.3.1 中央空调的构成

中央空调的结构如图 8.5 所示，中央空调系统主要由冷冻主机和冷却水塔、外部热交换系统等部分组成。

1. 冷冻主机与冷却水塔

(1) 冷冻主机。

冷冻主机也叫制冷装置，是中央空调的“制冷源”，通往各个房间的循环水由冷冻主机进行“内部热交换”，降温为“冷冻水”。近年来，冷冻主机也有采用变频调速的，是由生产厂家原配的，不必再改造。

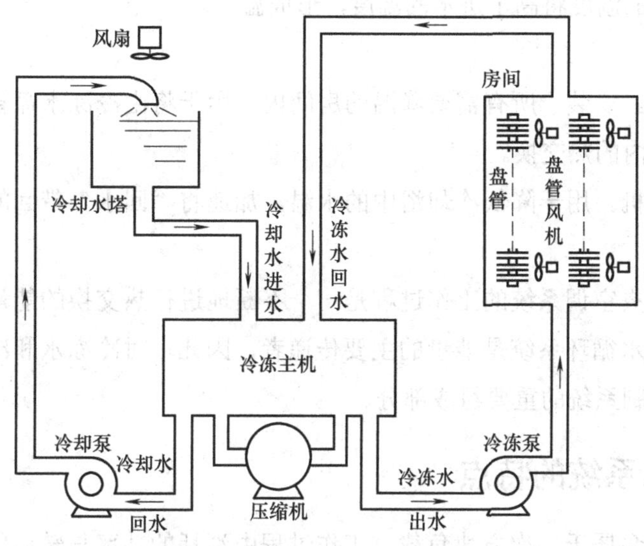

图 8.5　中央空调系统的组成

(2)　冷却水塔。

冷冻主机在制冷过程中必然会释放热量，使机组发热。冷却水塔用于为冷冻主机提供“冷却水”。冷却水在盘旋流过冷冻主机后，将带走冷冻主机所产生的热量，使冷冻主机降温。

2．外部热交换系统

外部热交换系统由以下几个系统组成。

(1)　冷冻水循环系统。

冷冻水循环系统由冷冻泵及冷冻水管道组成。从冷冻主机流出的冷冻水由冷冻泵加压送入冷冻水管道，通过各房间的盘管，带走房间内的热量，使房间内的温度下降。同时，房间内的热量被冷冻水吸收，使冷冻水的温度升高。温度升高了的循环水经冷冻主机后，又变成冷冻水，如此循环不已。

从冷冻主机流出(进入房间)的冷冻水称为“出水”，流经所有的房间后回到冷冻主机的冷冻水称为“回水”。无疑，回水的温度将高于出水的温度，形成温差。

(2)　冷却水循环系统。

冷却泵、冷却水管道及冷却塔组成了冷却水循环系统。冷却主机在进行交换、使水温冷却的同时，释放出大量的热量，该热量被冷却水吸收，使冷却水温度升高。冷却泵将升温的冷却水压入冷却塔，使之在冷却塔中与大气进行热交换，然后再将降了温的冷却水送回到冷却机组。如此不断循环，带走了冷冻主机释放的热量。

流进冷却主机的冷却水简称为“进水”，从冷却主机流回冷却塔的冷却水简称为“回水”。同样，回水的温度将高于进水的温度，形成温差。

(3) 冷却风机。

① 盘管风机。安装于所有需要降温的房间内，用于将由冷冻水盘管冷却了的空气吹入房间，加速房间内的热交换。

② 冷却塔风机。用于降低冷却浴中的水温，加速将“回水”带回的热量散发到大气中去。

可以看出，中央空调系统的工作过程是一个不断地进行热交换的能量转换过程。在这里，冷冻水和冷却水循环系统是能量的主要传递者，因此，对冷冻水和冷却水循环系统的控制是中央空调控制系统的重要组成部分。

8.3.2 循环水系统的特点

一般来说，水泵属于二次方律负载，工作过程中消耗的功率与转速的二次方成正比。这是因为，水泵的主要用途是供水，对于一般供水系统来说，上述结论无疑是正确的。然而，水泵的用途是多方面的，在某些非供水系统中，上述结论却未必是正确的。

1. 循环水的特点

如图 8.6 所示，在循环水系统中，所用的水是并不消耗的。从水泵流出的水又将流回水泵的进口处，并且回水本身具有一定的动能和势能，将反馈到水泵的进口处。

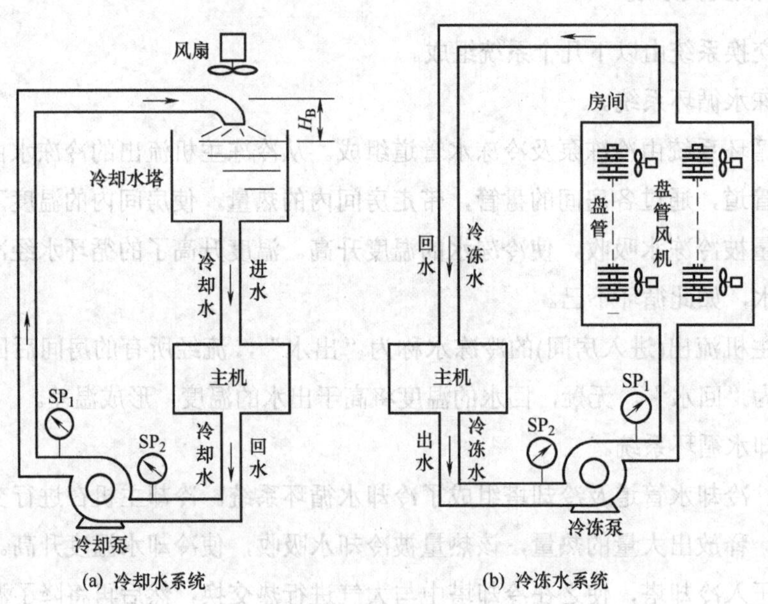

图 8.6 循环水系统

2．调速特点

在循环水系统中，当通过改变转速来调节流量时，有以下两个特点。

(1) 水在封闭的管路中具有连续性，即使水泵的转速很低，循环水也能在管路中流动。

(2) 在水泵转速为“0”的状态下，回水管与出水管中的最高水位永远是相等的。因此，水泵的转速只是改变水的流量，而与扬程无关。所以在循环水系统中，用扬程来描绘水泵的做功情形是不够准确的。

3．压差的概念

循环水系统的工作情形与电路十分相似，水泵的做功情形也可通过水泵出水与回水的压力差 P_D 来描绘，即：

$$P_D = P_1 - P_2 \tag{8-7}$$

式中，P_1 为出水压力，P_2 为回水压力。

4．功率计算

与电路的工作情形类似，循环水系统中，流量 Q 的大小与 P_D 成正比，即：

$$Q = \frac{P_D}{R} \tag{8-8}$$

式中的 R 为循环水路的管阻。

用水泵做功的功率 P 可计算如下，即：

$$P = P_D Q = Q^2 R \tag{8-9}$$

由于流量与转速成正比，所以，在循环水系统里，水泵的功率与转速的二次方成正比，即：

$$\frac{P_1}{P_2} = \frac{n_1^2}{n_2^2} \tag{8-10}$$

式中，P_1、P_2 为水泵前、后转速的功率，n_1、n_2 为水泵前、后转速的转速。

可见，在循环水系统中，当通过改变转速来调节流量时，其节能效果与供水系统相比，是略有逊色的。

8.3.3　冷却水系统的变频调速

冷却水系统虽然并不如冷冻水系统那样是一个完全的闭合回路，但在计算节能效果方面，与闭合回路是基本一致的。

1．控制的主要依据

(1) 基本情况。

冷却水的进水温度也就是冷却水塔内水的温度，它取决于环境温度和冷却风机的工作情况；回水温度主要取决于冷冻主机的发热情况，但还与进水温度有关。

(2) 温度控制。

在进行温度控制时，需要注意以下两点。

① 如果回水温度太高，将影响冷冻主机的冷却效果。为了保护冷冻主机，当回水的温度超过一定值后，整个空调系统必须进行保护性跳闸。一般规定，回水温度不得超过37℃。因此，根据回水温度来决定冷却水的流量是可取的。

② 即使进水和回水的温度很低，也不允许冷却水断流，所以在实行变频调速时，应预置一个下限工作频率。综合起来便是：当回水温度较低时，冷却泵以下限转速运行；当回水温度升高时，冷却泵的转速也逐渐升高；而当回水温度升高到某一个设定值(如 37℃)时，应该采取进一步措施：或增加冷却泵的运行台数，或增加水塔冷却风机的运行台数。

(3) 温差控制。

最能反映冷冻主机发热情况、体现冷却效果的是回水温度t_0与进水温度t_1之间的温差Δt，因为温差的大小反映了冷却水从冷冻主机带走的热量。所以把温差Δt作为控制的主要依据，通过变频调速实现恒温差控制是可取的，如图 8.7 所示。即：温差大，说明主机产生的热量多，应提高冷却泵的转速，加快冷却水的循环；反之，温差小，说明主机产生的热量少，可以适当降低冷却泵的转速，减缓冷却水的循环。实际运行表明，把温差值控制在 3~5℃的范围内是比较适宜的，如图 8.8 所示。

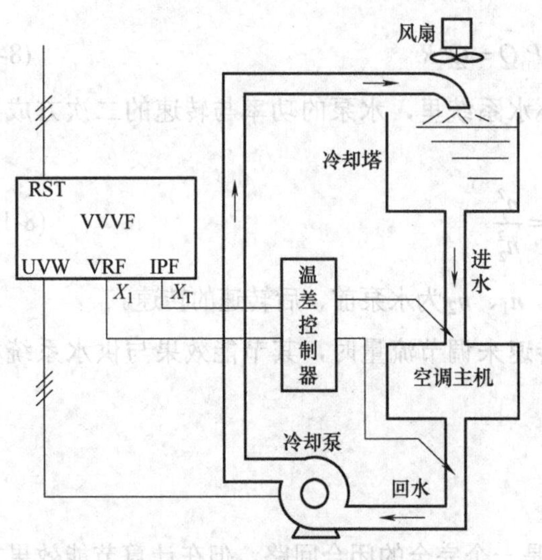

图 8.7 冷却水的温差控制

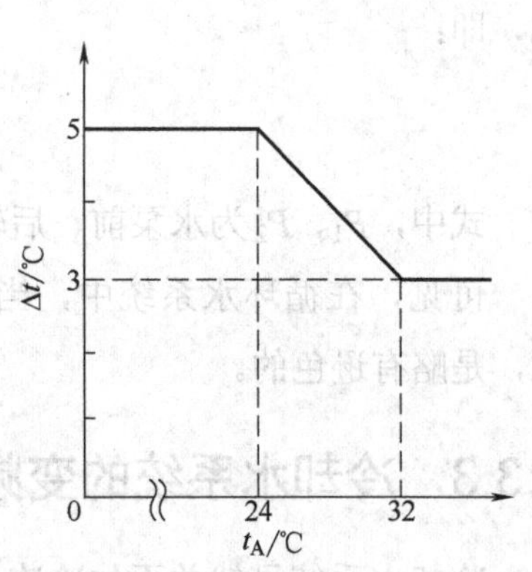

图 8.8 目标值范围

(4) 温差与进水温度的综合控制。

由于进水温度是随环境温度而改变的，因此，把温差恒定为某值并非上策。因为当采用变频调速系统时，所考虑的不仅仅是冷却效果，还必须考虑节能效果。具体地说，就是：温差值定低了，水泵的平均转速上升，影响节能效果；温差值定高了，在进水温度偏高时，又会影响冷却效果。实践表明，根据进水温度来随时调整温差的大小是可取的。即：进水温度低时，应主要着眼于节能效果，温差的目标值可适当地高一点；而在进水温度高时，则必须保证冷却效果，温差的目标值应低一些。

2．控制方案

根据以上介绍的情况，冷却泵采用变频调速的控制方案可以有许多种。这里介绍的是利用变频器内置的 PID 调节功能，兼顾节能效果和冷却效果的控制方案如图 8.9 所示。

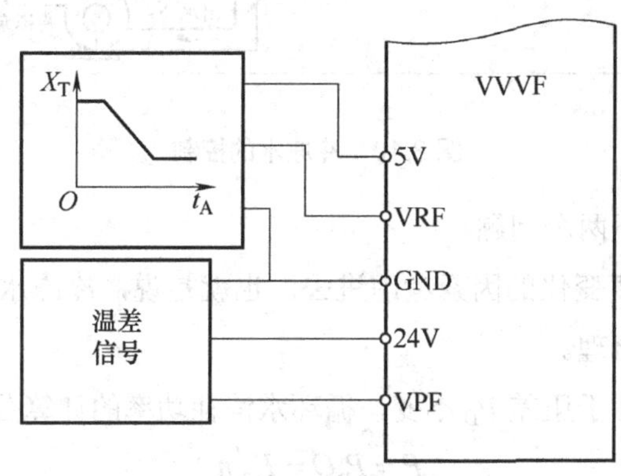

图 8.9　控制方案

(1)　反馈信号。

反馈信号是由温差控制器得到的与温差 Δt 成正比的电流或电压信号。

(2)　目标信号。

目标信号是一个与进水温度 t_A 有关的，并与目标温差成正比的值(如图 8.8 所示)。其基本思路是：当进水温度高于 32℃时，温差的目标值定为 3℃；当进水温度低于 24℃时，温差的目标值定为 5℃，当进水温度在 24~32℃之间变化时，温差的目标将按此曲线自动调速。

8.3.4　冷冻水系统的变频调速

1．冷冻水系统变频调速控制的主要依据

在冷冻水系统的变频调速方案中，提出的变频控制依据主要有两个。

(1)　压差控制。

压差控制是以出水压力和回水压力之间的压差作为控制依据的。其基本思路是：最高楼层的冷冻水能够保持足够的压力，如图 8.10 中的虚线所示。

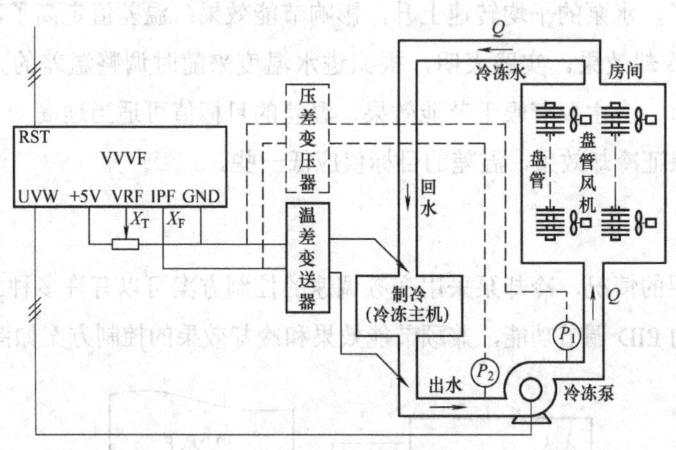

图 8.10 冷冻水的控制

这种方案存在着以下两个问题。

① 没有把环境温度变化的因素考虑进去。也就是说，冷冻水所带走的热量与房间温度无关，这明显地不大合理。

② 根据式(8-9)，由于压差 P_D 不变，循环水消耗功率的计算公式是：

$$P = P_D Q = K_P' n \tag{8-11}$$

式中，K_P' 为比例常数。

式(8-11)表明，功率 P 的大小将只与流量 Q 和转速 n 的一次方成正比。在平均转速低于额定转速的情况下，其节能效果与供水系统相比将更为逊色。

(2) 温度或压差控制。

严格地说，冷冻主机的回水温度和出水温度之差表明了冷冻水从房间带走的热量，应该作为控制依据(如图 8.10 所示)。但由于冷冻主机的出水温度一般较为稳定，故实际上只须根据回水温度进行控制就可以了。为了确保最高楼层具有足够的压力，在回水管上接一个压力表，如果回水压力低于规定值，电动机的转速将不再下降。

2. 冷冻水系统变频调速的控制方案

综合上述分析，可以改进的控制方案有两种。

(1) 压差为主、温度为辅的控制。以压差信号为反馈信号，进行恒压差控制。而压差的目标值可以在一定范围内根据回水温度进行适当调整。当房间温度较低时，使压差的目标值适当下降一些，减小冷冻泵的平均转速，提高节能效果。这样一来，既考虑到了环境温度的因素，又改善了节能的效果。

(2) 温度(差)为主、压差为辅的控制。以温度(或温差)信号为反馈信号，进行恒温度(差)控制，而目标信号可以根据压差大小做适当调整。当压差偏高时，说明负荷较重，应适当提高目标信号，增加冷冻泵的平均转速，确保最高楼层具有足够的压力。

8.4　变频器在电梯中的应用

8.4.1　电梯概述

(1) 电梯分类：乘客电梯、载货电梯、住宅电梯、病床电梯、观光电梯。

(2) 电梯的发展：直流恒速拖动电梯→交流双速电梯→交流调压调速电梯→交流变频调速电梯。

(3) 变频调速电梯的特点：能够实现安全性，变频器有完善的硬件及其保护功能，可靠性高；具有舒适性，低速时有较大转矩，转矩波动小，低噪声；具有经济性，程序控制功能完善，无须外加设备。

8.4.2　616G5 变频器调速系统

1. 616G5 变频器

616G5 变频器属于矢量控制变频器，调速范围是 1:1000，控制精度为 0.02%，零速启动力矩为 150%，具有全领域、全自动力矩提升功能，可接受控制器的多段速频率指令或者模拟电压、电流指令；具有“自学习”功能，可自动测得电动机的各种参数并进行存储；低速下平稳启动性好；硬件可靠性好，性价比高。

2. 调速系统电路结构

如图 8.11 所示，变频器完成拖动电动机的调速功能，电梯运行中的逻辑控制由 PLC 或单片机来完成。通过旋转编码器和专用 PG 卡，形成速度闭环系统。制动电阻用于消耗电梯运行处于发电状态时所反馈的能量。

3. 系统运行过程

(1) PLC 发出运行及高速运行信号。

(2) 变频器按照设定的加速曲线启动。

(3) 启动时间 3s 左右，然后维持 50Hz 运行。

(4) 换速信号到来，PLC 撤消高速信号，输出爬行信号(爬行输出频率为 6Hz)。

(5) 变频器按照设定的减速曲线减速到 6Hz(时间在 3s 之内)。

(6) 变频器以 6Hz 的速度爬行。

(7) 到达平层时，机箱给出平层信号，PLC 撤消运行及爬行信号。

(8) 变频器减速为 0，零速输出点断开，通过 PLC 发出电动机抱闸和自动开门信号。

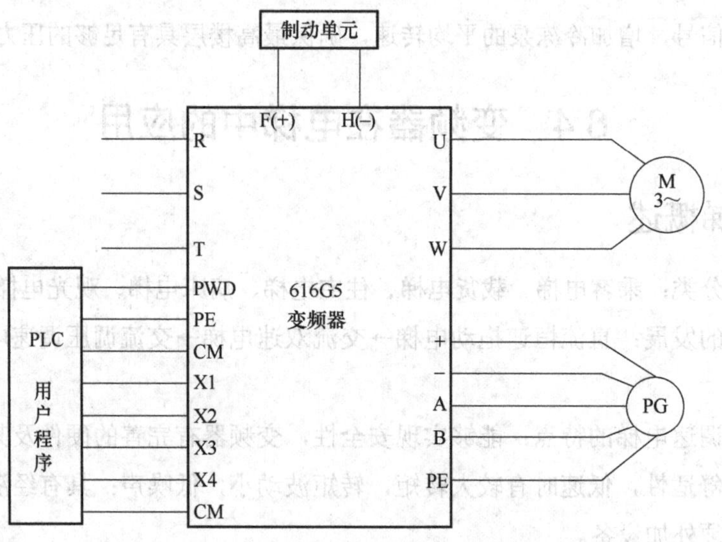

图 8.11　电梯变频控制系统

8.4.3　变频器功率及制动电阻的选择

1. 功率选择

616G5 变频器的功率等级有 7.5kW、11kW、15kW、18.5kW、22kW、30kW。15kW 以下的内置制动单元，18.5kW 以上的内置直流电抗器。电梯用变频器还须选用制动单元和制动电阻。

变频器的功率选择原则如下。

(1) 变频器容量必须大于负载所要求的输出，即：

$$P_{ON} \geqslant \frac{KP_M}{\eta\cos\varphi} \tag{8-12}$$

(2) 变频器容量不能低于电动机容量，即：

$$P_{ON} \geqslant K\sqrt{3}U_N I_N \times 10^3 \tag{8-13}$$

(3) 变频器电流应大于电动机电流，即：

$$I_{ON} \geqslant KI_N \tag{8-14}$$

(4) 启动时，变频器容量应满足：

$$P_{ON} \geqslant \frac{Kn_N}{9550\eta\cos\varphi}\left(T_L + \frac{GD^2}{375} \times \frac{n_N}{t_A}\right) \tag{8-15}$$

2. 制动电阻的选择

制动电阻过大，会使制动力矩不足；制动电阻过小，会使电流过大，电阻发热。对于提升高度较大、电动机转速较高的情况，可适当减小电阻阻值，但不能低于制造商规定的最低值。若最小值不能满足制动力矩，要更换大一级功率的变频器。

8.4.4　电梯用变频器的主要功能

电梯用变频器的主要功能如下。

(1) 标准操作顺序。

(2) S 曲线加减速。

(3) 四种电梯专用运行方式：楼层距离学习方式；检修方式；减速点控制方式；复位运行方式。

(4) 减速时失速防止：应设为无效。

(5) 制动电阻过热保护：电子热继电器。

(6) 瞬停再启功能：无效。

(7) 转矩限制功能：转矩设定值设为电动机额定转矩输出的参考值。

(8) 通信功能。

(9) 互锁功能：开/关安全互锁，保证变频器与机械制动的衔接准确无误。

(10) 保护功能：除一般变频器的保护功能外，还具有过速保护功能。

8.4.5　变频器的噪声抑制

(1) 安装过滤装置，使用无噪声变频器(开关频率高于声频)。

(2) 在输入端加入 AC 扼流圈，控制谐波电流对电源的影响，使电能有再生功能。

(3) 在电源输入端安装噪声过滤装置或者零相扼流圈，以降低高频噪声对楼内设备和装置的影响。

8.4.6　常见问题

(1) 输入了运行信号，电动机不转：设定端子控制方式、方向指令和频率指令。

(2) 电动机旋转方向相反：调换电动机的任意两相电源线，交换编码器 AB 的方向。

(3) 下行正常，上行时减速不正常：制动电阻值过大。

(4) 上、下行减速异常：检查电动机功率、电流、级数设置、输入电压及是否缺相。

(5) 下行正常，上行运行较远时出现过电压保护：制动电阻值偏大。

(6) 电动机过热：长期低速高转矩运行；没有进行自学习而设定的参数差异太大；检修运行或爬行运行没有在零速抱闸。

(7) 电流不大，但漏电保护断路器容易动作：换为专用型或漏电流检出值较高的断路器。

(8) 启动与停止振动：方向指令、频率指令、抱闸控制的时间配合与制造商推荐值相差较大；编码器安装不正常；电动机轴承和减速箱老化。

(9) 高速运行振动：编码器安装不正常；导靴安装太紧。

(10) 加速完成与减速开始有冲击感：加、减速参数设置不正常。

(11) 电动机完全失控：运行指令与频率给定异常；RUN 状态与控制器进行联锁控制。

(12) 变频器干扰工频电源：加入交流电抗器；减小载波频率。

(13) 变频器过热：变频器风扇损坏；机房温度高；输出电流异常。

8.5 变频器在叠压供水中的应用

世界能源日趋紧张，如何有效地节约能源，是摆在人们面前的一个课题。无负压增压给水设备充分利用自来水管网的原有压力能源，在同样供水需求的情况下，可以选用功率相对较小的水泵及控制设备，同时在夜间小流量用水的情况下利用自来水水压直接供水而无须启动水泵。

无负压增压给水设备无须建造水池、水箱，占用空间相对较少，可以节省设备的初期投资，节省冲洗水池、给水池消毒的费用。该设备为全封闭式结构，真正消除了供水二次污染，是绿色环保新型供水设备。目前通用的变频恒压给水，取消了天然水池，减少了水质的二次污染，但兴建和使用地下水池的费用和地下水池对水质的污染也是一个问题。相较于传统的带水池的供水设备，无负压增压给水设备可节约大量的电能运行成本及投资成本。因此，无负压增压给水设备将是变频供水设备的发展与延伸。

8.5.1 国内、外供水现状

随着新技术、新设备的不断应用，目前，建筑给水系统供水方案经历了四个阶段。

第一阶段。底部设给水箱、水泵，屋顶设高位水箱的水箱水泵联合供水方式，这种方式应用最早，技术最成熟，在我国早期工程建设中是应用范围最广的一种给水方式。

第二阶段。由于经济的发展，用水量增大，原本能供上水的多层建筑上部出现了水压不够的情况，也就产生了一时颇为流行的气压罐代替屋顶水箱的供水方式，也就是当时所谓的“无塔上水器”。这种方式在新建建筑中并未大范围应用，但在当时的旧项目改造中多有应用。因为在改造项目中架设屋顶水箱有难度，在底部架设气压罐较为可行。

第三阶段。随着变频调速技术的不断改进和提高，应用于水泵控制后，出现了变频调速水泵替代过去的普通水泵、屋顶水箱联合供水的新方式。这种方式由于可以取消屋顶高位水箱，在工程应用中有很大的优势，但由于刚开始变频技术不够完善和成熟，变频器易出故障，且造价较高，故在经历了很长时间的改进和提高后，近十年才被广泛应用。

第四阶段。给水加压方式在经历了以上发展过程后，在此基础上，又通过改进，产生了现在的变频无负压的给水方式。这种加压底部供水方式在建筑应用中不仅可以取消屋顶高位水箱，而且可以省掉底部生活水箱，从而彻底解决因水箱产生的二次污染危害，充分利用城市管网的余压，以达到节能的目的。尤其是这两三年中，各水泵厂家都先后开发推出了此类新产品。

8.5.2　叠压供水系统的组成及原理

针对生活供水属于用水流量经常变化的问题，故采用变频调速供水方案。控制系统的基本策略是：采用可编程控制器和变频器构成的控制系统，对水泵的运行台数和转速进行自动优化控制，完成供水压力的闭环控制，在管网流量变化时达到稳定供水压力和节约能耗的目的。变频叠压供水控制系统的原理如图 8.12 所示。

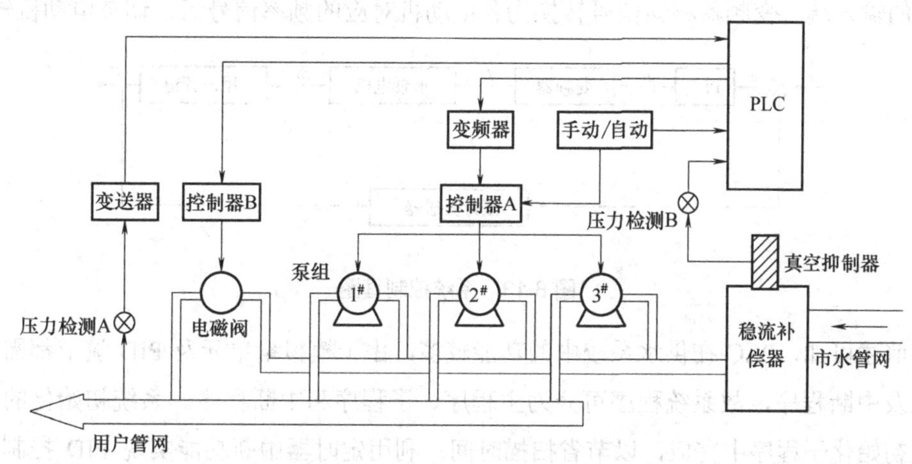

图 8.12　变频叠压供水控制系统的原理

图 8.12 中，稳流补偿器一端接市水管网，另一端接三台水泵。稳流补偿器是连接在市政管网与水泵进水口之间，能配合真空抑制器消除水泵产生的负压、实现稳定流量和调节流量的密闭容器。真空抑制器安装在稳流补偿器上，通过信号检测系统、微机处理系统和数显系统自动完成真空的检测、处理、控制、执行、数显反馈等功能，抑制稳流补偿器进水口产生的负压状态；当市水网管内水压低于设定值时，关闭市水网抽水阀门，打开水箱阀门，采用水箱供水；若水箱水位低于某一数值时，打开水箱注水阀门，向水箱内注水；若市水网管内水压和水箱水位都较低时，关闭所有阀门，停止供水。系统对三台泵恒压供水的基本控制要求如下。

(1)　系统开始供水时，变频运行。

(2)　三台水泵根据恒压的需要，采取“先开先停”的原则接入和退出。

(3)　在用水量小的情况下，如果一台水泵连续运行时间大于 3h，则要切换到下一台水泵，即系统具有“倒泵功能”，可避免某一台水泵过长时间工作。

(4) 三台水泵启动时有延时，减小电流过大对其他用电设备的冲击。

(5) 需有完善的报警功能。

(6) 对电动机的操作有手动和自动两种控制功能。

8.5.3 系统的软件设计

系统的控制框图如图 8.13 所示。系统软件设计的思路如下：在用户管道的压力最低点处安装压力检测元件，该压力数值经压力变送器转换为标准信号后，送入到 PLC 模拟量输入通道。PLC 将实际输入压力与设定压力相比较，得到偏差量，经 PID 运算后得出工频运行的电动机台数和变频运行的电动机转速，分别由数字量输出通道和模拟量输出通道送到变频器的输入端。变频器将该信号转换为各电动机对应的频率信号后，调节电动机转速。

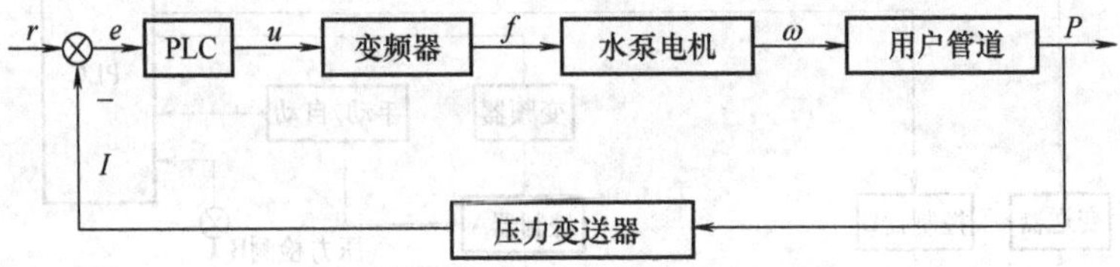

图 8.13 系统控制框图

由前述可知，PLC 在供水系统中的功能较多，由于模拟量单元及 PID 调节都需要编制初始化及中断程序，故系统程序可分为主程序、子程序和中断程序。系统初始化的一些工作放在初始化子程序中完成，以节省扫描时间；利用定时器中断功能实现 PID 控制的定时采样及输出控制；主程序的功能最多，如泵切换信号的生成、泵组接触器逻辑控制信号的综合及报警处理等。供水恒压值采用数字方式直接在程序中设定，供水系统设定值为满量程的 70%。在系统 PID 中，只采用比例和积分控制，其回路增益和时间常数可以通过工程计算初步确定，但还需进一步调整，以达到最优控制。

程序采用结构化的设计方法，分为系统运行主程序、检测、数字 PID 控制、水泵的切换控制、压力设定值等几部分。为了提供更好的供水效果，将每天按用水曲线分成几个时段，不同的时段采用不同的压力设定值，程序根据 PLC 提供的实时时钟自动修改设定值。

因市政管网供水压力波动以及用户用水的不均衡性，会经常性出现因流量变化较大而导致的管网压力波动，叠压供水系统可采用模糊 PID 控制原理及控制算法来控制水压，能有效防止压力波动及水锤现象的发生；根据历史用水流量数据，监控实时流量，可以有效防止爆管后自来水的流失及流失后对建筑物和家居电器造成的危害；根据具体用户用水要求的不同(扬程及流量)，通过人机界面可以方便地对水位的上上限、上限、下限、下下限等相关参数进行现场调整。

8.5.4　节能分析

传统设有地下水池的供水系统是将市政管网中 10~20m 的余压泄为零后再进行二次增压。而管网叠压供水系统可以充分利用市政管网的余压叠加进行供水，较传统的二次增压供水模式可以节能 30%~50%，对节约整个城市的供水能耗经济效益明显。按平均利用 10m 管网压力计算，对于 1000t/日的供水规模，一年就可节约用电约 15000kW·h，按 1kW·h 为 0.52~0.86 元计算，一年下来，每套设备可以节约资金约 1 万元。如果全面推广该技术，由此带来的经济效益是无法估量的，因此而产生的社会效益也是非常巨大的。

依靠可编程控制器和变频器，采用模糊 PID 调节技术，对多台水泵合理调度以实现稳流控制，能有效地减少管网压力波动及水锤的产生。通过叠压技术充分利用管网压力，达到节水、节能的目的，以适应供水行业的发展要求，满足不同建筑给水的需要；通过实时流量与历史用水流量的对比，能够自动判定水管爆裂、管道锈蚀漏水、管道结垢等异常情况，真正消除供水二次污染，是绿色环保的新型供水技术。

8.6　PLC 与变频器连接实现多挡转速控制

变频器的多段速控制有着广泛的应用，如车床主轴变速、龙门刨床的主运行、高炉加料料斗的提升等，因此，所有的变频器都具有多段速功能。

变频器的多段速是通过功能端子控制的，这些功能端子按照二进制的规律组合接通时，变频器输出各段速。变频器的 7 段速是通过 3 个段速端子组合闭合控制的。X1、X2、X3 为段速端子组合闭合时对应的段速。表 8.1 中，“1”表示该端子与 CM 闭合；“0”表示该端子与 CM 断开。

表 8.1　旋转开关控制表

X3	X2	X1	段　速
0	0	0	0
0	0	1	1
0	1	0	2
0	1	1	3
1	0	0	4
1	0	1	5
1	1	0	6
1	1	1	7

由段速表可见，X1、X2、X3 功能端子按照表中的对应关系进行闭合时，可以得到 7 段速。在实际应用中，由 3 个端子组合控制 7 种段速是行不通的，必须是每一种段速对应一个开关或是每一种段速对应旋转开关的一个位置，这样才便于应用。

8.6.1 用旋转开关控制

如表 8.1 所示，由 8 位旋转开关控制 7 段速的过程为：旋转开关通过一个转换编码器来控制 X 端子，该电路的工作原理为：根据段速表的逻辑关系，利用二极管的钳位作用控制三个继电器的吸合与释放，也就是控制 X1、X2、X3 的闭合及断开。例如，旋转开关旋至段速 5，12V 电压通过连接在 5 点的两只二极管使 KA3 和 KA5 得电吸合，X1、X3 闭合，得到段速 5。

8.6.2 用 PLC 控制多段速运行

用 PLC 控制变频器的多段速运行，使用方便，运行可靠。

1. 控制系统电路

如图 8.14 所示，在 PLC 多段速运行控制电路中，变频器的接通与断开由 KM 接触器控制；变频器的运行由 FWD 控制；X1~X3 这 3 个端子控制 8 种段速；由 RST 进行系统复位；30A、30B 为变频器总报警输出。

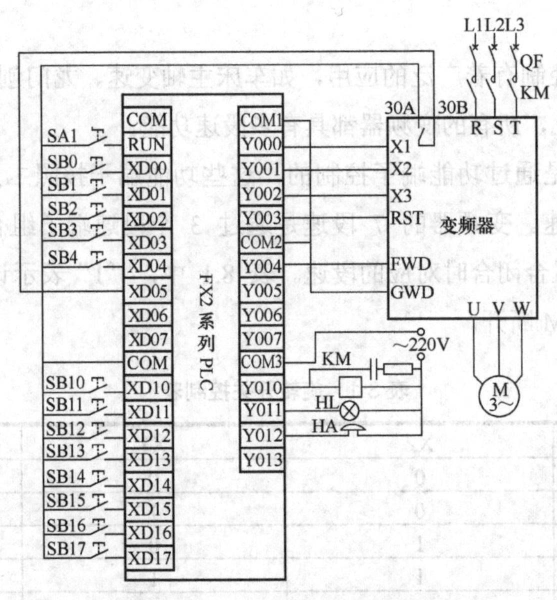

图 8.14 PLC 多段速运行控制电路

在 PLC 的输入控制中，SA1 为转动开关，用于设定 PLC 运行控制方式。SB0 用于接通主电路；SB1 用于断开主电路；SB2 用于启动变频器；SB3 用于停止变频器；SB4 用于变频器复位；SB5 用于变频器报警输入；SB10~SB17 用于设定所需的 8 种段速。Y000~Y002 根据输入所设定的段速，对变频器进行控制。

2. PLC 控制原理

根据控制系统所要完成的控制动作，设定输入/输出控制信号，其输入/输出地址分配如表 8.2 和表 8.3 所示。

表 8.2　编码指令的输入/输出对应关系

输入段速	输　出		
X	Y002	Y001	Y000
X010(0 段速)	0	0	0
X011(1 段速)	0	0	1
X012(2 段速)	0	1	0
X013(3 段速)	0	1	1
X014(4 段速)	1	0	0
X015(5 段速)	1	0	1
X016(6 段速)	1	1	0
X017(7 段速)	1	1	1

表 8.3　PLC 多段速运行控制地址分配

输入地址		输出地址
X000	接通主电路	Y000
X001	断开主电路	Y001　编码输出 000~111
X002	启动变频器	Y002
X003	停止变频器	Y003　变频器复位
X004	复位输入	Y004　启动变频器
X005	报警输入	Y010　接通主电源
X010	0 段速	Y011　灯光报警
X011	1 段速	Y012　声音报警
X012	2 段速	
X013	3 段速	
X014	4 段速	
X015	5 段速	
X016	6 段速	
X017	7 段速	

PLC 控制梯形图如图 8.15 所示，其对应的控制程序如表 8.4 所示。在梯形图中，使用编码指令 FNC42 ENCO，将 SB10~SB17 输入中设定的段速进行编码，形成变频器所需要的输入信号。

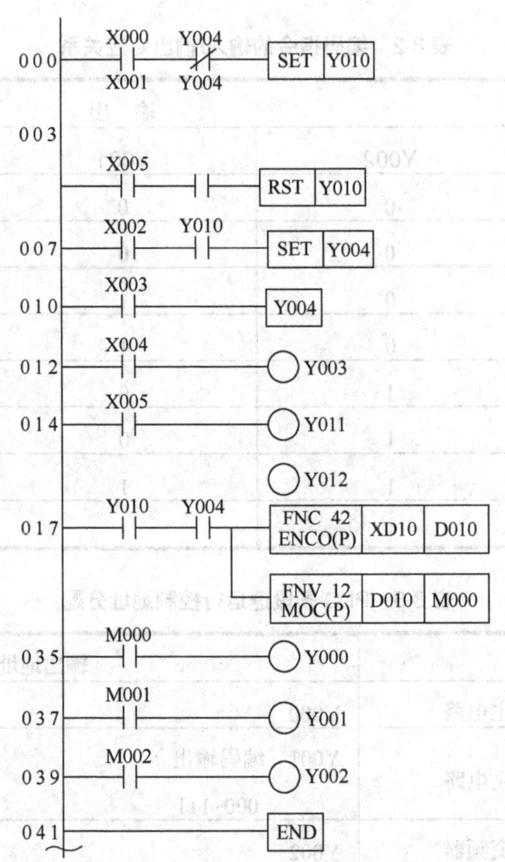

图 8.15 PLC 多段速运行控制梯形图

表 8.4 PLC 多段速运行控制程序

序 号	指 令	器 件 号
000	LD	Y000
001	ANI	Y004
002	SET	Y010
003	LD	X001
004	ANI	Y004
005	OR	X005
006	RST	Y010
007	LD	X002
008	AND	Y010

续表

序　号	指　令	器 件 号
009	SET	Y004
010	LD	X003
011	RST	Y004
012 013	LD OUT	X004 Y003
014	LD	Y005
015	OUT	Y011
016	OUT	Y012
017	LD	Y010
018 019	AND ENCO(P)	Y004 X010 D010
		K3
026	MOV(P)	D010 M000
035	LD	M000
036 037 038	OUT LD OUT	Y000 M001 Y001
039 040 041	LD OUT END	M002 Y002

在 PLC 多段速运行控制梯形图中，各逻辑行所实现的功能如下。

000：控制变频器的主电路接通。按下 SB0 时，X000 闭合(当 Y004 未工作时)，Y010 置位，KM 得电，变频器通电。

003：控制变频器在停止运行状态下的主电路断开。按下 SB1 时，X001 闭合(当 Y004 未工作时)，Y010 复位，KM 断电释放。当 Y004 工作时，其动断触点断开，Y010 既不能闭合，也不能复位。当变频器出现故障保护时，X005 输入，使 Y010 复位，KM 断电释放。

007：控制变频器开始运行。按下 SB2 时，X002 闭合，Y004 置位，启动变频器。

010：控制变频器停止运行。按下 SB3 时，X003 闭合，Y004 复位，变频器运行停止。

012：控制变频器复位。按下 SB4 时，X004 接通，Y003 输出，对变频器进行复位。

014：变频器故障报警。在变频器出现故障时，30A、30B 触点闭合，通过 X005 输入报警信号，Y11 和 Y12 动作，即可进行声光报警。

017：多段速输入。在 X010~X017 中选择输入所需的段速，通过 Y000~Y002 进行输出，即可得到所需的转速。

035~039：PLC 对变频器的输出。

8.7 刨台运动的变频调速改造

8.7.1 变频调速系统及设计要点

1. 变频调速系统的构成

刨台的拖动系统采用变频调速后，主拖动系统只需要一台异步电动机就可以了，与直流电动机调速系统相比，新系统结构变得简单多了，如图 8.16 所示。由专用接近开关得到的信号，接至 PLC 的输入端，PLC 的输出端控制变频器，以调整刨台在各时间段的转速，可见，控制电路也比较简单明了。

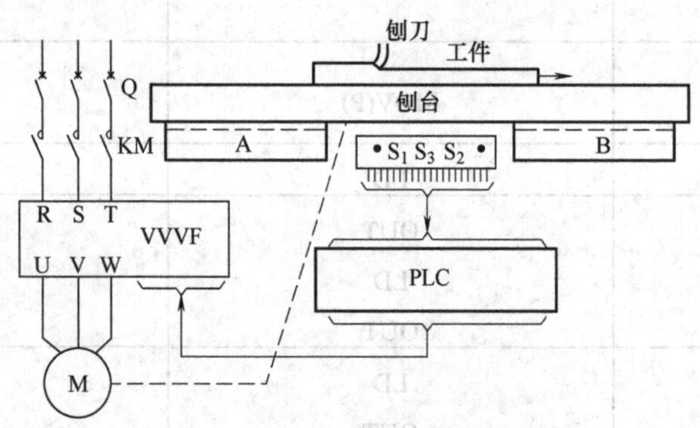

图 8.16　刨台的变频调速系统框图

2. 采用变频调速的主要优点

(1) 减小了静差度。由于采用了有反馈的矢量控制，电动机调速后的力学性能很“硬”，静差度可小于 3%。

(2) 具有转矩限制功能。下垂特性是指在电动机严重过载时，能自动地将电流限制在一定范围内，即使堵转也能将电流限制住。新系列的变频器都具有“转矩限制”功能，十分方便。

(3) 对“爬行”距离容易控制。各种变频器在采用反馈矢量控制的情况下，一般都具有“零速转矩”，即使工作频率为 0Hz，也有足够大的转矩，使负载的转速为 0r/min，从而可以有效地控制刨台的爬行距离，使刨台不越位。

(4) 节能效果可观。拖动系统的简化，使附加损失大为减少。采用变频调速后，电动机的有效转矩线十分贴近负载的机械特性，进一步提高了电动机的效率，其节能效果是十分可观的。

8.7.2　刨台往复运动的控制

1．对刨台控制的要求

(1) 控制程序。刨台的往复运动必须能够满足刨台的转速变化和控制要求。

(2) 转速的调节。刨台的刨削率和高速返回的速率都必须能够十分方便地调节。

(3) 点动功能。刨台必须能够点动，常称为“刨台步进”和“刨台步退”，以利于切削前的调整。

(4) 联锁功能。

① 与横梁、刀架的联锁。刨台的往复运动与横梁的移动、刀架的运动之间必须有可靠的联锁。

② 与油泵电动机的联锁。一方面，只有在油泵正常供油的情况下，才允许进行刨台的往复运动；另一方面，如果在刨台往复运动过程中，油泵电动机因发生故障而停机，刨台将不允许在刨削中间停止运行，而必须等刨台返回至起始位置时再停止。

2．变频调速系统的控制电路

变频调速系统的控制电路如图 8.17 所示，其控制特点如下。

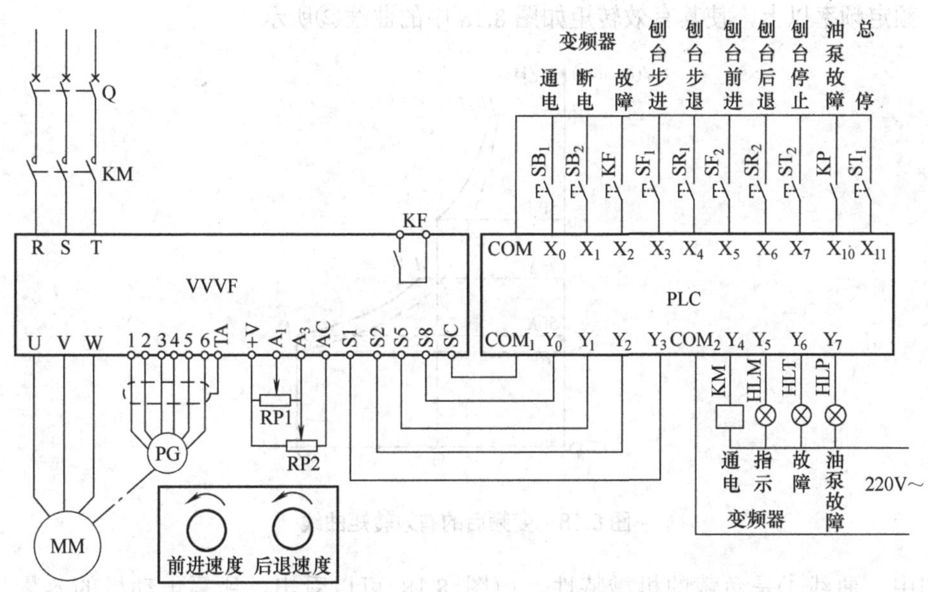

图 8.17　变频调速系统的控制电路(刨台往复运动的控制)

(1) 变频器的通电。当空气断路器合闸后，由按钮 SB1 和 SB2 控制接触器 KM，进而控制变频器的通电与断电，并由指示灯 HLM 进行指示。

(2) 速度调节。

① 刨台刨削速度和返回速度分别通过电位器 R_{P1} 和 R_{P2} 来调节。

② 刨台步进和步退的转速由变频器预置的点动频率决定。

(3) 往复运动的启动。通过按钮 SF2 和 SR2 来控制，具体按哪个按钮，须根据刨台的初始位置来决定。

(4) 故障处理。一旦变频器发生故障，触点 KF 闭合，一方面切断变频器的电源，同时，指示灯 HLT 亮，进行报警。

(5) 油泵故障处理。一旦变频器发生故障，继电器 KP 闭合，PLC 将使刨台在往复周期结束之后停止刨台的继续运行，同时，指示灯 HLP 亮，进行报警。

(6) 停机处理。正常情况下按 ST2，刨台应在一个往复周期结束之后才切断变频器的电源，如遇紧急情况，则按 ST1，使整台刨床停止运行。

3. 电动机的选择

(1) 原刨台电动机的数据为：$P_{MN}=60\text{kW}$，$n_{MN}=1800\text{r/min}$。

(2) 异步电动机容量的确定。由于负载的高速段具有恒功率特性，而电动机在额定频率以上也具有恒功率特性，因此，为了充分发挥电动机的潜力，电动机的工作频率应适当提高至额定频率以上，使其有效转矩如图 8.18 中的曲线②所示。

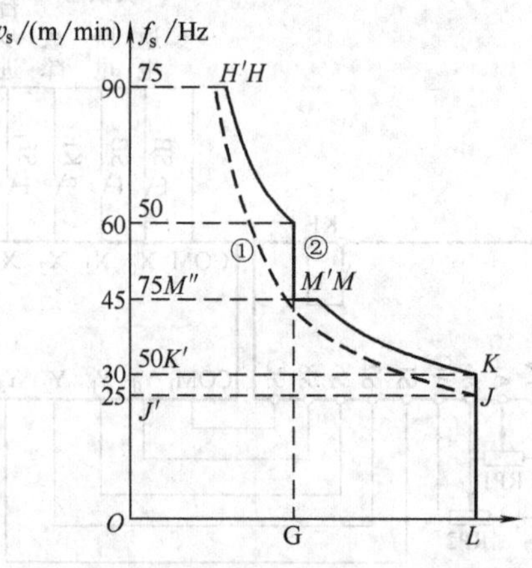

图 8.18 变频后的有效转矩曲线

图中，曲线①是负载的机械特性。由图 8.18 可以看出，所需电动机的容量与面积 *OLKK′* 成正比，与负载实际所需功率十分接近。

上述 A 系列龙门刨床的主运动在采用变频调速后，电动机的容量可减小为原用直流电动机的 3/4，即 45kW 就已经足够。考虑到异步电动机在额定频率以上时，其有效转矩仍具有恒功率的特点，但在高频时其过载能力有所下降，为留有余地，选择 55kW 的电动机，其最高工作频率定为 75Hz(如图 8.18 所示)。

(3) 异步电动机的选型。

一般来说，以选用变频调速专用电动机为宜。当选用 YVP250M-4 型异步电动机时，其主要额定参数为：$P_{MN}=55\text{kW}$，$I_{MN}=105\text{A}$，$T_{MN}=350.1\text{N}\cdot\text{m}$。

4．变频器的选型

(1) 变频器的型号。考虑到龙门刨床本身对机械特性的硬度和动态响应能力的要求较高，近年来，龙门刨床常常与铣削或磨削兼用，而铣削和磨削时的进刀速度约只有刨削时的 1%，故要求拖动系统具有良好的低速运行性能。

(2) 日本安川公司生产的 CIMR-G7A 系列变频器，其逆变电路由于采用了三电平控制方式，因而具有以下主要优点。

① 减少了对电动机绝缘材料的冲击。

② 减少了由载波频率引起的干扰。

③ 减少了漏电流。

除此之外，即使在无反馈矢量控制的情况下，也能在 0.3Hz 时让输出转矩达到额定转矩的 150%。所以选用“无反馈矢量控制”的控制方式也已经足够。当然，如果选择“有矢量控制”的控制方式，将更加完美。

5．变频器的功能预置

变频器的功能预置方法可参照 CIMR-G7A 系列变频器的使用手册。具体说明如下。

(1) 频率给定功能。

B1-01=1——控制输入端 A_1 和 A_3 均输入电压给定信号。

H3-05=2——当 S_5 断开时，由输入端 A_1 的给定信号决定变频器的输出频率；当 S_5 闭合时，由输入端的给定信号决定变频器的输出频率。

H1-03=3——使 S_5 成为多挡速的输入端，并实现上述功能。

H1-06=6——使 S_8 成为点动信号输入端。

d1-17=10Hz——点动频率预置为 10Hz。

(2) 运行指令。

b1-02=1——由控制端输入指令运行。

b1-03=0.5Hz——按预置的减速时间减速并停止。

B2-2=100%——直流制动电流等于电动机的额定电流(无速度反馈时)。

E2-03=30A——直流励磁电流(有速度反馈时)。

B2-04=0.5s——直流制动时间为 0.5s。

L3-05=1——运行中的自处理功能有效。

L3-06=160%——运行中自处理的电流限值为电动机额定电流的 160%。

(3) 升、降速特性。

① 升、降速时间。

C1-01=0.5s——升速时间预置为 5s。

C1-02=0.5s——降速时间预置为 0.5s。

② 升降速方式。

C2-01=0.5s——升速开始时的时间。

C2-02=0.5s——升速完了时的时间。

C2-03=0.5s——降速开始时的时间。

C2-04=0.5s——降速完了时的时间。

③ 升降速自处理。

L3-01=1——升速中的自处理功能有效。

L3-04=1——降速中的自处理功能有效。

④ 转矩限制功能。

L7-01=200%——正转时转矩限制为电动机额定转矩的 200%。

L7-02=200%——反转时转矩限制为电动机额定转矩的 200%。

L7-03=200%——正转再生状态的转矩限制为电动机额定转矩的 200%。

L7-04=200%——反转再生状态的转矩限制为电动机额定转矩的 200%。

⑤ 过载保护功能。

E2-01=150A——电动机的额定电流为 150A。

L1-01=2——适用于变频专用电动机。

6. 主电路其他电器的选择

(1) 由变频器的额定电流 I_N 为 128A，可得空气开关的额定电流 I_{QN}。

$$I_{QN} \geqslant (1.3 \sim 1.4) \times 128 = 166.4 \sim 179.2$$

$$I_{QN} = 170\text{A}$$

(2) 接触器的额定电流：

$$I_{KN} \geqslant 128\text{A}$$

选 $I_{KN}=160A$ 。

(3) 制动电阻与制动单元。如前所述，刨台在工作过程中，总是处于频繁的往复运行状态。为提高工作效率、缩短辅助时间，刨台的升、降速时间应尽量短。因此，直流回路中的制动电阻与制动单元是必不可少的。

① 制动电阻的值应根据说明书选取：

$$R_B=10\Omega$$

② 制动电阻的容量。说明书提供的参考容量是 120W，但考虑到刨头的往复运动十分频繁，故制动电阻的容量应比一般情况下的容量加大 1~2 挡。故选：

$$P_B=30kW$$

8.8　空气压缩机的变频调速及应用

空气压缩机在工矿企业生产中有着广泛的应用。它担负着为各种气动元件和气动设备提供气源的重任。因此，空气压缩机运行的好坏，直接影响着生产工艺和产品质量。

8.8.1　空气压缩机变频调速的机理

空气压缩机是一种把空气压入储气罐中，使之保持一定压力的机械设备，属于恒转矩负载，其运行功率与转速成正比，即：

$$P_L=\frac{T_L n_L}{9550} \tag{8-16}$$

式中，P_L 为空气压缩机的功率；T_L 为空气压缩机的转矩；n_L 为空气压缩机的转速。

所以单就运行功率而言，采用变频调速控制其节能效果远不如风机泵类二次负载显著，但空气压缩机大多处于长时间连续运行状态，传统的工作方式为进气阀开、关控制方式，即压力达到上限时关阀，压缩机进入轻载运行；压力抵达下限时开阀，压缩机进入满载运行。这种频繁地加减负荷的过程，不仅使供气压力波动，而且使空气压缩机的负荷状态频繁地变换。由于设计时，压缩机不能排除在满负荷状态下长时间运行的可能性，所以只能按最大需求来选择电动机的容量，故选择的电动机容量一般较大。而在实际运行中，轻载运行的时间往往所占的比例是非常高的，这就造成了巨大的能源浪费。

值得指出的是，供气压力的稳定性对产品质量的影响是很大的，通常，生产工艺对供气压力有一定要求，若供气压力偏低，则不能满足工艺要求，就可能出现废品。所以，为了避免气压不足，一般供气压力要求值偏高些，但这样会使供气成本高、能耗大，同时，也会产生一定的不安全因素。

8.8.2 空气压缩机加、卸载供气控制方式存在的问题

1. 空气压缩机加、卸载供气控制方式的能量浪费

我们知道，空气压缩机加、卸载控制方式使得压缩气体的压力在 P_{min}~ P_{max} 之间变化。其中，P_{min} 为能够保证用户正常工作的最低压力值；P_{max} 为设定的最大压力值。一般情况下，P_{min} 和 P_{max} 之间的关系可用式(8-17)表示，即：

$$P_{max} = (1+\delta)P_{min} \tag{8-17}$$

式中的 δ 数值大致在 10%~25%之间。

若采用变频调速技术连续调节供气量，则可将管网压力始终维持在能满足供气的工作压力上，即等于 P_{min} 的数值。

由此可见，加、卸载供气控制方式浪费的能量主要在三个部分。

(1) 压缩空气压力超过 P_{min} 所消耗的能量。

当储气罐中空气压力达到 P_{min} 后，还要使其压力继续上升，直到 P_{max} 。这一过程中，需要电源提供压缩机能量，从而导致能量损失。

(2) 减压阀减压消耗的能量。

气动元件的额定气压在 P_{min} 左右，高于 P_{min} 的气体在进入气动元件前，其压力需要经过减压阀减压至接近 P_{min} 。这一过程同样是一个耗能过程。

(3) 卸载时调节方法不合理所消耗的能量。

通常情况下，当压力达到 P_{min} 时，空气压缩机通过以下方法来降压卸载：关闭进气阀使空气压缩机不再需要压缩气体做功，但空气压缩机的电动机还是要带动螺杆做回转运动的。据测算，空气压缩机卸载时的能耗占空气压缩机满载运行时的 10%~15%，在卸载时间段内，空气压缩机在做无用功，白白地消耗能量。同时，将分离罐中多余的压缩空气通过放空阀放空，这种调节方法也要造成很大的能量浪费。

2. 加、卸载供气控制方式的其他损失

(1) 靠机械方式调节进气阀，使供气量无法连续调节，当用气量不断变化时，供气压力不可避免地产生较大幅度的波动，从而供气压力精度达不到工艺要求，就会影响产品质量，甚至造成废品。再加上频繁调节进气阀，会加速进气阀的磨损，增加维修量和维修成本。

(2) 频繁地打开和关闭放气阀，会导致放气阀的寿命大大缩短。

8.8.3　空气压缩机变频调速的设计

1．空气压缩机变频调速系统概述

变频器是基于“交—直—交”电源变换原理，集电力电子和微计算机控制等技术于一身的综合性电气产品。变频器可根据控制对象的需要输出频率连续可调的交流电压。

由电动机知识可知，电动机转速与电源频率成正比，即：

$$n=\frac{60f(1-s)}{p} \tag{8-18}$$

式中，n 为转速；f 为输入交流电频率；s 为电动机转差率；p 为电动机磁极对数。

因此，用变频器输出频率可调的交流电压作为空气压缩机电动机的电源电压，就可以方便地改变空气压缩机的转速。

空气压缩机采用变频调速技术进行恒压供气控制时，系统原理框图如图 8.19 所示。

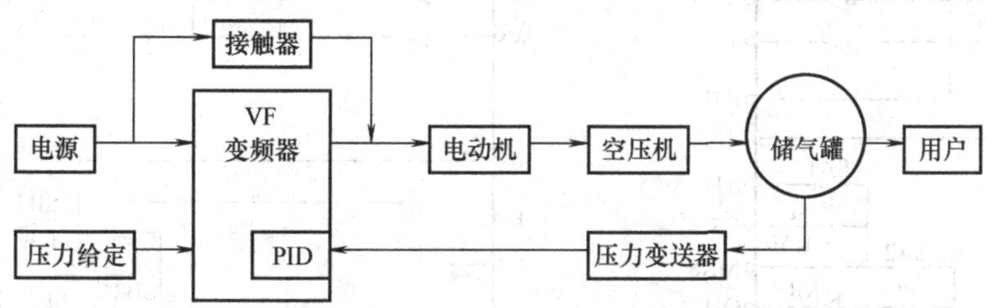

图 8.19　系统原理框图

变频调速系统将管网压力作为控制对象，压力变送器将储气罐的压力转变为电信号，送给变频器内部的 PID 调节器，与压力给定值进行比较，并根据差值的大小，按既定的 PID 控制模式进行运算，产生控制信号，去控制变频器的输出电压和逆变频率，调整电动机的转速，从而使实际压力始终维持在给定压力附近。另外，采用该方案后，空气压缩机电动机从静止到稳定转速可由变频器实现软启动，避免了启动时的大电流和启动给空气压缩机带来的机械冲击。

2．变频器的选择

由于空气压缩机是恒转矩负载，故变频器应选用通用型的。又因为空气压缩机的转速也不允许超过额定值，电动机不会过载，一般变频器出厂标注的额定容量都具有一定裕量的安全系数，所以，选择变频器容量与所驱动的电动机容量相同即可。若考虑更大的裕量，也可以选择比电动机容量大一个级别的变频器，但价格要高出不少。

假设改造的空气压缩机电动机型号为 LS286TSC-4，功率为 22kW，频率为 50Hz，额定电压为 380V，额定电流为 42A，4 极，转速为 1470r/min。可选用一台三菱 FR-A5F40-

22K 型变频器，配用电动机容量为 22kW，额定容量为 32.8kVA，额定电流为 43A，额定过载能力为 150%(1min)，内置有 PID 调节器。

3．变频器的运行控制方式

由于空气压缩机的运转速度不宜太低，对机械特性的硬度无什么要求，故可采用 *U*/*f* 控制方式。

4．空气压缩机变频调速系统的电路原理

空气压缩机变频调速系统的电路原理如图 8.20 所示。

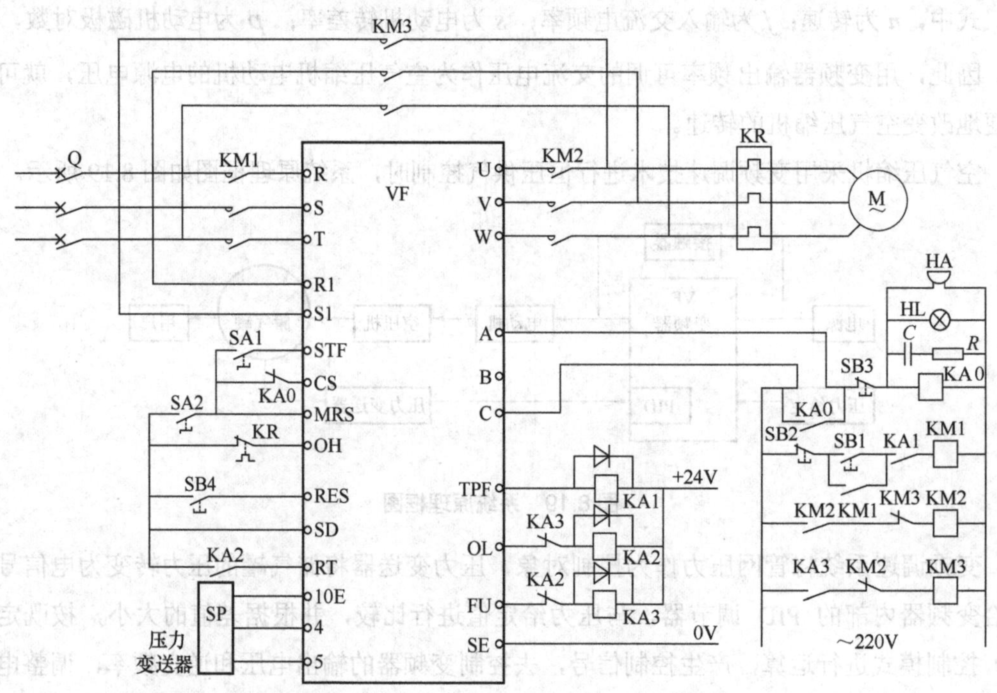

图 8.20　空气压缩机变频调速系统的电路原理

5．变频器的端子连接说明

(1) R、S、T 为变频器的三相交流电源输入端子，U、V、W 为变频器输出端子。

(2) 变频器的接线端子 R1、S1 为控制电源引入端，一般在变频器通电前需实现对变频器的有关功能进行预置，故 R1、S1 应接至接触器主触点 KM1 的前面。

(3) 变频器对外输出控制端子 IPF、OL 和 FU 都是晶体管集成电路开路输出，只能用于 36V 以下的直流电路内，而我国尚未生产线圈电压为直流低电压的接触器。因此采用线圈电压为 24V 的继电器 KA1、KA2、KA3 来过渡，并由这 3 个继电器分别控制 3 个交流接触器；KA1 控制 KM1；KA2 控制 KM2；KA3 控制 KM3。当 KM1、KM2 接通时，空气

压缩机在变频器控制下运行，当 KM3 接通时，空气压缩机在工频电源控制下运行。

(4) A、B、C 为出现故障报警异常输出端，正常时，A-C 间不通；异常时 A-C 间通。

(5) 端子 MRS，当与公共端 SD 接通(ON)时，变频运行和工频运行进行切换有效；不通(OFF)时，操作无效。

(6) 端子 CS，当与公共端 SD 接通(ON)时，变频运行；不通(OFF)时，工频运行。

(7) 端子 STF，当与公共端 SD 接通(ON)时，电动机正转；不通(OFF)时电动机停止。

(8) 端子 OH，当与公共端 SD 接通(ON)时，电动机正常；不通(OFF)时电动机过载。

(9) 端子 RES，当与公共端 SD 接通(ON)时，初始化；不通(OFF)时，正常运行。

(10) 端子 RT，当与公共端 SD 接通(ON)时，进入 PID 运行状态；不通(OFF)时 PID 不起作用。

6．压力变送器的选用与连接

根据用户要求的供气压力为 0.6MPa，这里选择的压力变频器型号为 DG1300-BZ-A-2-2，量程为 0~1MPa，输出 4~20mA 的模拟信号，精确度为 0.5%FS。

压力变送器的连接说明如下。

(1) 10E 端与 5 号端为压力变送器提供电压 DC10V。但须注意，若压力变送器需要 DC24V 电源，应另行配置。

(2) 压力反馈信号从 4 号端(电流信号)输入。

(3) 压力给定信号通过面板上的键盘进行设定，也可以通过外接电位器进行设定，这里采用前者。

7．KR 热继电器保护

为防止在工频运行状态下电动机过载，在电动机的电源接入电路中串有热继电器 KR。

8．变频器的功能预置

使用前，必须对变频器的以下功能进行预置。

(1) 上限频率。

由于空气压缩机的转速一般不允许超过额定值，故有：

$$f_H \leqslant f_N$$

式中，f_H 为设置上限频率，f_N 为额定频率。

(2) 下限频率。

空气压缩机采用变频调速后，其下限频率的预置要视压缩机机种的工作状况而定，一般来说，其范围为：

$$30\text{Hz} \leqslant f_L \leqslant 40\text{Hz}$$

式中的 f_L 为设置下限频率。

(3) 加、减速时间。

空气压缩机有时需要在储气罐已经有一定压力的情况下启动，这时，通常要求快一点加速，故加速时间应尽可能缩短(以启动过程不因为过电流而跳闸为原则)；减速时间可参照加速时间进行预置(以制动过程不因为过电压而跳闸为原则)。

(4) 升、降速方式。

空气压缩机对升、降速方式无特殊要求，可设置为线性方式。

(5) 操作模式。

由于变频器的切换功能只能在外部运行下有效，因此 Pr.79 预置为 2，使变频器进入“外部运行模式”。

(6) 切换功能。

① Pr.135：预置为 1，使切换功能有效。

② Pr.136：预置为 0.3，使切换 KA2、KA3 互锁时间预置为 0.3s。

③ Pr.137：预置为 0.5，启动等待时间预置为 0.5s。

④ Pr.138：预置为 1，试报警时切换功能有效，及让 KA2 断开、KA3 闭合。

⑤ Pr.139：预置为 9999，使到达某一频率的自动切换功能失效。

(7) 输入多功能端子。

① Pr.185：预置为 7，使 JOG 端子变为 OH 端子，以便用于接收外部热继电器的控制信号。

② Pr.186：预置为 6，使 CS 端子用于控制 KA3。

(8) 输出多功能端子。

① Pr.192：预置为 17，使 JIPF 端子用于控制 KA1。

② Pr.193：预置为 18，使 OL 端子用于控制 KA2。

③ Pr.194：预置为 19，使 FU 端子用于控制 KA3。

(9) 空气压缩机变频调速系统的工作过程。

① 首先使旋钮开关 SA2 闭合，接通 MRS，允许进行切换，由于 Pr.135 功能已经预置为 1，切换功能有效，这时，继电器 KA1、KA2 吸合，接触器 KM2 得电。

② 按下按钮 SB1，接触器 KM1 吸合，变频器接通电源和电动机。

③ 闭合旋钮 SA1，变频器进入运行状态，开始软启动电动机，使电动机慢慢缓缓升速至压力给定位置，稳定运行。

④ 当变频器发生故障时，“报警输出”端 A-C 之间接通，继电器 KA0 吸合，其动断触点使端子 CS 断开，允许进行变频和工频之间的切换；同时，蜂鸣器 HA 和指示灯 HL

进行声光报警。

⑤　继电器 KA1、KA2 断开，继电器 KA3 吸合，使接触器 KM1、KM2 断开，接触器 KMF3 吸合，进行由变频运行转为工频运行的切换。

⑥　操作人员按下按钮 SB3，可解除声光报警，并对变频器进行检修。

8.8.4　空气压缩机变频调速的安装调试

1．安装

为防止电网与变频器之间的干扰，在变频器的输入侧最好接一个电抗器。安装时，控制柜与压缩机之间的主配线不要超过 30m，主配线与控制线要分开走线，且保持一定距离。控制回路的配线采用屏蔽双绞线，接线距离应在 20m 以内。另外，控制柜内要装有换气扇，变频器接地端子要可靠接地，不与动力接地混用。

2．调试

完成变频器的功能设定及空载运行后，可进行系统联动调试。调试的主要步骤如下。

(1)　将变频器接入系统。

(2)　进行工频控制运行。

(3)　进行变频控制运行，其中包括开环与闭环控制两部分调试。

①　开环：此时，主要观察变频器频率上升的情况，设备的运行声音是否正常，空气压缩机的压力上升是否稳定，压力变送器显示是否正常，设备停机是否正常等。如一切正常，则可进行闭环调试。

②　闭环：主要依据是变频器频率上升与下降的速度与空气压缩机压力的升降相匹配，不要产生压力振荡，还要注意观察机械共振点，将共振点附近的频率跳过去。

接着对 PID 参数进行整定。由于空气压缩机系统对过渡过程时间无要求，故可以采用 PI 调节方式，以减少对变频器的冲击。

在对 PID 进行参数整定的过程中，首先根据经验，将比例带设定为 70%，积分时间常数设定为 60s；为不影响生产，采取改变给定值的方法，使压力给定值有个突变(相当于一个阶跃)，然后观察其响应过程(即压力变化过程)。经过多次调整，在比例带 $P=40\%$，积分时间常数 $T_i=12$s 时，观察到压力响应过程较为理想。压力给定值改变大约 5min(一个多周期)后，振幅在极小的范围内波动，对扰动反应达到了预期的效果。

在调速过程中，对下限频率调至 40Hz，然后用红外线测温仪对空气压缩机电动机的温升进行长时间、严格的检测，电动机温升在 3~6℃之间，属正常温升范围。所以在 40Hz 下限频率下运行对空气压缩机组的工作并无多大影响。

8.8.5 空气压缩机变频调速后的效益

1. 节约能源且使运行成本降低

空气压缩机的运行成本由三项组成：初始采购成本、维护成本和能源成本。其中，能源成本大约占压缩机运行成本的 80%。通过变频技术改造后，能源成本降低 20%，再加上变频启动后对设备的冲击减少，维护和维修量也跟随降低，所以运行成本将大大降低。通过测算，运行一年节约的成本费用就可以收回改造的投资。

2. 提高压力控制精度

变频控制系统具有精确的压力控制能力，能使空气压缩机的空气压力输出与用户空气系统所需的气量相匹配。变频控制空气压缩机的输出气量随着电动机转速的改变而改变。由于变频控制使电动机的转速精度提高，所以它可以使管网的系统压力保持恒定，有效地提高了产品的质量。

3. 全面改善压缩机的运行性能

变频器从 0Hz 启动压缩机，它的启动加速时间可以调整，从而能减少启动时对压缩机的电气部件和机械部件所造成的冲击，增强系统的可靠性，使压缩机的使用寿命延长。此外，变频控制能够减少机组启动时的电流波动(这一波动电流会影响电网和其他设备的用电。变频器能够有效地将启动电流的峰值减少到最低程度)。根据压缩机的工况要求，变频调速改造后，电动机运转速度明显减慢，因此，有效地降低了空气压缩机运行时的噪声。现场测定表明，噪声与原系统比较，下降了 3~7dB。

本章小结

本章列举了几个应用实例，可方便用户参照这些例子开发新的变频器应用项目。

采用变频调速系统，可以根据生产和工艺的要求适时进行速度调节，必然会提高产品质量和生产效益。变频调速系统可实现电动机软启动和软停止，使启动电流小，且能减少负载机械冲击；变频调速系统还具有操作容易、维护简便、控制精度高等特点。

思考与练习

(1) 举例说明电力拖动系统中应用变频器有哪些优点。

(2) 简述恒压供水系统的构成及工作过程。

(3) 简述机床的变频调速原理。

(4) 画出空气压缩机变频调速系统的电路原理图，说明电路的工作过程。

(5) 画出变频器 1 拖 3 的电路图，说明供水量变化的循环过程。

(6) 简述变频电梯的系统构成及工作原理。

(7) 简述变频器在生产线传送带上应用的工作过程。

(8) 画出料车卷扬变频调速系统的电路原理图，并说明电路工作过程。

第9章 项 目 实 训

项目1 正转连续控制电路

一、项目目的

熟练利用变频器实现正转运行控制。

二、项目内容

利用森兰 SB40 系列变频器，设计电动机正转运行控制电路，要求稳定运行频率为50Hz。

三、相关知识点分析

1．森兰 SB40 系列变频器的外形

森兰 SB40 系列变频器的外形如图 9.1 所示。

2．森兰 SB40 系列变频器的端子介绍

森兰 SB40 系列变频器的配线部分如图 9.2 所示。

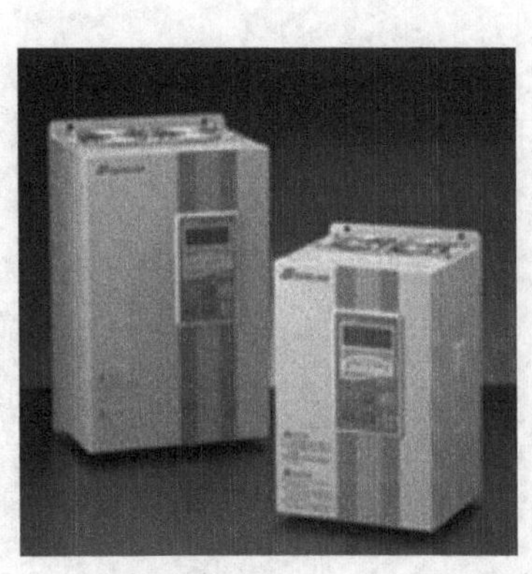

图 9.1 森兰 SB40 系列变频器的外形

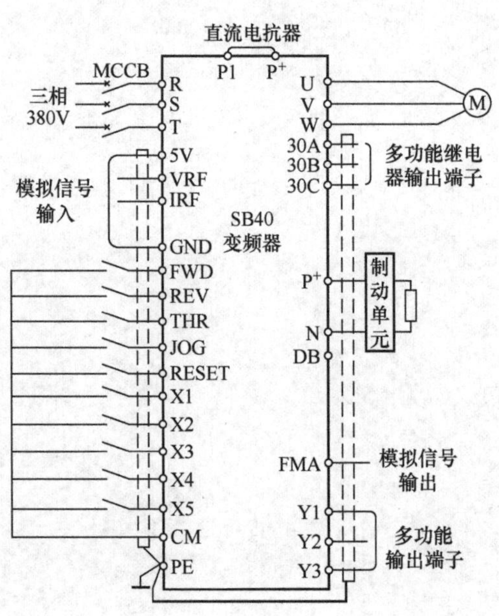

图 9.2 森兰 SB40 系列变频器的配线部分

(1) 主回路端子说明。

主回路端子说明如表 9.1 所示。

表 9.1 主回路端子说明

符 号	端子说明
R、S、T	变频器电源端子，接三相 380V
U、V、W	变频器输出端子
P1、P^+	直流电抗器连接用端子
P、DB	外部制动电阻器连接用端子
P^+、DB	外部制动电阻器连接用端子
P^+、N	制动单元连接端子
PE	变频器接地端子

① 主电路电源端子 R、S、T。

输入电源通过断路器或带漏电保护的断路器连接至主回路电源端子 R、S、T，断路器(MCCB)的额定电流为变频器额定电流的 1.5~2 倍，电源连接无须考虑相序。

建议输入电源通过一个交流接触器主触点连接至变频器，在变频器故障时切断电源，防止故障扩大。

② 变频器输出端子 U、V、W。

变频器输出端子 U、V、W 按正确相序连接至三相电动机。如运行命令和电动机的旋转方向不一致时，可在 U、V、W 三相中任意更换其两相接线。

不要将电容器或浪涌吸收器连接于变频器的输出侧。

变频器与电动机之间配线很长时，由于线间分布电容较大，可能造成变频器运行不正常甚至过电流跳闸，因此，配线很长时，应当在输出侧连接滤波器或磁环，并且适当降低载波频率。

变频器与电动机之间接线的距离与载波频率的关系如表 9.2 所示。

表 9.2 变频器与电动机之间接线的距离与载波频率的关系

接线距离	<50m	<100m	≥100m
载波频率	≤9kHz	≤7kHz	≤3kHz
F79	≤7	≤5	≤2

③ 直流电抗器连接用端子 P1、P^+。

连接改善功率因数 DC(直流)电抗器选件，DC 电抗器按变频器容量配用。

出厂时，其上有短接片，连接 DC 电抗器前应先拿掉短路片。

当不用 DC 电抗器时，不能拿掉短路片。

④ 外部制动电阻器连接用端子 P、DB 或 P^+、DB。

这些端子用于连接外部制动电阻(选件)，如果变频器已经在内部连接制动电阻，应先断开内部制动电阻，再在 P、DB 端子上连接外部制动电阻。

配置外部制动电阻时，配线长度应小于 5m，并用双绞线。

P^+和 DB 端子间绝对不能短路，否则将损坏设备。

⑤ 制动单元连接端子 P^+、N。

用于连接外部制动单元(选件)，在制动单元上连接制动电阻。

⑥ 变频器接地端子 PE。

为了安全和减少噪声，防止电击和火警事故，接地端子必须良好接地，接地电阻要小于 10Ω。

多台变频器接地时，不要使接地线形成回路。

(2) 控制回路端子说明。

① 多功能继电器输出端子 30A、30B、30C。

继电器动作时，常开触点 30A、30B 闭合，常闭触点 30B、30C 断开。端子可承受 220VAC/1A，相关功能见参数 F94。

② 多功能输出端子 Y1、Y2、Y3。

集电极开路输出，端子可承受 24VDC/50mA，相关功能见参数 F70~F72。

③ 多功能输入端子 X1~X5。

当 F51=0 和 F69=0 时，作多段频率输入，X1、X2、X3 与 CM 接通/断开，选择多段频率 1~7 段；当 F69=0 且 F51≠0 时，接通 X3 与 CM：变频器按 F51 方式运行；断开 X3 与 CM：变频器程序运行停止；接通 X2 与 CM：变频器程序运行暂停；接通 X1 与 CM 且 F51=4 时：变频器以 F00 设置的频率正转运行。

当 F69=0 时，X4、X5 与 CM 接通/断开，选择 4 种加、减速时间(功能码：F08~F15)；当 F01=3 或 4 时，X4、X5 做外控加、减频率用，加、减速时间固定为第一加、减速时间，X4 为递减，X5 为递增。

④ 外控模拟信号端子 VRF、IRF、FMA。

VRF、IRF：模拟电压(DC0~5V 或 0~10V，输入电阻 10kΩ)、电流(DC4~20mA，输入电阻 240Ω)信号输入端。

FMA：模拟信号输出(0~20mA，0~10V)，可显示输出电流、负载、频率。

短接针 SW1 用来选择模拟电流或模拟电压输入，SW2 选择 VRF 为 0~5V 或 0~10V 模拟电压输入。

⑤　外控运行端子 JOG、FWD、REV。

JOG：当变频器处于停止状态时，短接 JOG 与 CM，再短接 FWD 和 CM 或 REV 和 CM，变频器点动正、反转，使用参数 F03 的停车方式有效。

FWD：当 F02=1 或 2 时有效。接通 FWD 与 CM，变频器正转，断开则减速停止；当用触摸面板控制运行时，FWD 做控制转向用。短接 FWD 与 CM 为反转，断开为正转。

REV：当 F02=1 或 2 时有效。接通 REV 与 CM，变频器反转运转，断开则减速停止。REV、FWD 同时接通 CM 时，变频器停止。

⑥　外部报警 THR 和复位 RESET。

THR：断开 THR 与 CM，产生外部报警(OLE)，变频器立即关断输出。

RESET：短接 RESET 与 CM，变频器复位。

⑦　外控电源端子 5V、GND、CM。

5V 为控制电源。

GND 为控制电源地。

CM 为控制输入端及运行状态输出端的公共地。

⑧　FMA 输出选择开关 SW1 和 VRF 信号输入选择开关 SW2。

SW1 用来选择 FMA 输出信号为模拟电压还是模拟电流；SW2 用来选择 VRF 输入信号为 0~10V 或 0~5V 模拟电压。

⑨　控制回路端子连接的注意事项。

由于模拟输入信号为弱电信号，容易受到外部干扰的影响，控制回路端子配线时，必须使用屏蔽电缆，并将屏蔽层近端良好接地。控制回路端子连线与主回路端子连线、电源线以及其他动力线分开，两者不能平行排列，只能交叉穿过，否则会产生严重干扰，影响变频器的正常使用。

3. 相关参数介绍

(1)　F00：频率给定　　　　设定范围　0.10~400.0Hz

说明：该参数用来设定变频器输出频率的值，输出频率受最大频率和上、下限频率以及启动频率、直流制动起始频率、回避频率的限制。

(2)　F04：最大频率　　　　设定范围　50.00~400.0Hz

(3)　F21：上限频率　　　　设定范围　0.50~400.0Hz

F22：下限频率　　　　设定范围　0.10~400.0Hz

说明：上限频率和下限频率是变频器允许运行的最高频率和最低频率。

(4)　F02：运转指令来源　　　　设定范围　0~2

F02=0：用面板上的运行、停止/复位键控制变频器的运行。

F02=1：用端子 FWD、REV 控制变频器的运行，面板上的停止/复位键有效。

F02=2：用端子 FWD、REV 控制变频器的运行，面板上的停止/复位键无效。

(5) F19：点动运转频率　　　　　　设定范围　0.10~400.0Hz

F20：点动加减速时间　　　　　　设定范围　0.1~600s

说明：先闭合 JOG 与 CM 端，再闭合 FWD/REV 与 CM 端，变频器由启动频率加速到点动运转频率，断开 FWD/REV 与 CM 端时，变频器便由点动频率减速至停止。点动运转的加、减速时间由参数 F20 来决定，当变频器在运行时点动无效，当点动运行时，其他运行也无效，仅受参数 F68 的控制。

(6) F68：转向锁定　　　　　　　设定范围　0~2

说明：设定变频器运行的方向。

0：正/反转均可。

1：正转有效。

2：反转有效。

当设定为反转有效时，即使输入正转指令，也只是反转运行；当设定为正转有效时，即使输入反转指令，也只是正转运行。

四、设备、工具和材料准备

(1) 工具。电工通用工具、镊子等。

(2) 仪表。MF47 型万用表、5050 型兆欧表。

(3) 器材。训练器材如表 9.3 所示。

表 9.3　训练器材

序　号	名　称	型号与规格	单　位	数　量	备　注
1	三相四线电源	~3×380/220V，20A	处	1	
2	单相交流电源	~220V 和 36V，5A	处	1	
3	变频器	SB40 或自定	台	1	
4	三相笼型异步电动机	Y112M－4			
5	配线板	500mm×600mm×20mm	块	1	
6	交流接触器	CJT1-20	块	1	
7	空气断路器	DZ47-C20	个	1	
8	导轨	C45	米	0.4	
9	熔断器及熔芯配套	RL1-60/20	套	3	
10	熔断器及熔芯配套	RL1-15/4	套	2	
11	三联按钮	LA10-3H 或 LA4-3H	个	2	
12	电位器	47kΩ，2W	个	1	

续表

序　号	名　称	型号与规格	单　位	数　量	备　注
13	接线端子排	JX2-1015，500V、10A、15 节或配套自定	条	1	
14	木螺钉	ϕ3×20mm；ϕ3×15mm	个	40	
15	平垫圈	ϕ4mm	个	40	
16	塑料软铜线	BVR-1.5mm^2，颜色自定	米	40	
17	塑料软铜线	BVR-0.75mm^2，颜色自定	米	10	
18	别径压端子	UT2.5-4，UT1-4	个	40	
19	行线槽	TC3025，两边打ϕ3.5mm 的孔	条	5	
20	异型塑料管	ϕ3mm	米	0.2	

五、操作方法

变频器控制正转运行里提供了 3 种实现的方法，具体介绍如下。

1. 正转运行的基本电路

(1) 硬件设计。

如图 9.3 所示，首先将正转接线端 FWD 与公共端 CM 相接，然后接通电源(令接触器 KM 吸合)，电动机即可以开始正转运行了，如果要停止，则只需按下操作面板上的停止/复位键即可，按下停止/复位键后，变频器就会从设定频率下降到 0。

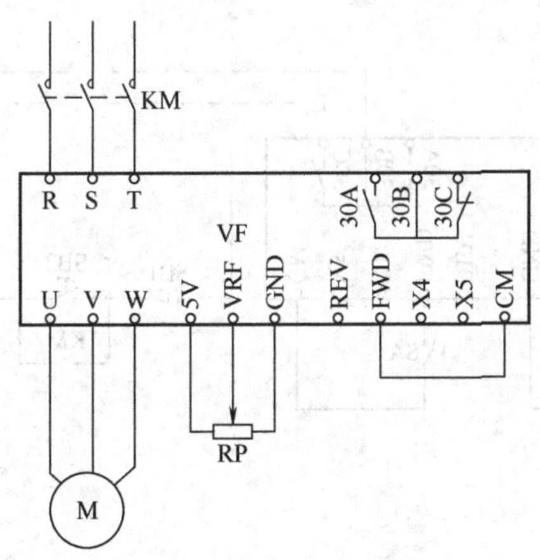

图 9.3　正转运行的基本电路

(2) 参数设计。

相关参数设定如下。

① F00 设定为 50Hz(设定变频器的输出频率为 50Hz)。

② F02 设定为 1(设定端子 FWD、REV 控制变频器运行，面板停止/复位键有效)。

③ F21 设定为 60Hz(设定运行的上限频率)。

④ F22 设定为 0.5Hz(设定运行的下限频率)。

另外，如果电动机的旋转方向与实际需要的方向相反，可以不必更换电动机的接线，而通过以下方法来更正：将由 CM 接至 FWD 的连线改接至 REV 端；接至 FWD 的连线断开，而通过功能预置(F02 设定为 0)来改变旋转方向。

当变频器通过外接信号进行控制时，一般不推荐由接触器 KM 来直接控制电动机的启动和停止，主要原因有以下三种。

第一，控制电路的电源在尚未充电至正常电压之前，其工作状况有可能出现紊乱。尽管新开发的变频器对此已经做了处理，但所做的处理仍须由控制电路来完成。因此，其准确性和可靠性难以得到充分的保证。

第二，通过接触器 KM 切断电源时，变频器已经不工作了，电动机将处于自由制动状态，不能按预置的降速时间来停机。

第三，变频器在刚接通电源的瞬间，充电电流是很大的，会构成对电网的干扰。因此，应将变频器接通电源的次数降到最少。

2. 旋钮开关控制的正转电路

(1) 硬件设计。

硬件设计如图 9.4 所示。

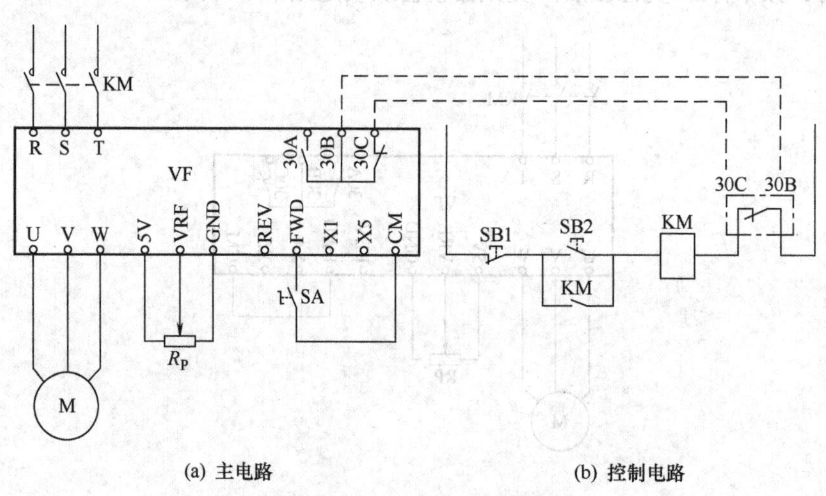

图 9.4 旋钮开关控制的正转运行电路

电路的特点是：在端子 FWD 和 CM 之间接入旋钮开关 SA。接触器 KM 仅用于接通变频器电源。电动机的启动和停止由旋钮开关 SA 来控制。

图 9.4 中的 30B 和 30C 是变频器的跳闸信号，正常运行时保持闭合。

(2) 参数设计。

相关参数设定如下。

① F00 设定为 50Hz(设定变频器的输出频率为 50Hz)。

② F02 设定为 2(设定用端子 FWD、REV 控制变频器运行，面板停止/复位键无效)。

③ F21 设定为 60Hz(设定运行的上限频率)。

④ F22 设定为 0.5Hz(设定运行的下限频率)。

此电路的优点是简单明了，缺点是在 KM 与 SA 之间无互锁环节，难以防止先合上 SA，再接通 KM，或在 SA 尚未断开、电动机未停机的情况下，通过 KM 切断电源的误动作。

3. 继电器控制的正转电路

(1) 硬件设计。

由图 9.5 可知，电动机的启动与停止是由继电器 KA 来完成的。在接触器 KM 未吸合前，继电器 KA 是不能接通的，从而防止了先接通 KA 的误动作。而当 KA 接通时，其常开触点使常闭按钮 SB1 失去作用，从而保证了只有在电动机先停机的情况下，才能使变频器切断电源。

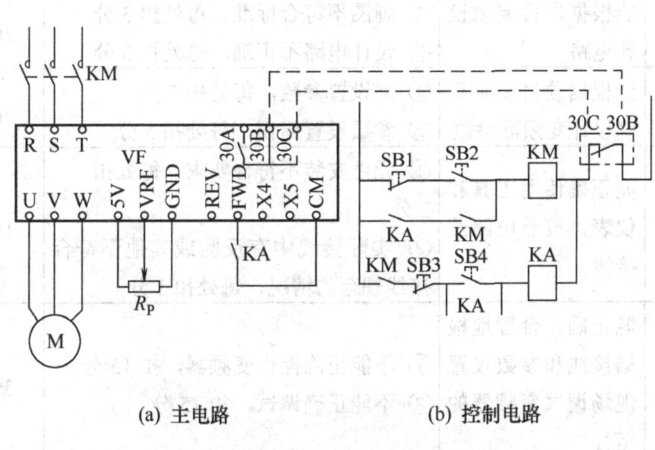

(a) 主电路　　(b) 控制电路

图 9.5 继电器控制的正转运行电路

(2) 参数设计。

相关参数设定如下。

① F00 设定为 50Hz(设定变频器的输出频率为 50Hz)。

② F02 设定为 2(设定用端子 FWD、REV 控制变频器运行，面板停止/复位键无效)。

③ F21 设定为 60Hz(设定运行的上限频率)。

④ F22 设定为 0.5Hz(设定运行的下限频率)。

4．注意事项

(1) 当对运行过程要求不是很严格时，可以直接采用操作面板上的按键配合使用来实现正转运行和停止，但相应参数 F02 应设定为 0。

(2) 一定要在断电后才能接线，否则容易损坏变频器。

六、训练内容

(1) 设计电动机点动正转运行控制电路，运行中不能反转。

(2) 设计电动机正转运行控制电路，要求稳定运行频率为 40Hz。

七、评分标准

评分标准如表 9.4 所示。

表 9.4 评分标准

序号	主要内容	考核要求	评分标准		配分	扣分	得分
1	电路设计	能根据项目要求设计电路	① 画图不符合标准，每处扣 3 分 ② 设计电路不正确，每处扣 5 分		20		
2	参数设置	能根据项目要求正确设计变频器参数	① 漏设置参数，每处扣 5 分 ② 参数设置错误，每处扣 5 分		40		
3	接线	能正确使用工具和仪表，按照电路图接线	① 元件安装不符合要求，每处扣 2 分 ② 实际接线中有反圈或其他不符合接线规范的情况，每处扣 1 分		10		
4	调试	能正确、合理地根据接线和参数设置现场调试变频器的运行	① 不能正确操作变频器，扣 15 分 ② 不能正确调试，扣 15 分		30		
5	安全文明生产	在保证人身和设备安全的情况下生产	违反安全文明生产规程，扣 5~20 分				
备注			合计				
			教师签字	年　月　日			

项目 2 正、反转控制电路

一、项目目的

熟练利用变频器实现正、反转运行。

二、项目内容

利用森兰 SB40 系列变频器设计电动机正、反转运行控制电路，要求稳定运行频率为 50Hz，加、减速时间均为 5s，但为了防止共振，要求电动机不能运行于 21Hz 和 35Hz。

三、相关知识点分析

相关参数介绍如下。

(1) F03 电动机停车方式 设定范围 0~1

0：电动机以减速刹车停止。

变频器与电动机依设定的减速时间，以减速的方式减速至 0。

1：电动机以自由制动方式停止。

变频器立即停止输出，电动机依负载惯性自由运转至停止。

(2) F23 回避频率 1 设定范围 0.00~400.0Hz

F24 回避频率 2 设定范围 0.00~400.0Hz

F25 回避频率 3 设定范围 0.00~400.0Hz

说明：回避频率的设置，是禁止变频器在此频率点运行。

(3) F08 第一加速时间 设定范围 0.1~3600s

F09 第一减速时间 设定范围 0.1~3600s

(4) F69 X1~X5 端子功能 设定范围 0~1

F69=0：选择 X1~X5 端子功能。

F69=1：无效。

注：ON 表示端子 X1~X5 与 CM 闭合，OFF 表示端子 X1~X5 与 CM 断开。F01=4 时，X4、X5 设定 F00 值，加、减速时间为第一加减速时间，X4 为递减，X5 为递增。

当 F69=0 时，X4、X5 与 CM 接通/断开，可以选择 4 种加、减速时间，具体说明如表 9.5 所示。

表 9.5　加、减速时间的选择

X4	X5	加、减速时间
OFF	OFF	第一加减速时间加、减速
ON	OFF	第二加减速时间加、减速
OFF	ON	第三加减速时间加、减速
ON	ON	第四加减速时间加、减速

(5)　F94：继电器输出　　　　　设定范围　0~12

说明：该参数用来选择 Y1~Y3(设定范围 0~11)和继电器端子(设定范围 0~12)30A、30B、30C 的输出信号；Y1~Y3 为集电极开路输出。

F94=0：运转中。

当变频器处于运行状态时，输出信号。

F94=1：停止中。

当变频器处于停止状态时，输出信号。

F94=2：频率到达。

当变频器的输出频率到达设定频率时，输出信号。

F94=3：检出频率到达。

当变频器的输出频率到达任意输出频率设定值(F77)时，输出信号。

F94=4：过载预报。

当变频器的输出电流超过电子热动电平设定的值且 F16=1、2 时，输出信号。

F94=5：外部报警。

当端子 THR-CM 之间断开时，输出信号。

F94=6：面板操作。

当设置为触摸面板实现运行操作时，输出信号。

F94=7：欠压停止。

由于欠压引起变频器停止时，输出信号。

F94=8：程序运行中。

当设为程序运行时，X3-CM 之间闭合，输出信号。

F94=9：程序运行完成。

当变频器执行程序运行时，运行完成一个周期后，输出 0.5s 信号。

F94=10：程序运行暂停。

当变频器执行程序运行，端子 X2-CM 之间闭合时，输出信号。

F94=11：程序一个阶段运行完成。

当变频器执行程序运行，每完成七段的一个阶段，输出 0.5s 信号。

F94=12：故障报警。

当变频器有故障时，仅继电器动作，常开触点闭合。

四、设备、工具和材料准备

(1) 工具。电工通用工具、镊子等。

(2) 仪表。MF47 型万用表、5050 型兆欧表。

(3) 器材。训练器材如表 9.6 所示。

表 9.6 训练器材

序号	名称	型号与规格	单位	数量	备注
1	三相四线电源	~3×380/220V，20A	处	1	
2	单相交流电源	~220V 和 36V，5A	处	1	
3	变频器	SB40 或自定	台	1	
4	三相笼型异步电动机	Y112M-4			
5	配线板	500mm×600mm×20mm	块	1	
6	交流接触器	CJT1-20	块	2	
7	空气断路器	DZ47-C20	个	1	
8	导轨	C45	米	0.4	
9	熔断器及熔芯配套	RL1-60/20	套	3	
10	熔断器及熔芯配套	RL1-15/4	套	2	
11	三联按钮	LA10-3H 或 LA4-3H	个	2	
12	电位器	47kΩ，2W	个	1	
13	接线端子排	JX2-1015，500V、10A、15 节或配套自定	条	1	
14	木螺钉	ϕ3×20mm；ϕ3×15mm	个	40	
15	平垫圈	ϕ4mm	个	40	
16	塑料软铜线	BVR-1.5mm^2，颜色自定	米	40	
17	塑料软铜线	BVR-0.75mm^2，颜色自定	米	10	
18	别径压端子	UT2.5-4，UT1-4	个	40	
19	行线槽	TC3025，两边打ϕ3.5mm 孔	条	5	
20	异型塑料管	ϕ3mm	米	0.2	

五、操作方法

针对变频器控制的正、反转运行，在这里，提供两种实现的方法，具体介绍如下。

1. 三位旋钮开关控制正、反转电路

(1) 硬件设计。

硬件设计如图 9.6 所示，此图与图 9.3 所示的正转控制电路完全类似，只是把旋钮开关改为 3 位开关了，即开关有“正转”、“停止”、“反转”三个位置。

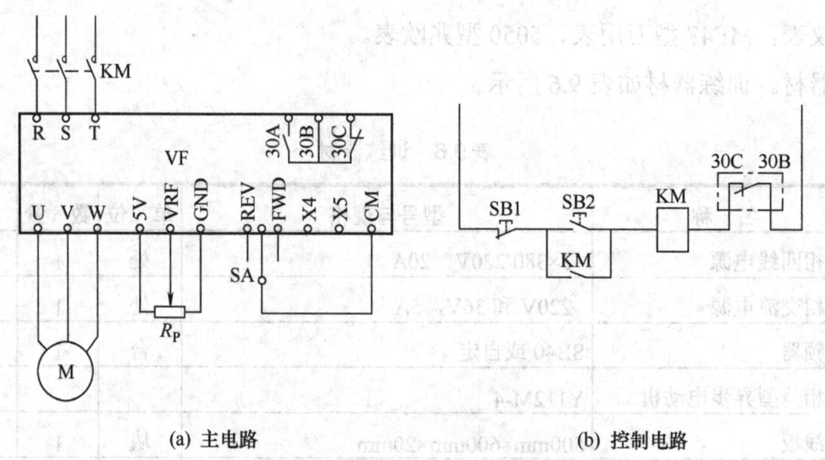

图 9.6 旋钮开关控制正、反转电路

(2) 参数设计。

相关参数设定如下。

① F00 设定为 50Hz(设定变频器的输出频率为 50Hz)。

② F02 设定为 2(设定用端子 FWD、REV 控制变频器运行，面板停止/复位键无效)。

③ F03 设定为 0(变频器与电动机依设定的减速时间，以减速的方式减速至 0)。

④ F08 设定为 5s(加速时间设定)。

⑤ F09 设定为 5s(减速时间设定)。

⑥ F23 设定为 21Hz(第一个回避频率设定)。

⑦ F24 设定为 35Hz(第二个回避频率设定)。

⑧ F69 设定为 0(设定外部端子有效)。

⑨ F94 设定为 12(继电器输出设定为故障输出)。

此方案的优缺点也与图 9.4 所示的电路相同，即电路结构简单，但难以避免由 KM 直接控制电动机的误操作。

2. 继电器控制的正、反转电路

(1) 硬件设计。

硬件设计如图 9.7 所示，此图与图 9.4 也类似。

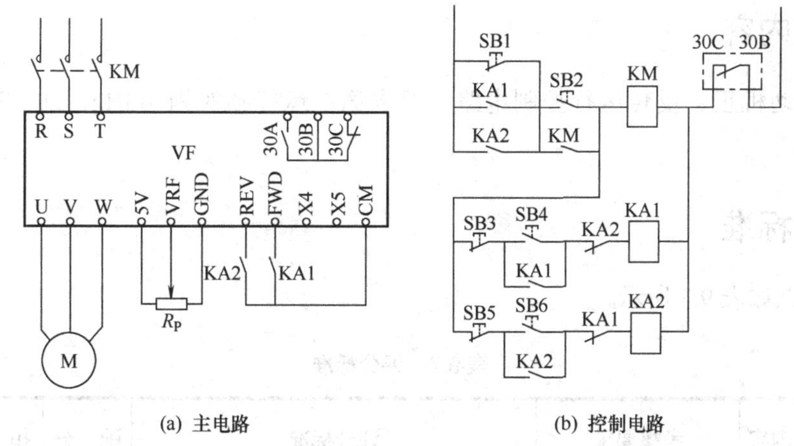

(a) 主电路　　　　(b) 控制电路

图 9.7　继电器控制的正、反转电路

按钮 SB1、SB2 用于控制接触器 KM，从而控制变频器接通或切断电源。

按钮 SB3、SB4 用于控制正转继电器 KA1，从而控制电动机的正转运行。

按钮 SB5、SB6 用于控制反转继电器 KA2，从而控制电动机的反转运行。

正转与反转运行只有在接触器 KM 已经动作、变频器已经通电的状态下才能进行。

与动断(常闭)按钮 SB1 并联的 KA1、KA2 触点用以防止电动机在运行状态下通过 KM 直接停止运行。

(2) 参数设计。

相关参数设定如下。

① F00 设定为 50Hz(设定变频器的输出频率为 50Hz)。

② F02 设定为 2(设定用端子 FWD、REV 控制变频器运行，面板停止/复位键无效)。

③ F03 设定为 0(变频器与电动机依设定的减速时间，以减速的方式减速至 0)。

④ F08 设定为 5s(加速时间设定)。

⑤ F09 设定为 5s(减速时间设定)。

⑥ F23 设定为 21Hz(第一个回避频率设定)。

⑦ F24 设定为 35Hz(第二个回避频率设定)。

⑧ F69 设定为 0(设定外部端子有效)。

⑨ F94 设定为 12(继电器输出设定为故障输出)。

3. 注意事项

(1) 当对运行过程要求不是很严格时，同样可以直接采用面板上的按键配合使用来实现正、反转运行和停止，但相应参数 F02 应设定为 0。

(2) 一定要在断电后才能接线，否则容易损坏变频器。

六、训练内容

设计电动机正、反转运行控制电路，要求稳定运行频率为 45Hz，加、减速时间均为 4s。

七、评分标准

评分标准如表 9.7 所示。

表 9.7 评分标准

序 号	主要内容	考核要求	评分标准	配 分	扣 分	得 分
1	电路设计	能根据项目要求设计电路	① 画图不符合标准，每处扣 3 分 ② 设计电路不正确，每处扣 5 分	20		
2	参数设置	能根据项目要求正确设计变频器参数	① 漏设置参数，每处扣 5 分 ② 参数设置错误，每处扣 5 分	40		
3	接线	能正确使用工具和仪表，按照电路图接线	① 元件安装不符合要求，每处扣 2 分 ② 实际接线中有反圈或其他不符合接线规范的情况，每处扣 1 分	10		
4	调试	能正确、合理地根据接线和参数设置现场调试变频器的运行	① 不能正确操作变频器，扣 15 分 ② 不能正确调试，扣 15 分	30		
5	安全文明生产	在保证人身和设备安全的情况下生产	违反安全文明生产规程，扣 5~20 分			
备注			合计			
			教师签字	年	月	日

项目 3 外接两地控制电路

一、项目目的

熟练利用变频器实现外接多地控制运行。

二、项目内容

利用森兰 SB40 系列变频器设计电动机外接两地控制运行控制电路。

三、相关知识点分析

1．森兰 SB40 系列变频器外部模拟信号端子 VRF 的介绍

外部模拟信号端子 VRF 是模拟电压(DC0~5V 或 0~10V，输入电阻 10kΩ)信号的输入端，当参数设计成相应值后，加在 VRF 和 GND 两点之间的电压与变频器的输出频率是成比例关系的。

2．森兰 SB40 系列变频器外部端子 X4、X5 介绍

当 F69=0 时，X4、X5 与 CM 接通/断开，选择 4 种加、减速时间(功能码：F08~F15)；F01=4 或 5 时，X4、X5 做外控加、减频率用，加、减速时间固定为第一加减速时间，X4 为递减，X5 为递增。

3．森兰 SB40 系列变频器操作面板说明

操作面板的外观如图 9.8 所示。

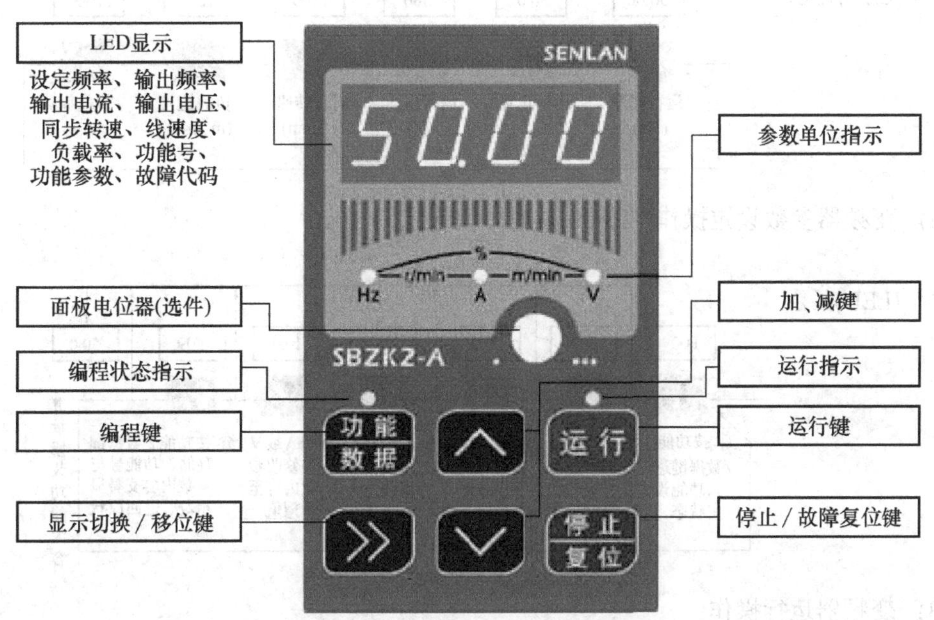

图 9.8　森兰 SB40 系列变频器的操作面板外观

该面板共有 4 种：不带面板电位器的中、英文面板，带面板电位器的中、英文面板。在此仅给出一款加以说明，说明如表 9.8 所示。

表9.8 带面板电位器的中文面板

按 键	功 能	按 键	功 能
功能/数据	读出功能号和数据。 数据写入确认	运行	变频器运行命令
≫	显示状态切换。 转换功能内容的修改位	停止/复位	变频器停止命令。 故障复位命令。 Err5 复位命令
∧	功能号和功能内容的递增	面板电位器	调节变频器的设定频率
∨	功能号和功能内容的递减		

注：出厂时，变频器操作面板没有频率调节电位器，如果需要带频率调节电位器的操作面板，应在订货时提出要求

4．森兰 SB40 系列变频器操作面板的操作说明

(1) 变频器运行时显示内容切换(以 15kW 变频器为例)：

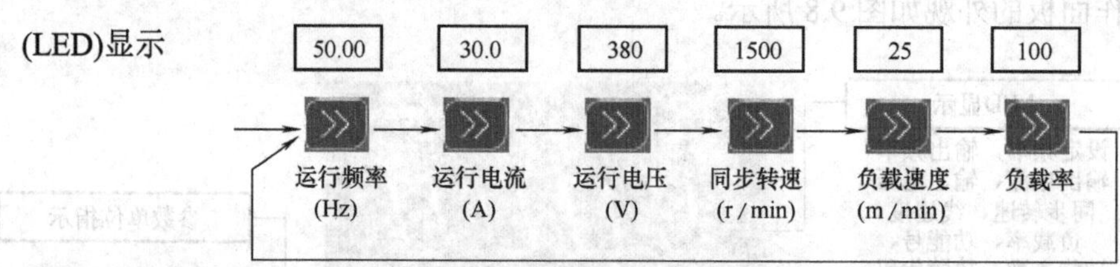

(2) 变频器参数设定操作(将 F09 减速时间设定为 10s)：

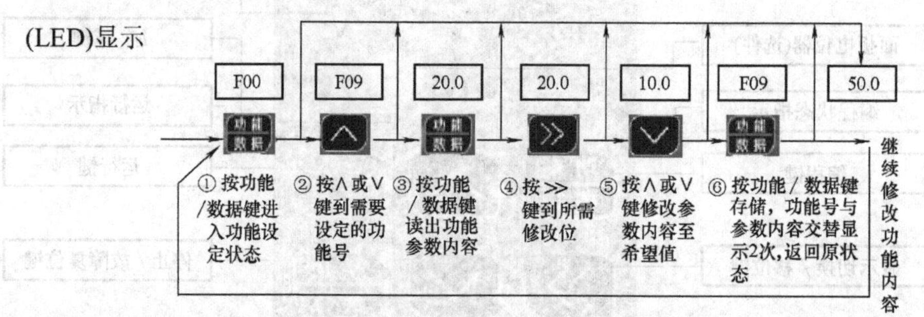

(3) 变频器运行操作：

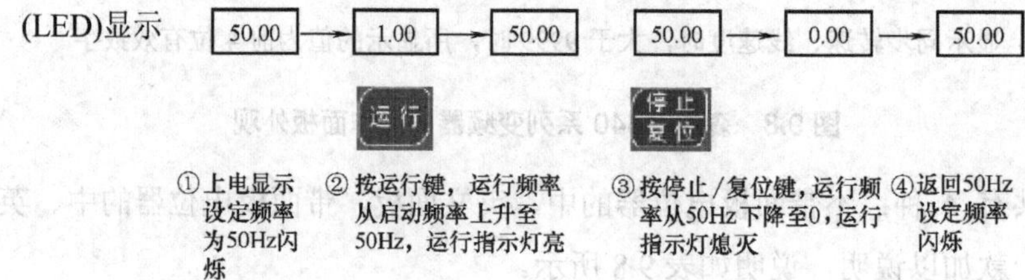

5. 相关参数介绍

(1) F01：频率给定方式　　　　设定范围：0~5

说明：本功能参数是用来选择变频器的频率设置方式的。

F01=0：频率由 F00 或面板上的∧/∨键控制。

变频器上电时，将 F00 功能的频率值作为设定频率，运行和停止时，均可通过∧/∨键或修改 F00 功能内容来改变变频器的设定频率。

F01=1：频率由面板电位器控制。

变频器将面板电位器对应的频率值作为设定频率，在运行和停止时，均可以通过调节面板电位器，来改变变频器的设定频率。

F01=2：频率由外控端子 VRF 信号控制。

变频器将外控端子 VRF 输入信号对应的频率值作为设定频率，在运行和停止时，均可以通过调节 VRF 输入信号改变变频器的设定频率，VRF 可以通过 SW2 短接针开关选择 0~5V 与 0~10V 信号模式。

F01=3：频率由外控端子 IRF 信号控制。

变频器将外控端子 IRF 输入信号对应的频率值作为设定频率，在运行和停止时，均可以通过调节 IRF 输入信号改变变频器的设定频率。

F01=4：频率由 F00 或由∧/∨键和 X4、X5 设定，记忆设定的频率。

变频器上电时，将 F00 功能的频率值作为设定频率，在运行和停止时，均可以用∧/∨键或通过修改 F00 功能的内容来改变变频器的设定频率，也可以通过外控端子 X4(递减)、X5(递增)来改变变频器的设定频率，在变频器掉电时，自动存储设定频率的所有改变。

F01=5：频率由 F00 或由∧/∨键和 X4、X5 设定，不记忆 X4、X5 设定的频率。

操作过程同 F01=4，在变频器掉电时，自动存储 F00 和∧/∨键对设定频率的改变，不存储端子 X4、X5 对设定频率的改变。

(2) F39：端子加、减频率　　　　设定范围：0.01~1.00Hz

说明：F01=4 或 5 时，设定以外部端子 X4、X5 调整频率的步进量，其他情况无效。

四、设备、工具和材料准备

(1) 工具。电工通用工具、镊子等。

(2) 仪表。MF47 型万用表、5050 型兆欧表。

(3) 器材。训练器材如表 9.9 所示。

表 9.9 训练器材

序 号	名 称	型号与规格	单 位	数 量	备 注
1	三相四线电源	~3×380/220V，20A	处	1	
2	单相交流电源	~220V 和 36V，5A	处	1	
3	变频器	SB40 或自定	台	1	
4	三相笼型异步电动机	Y112M-4	台	1	
5	配线板	500mm×600mm×20mm	块	1	
6	交流接触器	CJT1-20	块	1	
7	空气断路器	DZ47-C20	个	1	
8	导轨	C45	米	0.4	
9	熔断器及熔芯配套	RL1-60/20	套	3	
10	熔断器及熔芯配套	RL1-15/4	套	2	
11	三联按钮	LA10-3H 或 LA4-3H	个	2	
12	电位器	47kΩ，2W	个	1	
13	接线端子排	JX2-1015，500V、10A、15 节或配套自定	条	1	
14	木螺钉	ϕ3×20mm；ϕ3×15mm	个	40	
15	平垫圈	ϕ4mm	个	40	
16	塑料软铜线	BVR-1.5mm^2，颜色自定	米	40	
17	塑料软铜线	BVR-0.75mm^2，颜色自定	米	10	
18	别径压端子	UT2.5-4，UT1-4	个	40	
19	行线槽	TC3025，两边打ϕ3.5mm 孔	条	5	
20	异型塑料管	ϕ3mm	米	0.2	

五、操作方法

在实际生产中，常常需要在两个地点都能对同一台电动机进行升、降速控制。在大多数情况下，都是通过外接控制来实现的，在这里，提供两种实现的方法。

1. 电位器方式控制的外接两地控制电路

(1) 硬件设计。

硬件设计如图 9.9(a)所示。当 3 位选择开关 SA 合至 A 时，由电位器 RP_A 调节转速；当 SA 合至 B 时，由电位器 RP_B 调节转速。

(2) 参数设计。

相关参数设定如下。

① F01 设定为 2(频率由外控端子 VRF 设定)。

② F02 设定为 1(设定用端子 FWD、REV 控制变频器运行，面板停止/复位键有效)。

③ F03 设定为 0(变频器与电动机依设定的减速时间，以减速的方式减速至 0)。

④　F08 设定为 5s(加速时间设定)。

⑤　F09 设定为 5s(减速时间设定)。

此法有一个明显的缺点：由于两地的电位器不可能同步调节，故两地电位器滑动接点的位置不可能相同。因此，当开关 SA 进行切换时，不可能立即在原有转速的基础上进行调节。例如，电动机的转速先由 RP_A 进行调节(SA 在 A 位)。当 SA 合至 B 位时，电动机的转速将首先改变为与 RP_B 的状态相一致，故切换前后的转速难以衔接。

2. 按钮方式控制的外接两地控制电路

(1)　硬件设计。

该方法采用的是利用变频器中的升、降速功能进行控制，具体如图 9.9(b)所示。

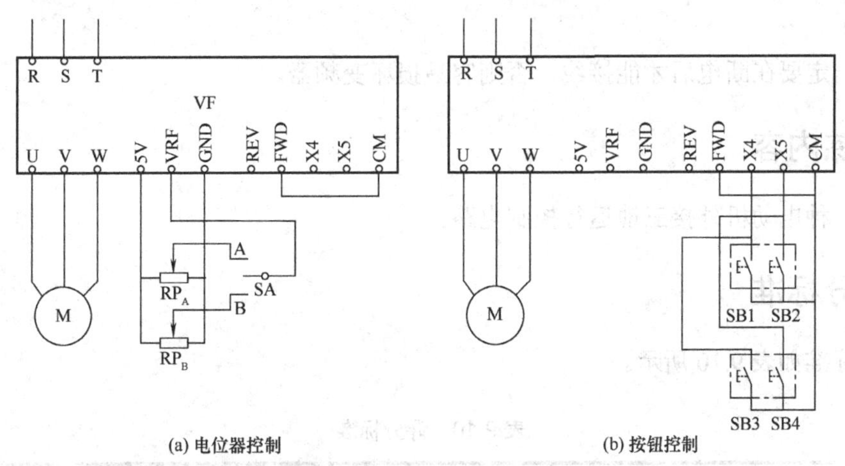

图 9.9　外接两地升、降速控制

图 9.9 中，SB1 和 SB2 是一组升、降速按钮；SB3 和 SB4 是另一组升、降速按钮。

首先，通过功能预置，使 X4 和 X5 端子具有以下功能：

X5 接通 → 频率上升。

X5 断开 → 频率保持。

X4 接通 → 频率下降。

X4 断开 → 频率保持。

因此，在图 9.9(b)中，按下 SB2 或 SB4，都能使频率上升，松开后频率保持；反之，按下 SB1 或 SB3，都能使频率下降，松开后频率保持，从而在异地控制时，电动机的转速总是在原有转速的基础上升降的，很好地实现了两地控制。依此类推，还可实现多处控制。

(2)　参数设计。

相关参数设定如下。

①　F01 设定为 4(频率由 F00 或由∧/∨键和 X4、X5 设定，失电后，记忆设定的频率)。

② F02 设定为 1(设定用端子 FWD、REV 控制变频器运行，面板停止/复位键有效)。

③ F03 设定为 0(变频器与电动机依设定的减速时间，以减速的方式减速至 0)。

④ F08 设定为 5s(加速时间设定)。

⑤ F09 设定为 5s(减速时间设定)。

⑥ F39 设定为 0.01(设定调整频率的步进量)。

3. 注意事项

(1) 采用电位器方式控制时，接线时一定不要接外加电压，只需要利用变频器内部提供的+5V 电压即可。

(2) 当发现电动机的转向和要求不符合时，只要参照前两个项目所介绍的知识直接调整就可以了。

(3) 一定要在断电后才能接线，否则容易损坏变频器。

六、训练内容

设计一种电动机外接三地运行控制电路。

七、评分标准

评分标准如表 9.10 所示。

表 9.10 评分标准

序 号	主要内容	考核要求	评分标准	配 分	扣 分	得 分
1	电路设计	能根据项目要求设计电路	① 画图不符合标准，每处扣 3 分 ② 设计电路不正确，每处扣 5 分	20		
2	参数设置	能根据项目要求正确设计变频器参数	① 漏设置参数，每处扣 5 分 ② 参数设置错误，每处扣 5 分	40		
3	接线	能正确使用工具和仪表，按照电路图接线	① 元件安装不符合要求，每处扣 2 分 ② 实际接线中有反圈或其他不符合接线规范的情况，每处扣 1 分	10		
4	调试	能正确、合理地根据接线和参数设置现场调试变频器的运行	① 不能正确操作变频器，扣 15 分 ② 不能正确调试，扣 15 分	30		
5	安全文明生产	在保证人身和设备安全的情况下生产	违反安全文明生产规程，扣 5~20 分			
备注			合计			
			教师签字	年 月 日		

项目 4　变频与工频切换的控制电路

一、项目目的

熟练利用变频器实现变频与工频切换运行。

二、项目内容

利用森兰 SB40 系列变频器设计变频与工频切换控制电路。控制要求如下。

(1) 用户可根据工作需要选择“工频运行”或“变频运行”。

(2) 在“变频运行”时，一旦变频器因故障而跳闸时，可自动切换为“工频运行”方式，同时进行声光报警。

三、相关知识点分析

在变频器实际控制运行中，如果变频器一旦出现故障，或当变频器达到一定的运行频率时，想切换成工频运行是经常遇到的问题，解决这个问题可利用多功能继电器输出端子 30A、30B、30C，功能设定方法参见 F94。

四、设备、工具和材料准备

(1) 工具。电工通用工具、镊子等。

(2) 仪表。MF47 型万用表、5050 型兆欧表。

(3) 器材。训练器材如表 9.11 所示。

表 9.11　训练器材

序 号	名 称	型号与规格	单 位	数 量	备 注
1	三相四线电源	~3×380/220V，20A	处	1	
2	单相交流电源	~220V 和 36V，5A	处	1	
3	变频器	SB40 或自定	台	1	
4	三相笼型异步电动机	Y112M-4			
5	配线板	500mm×600mm×20mm	块	1	
6	交流接触器	CJT1-20	块	1	
7	空气断路器	DZ47-C20	个	1	
8	导轨	C45	米	0.4	
9	熔断器及熔芯配套	RL1-60/20	套	3	
10	熔断器及熔芯配套	RL1-15/4	套	2	

续表

序　号	名　称	型号与规格	单　位	数　量	备　注
11	三联按钮	LA10-3H 或 LA4-3H	个	2	
12	电位器	47kΩ，2W	个	1	
13	接线端子排	JX2-1015，500V、10A、15 节或配套自定	条	1	
14	木螺钉	ϕ3×20mm；ϕ3×15mm	个	40	
15	平垫圈	ϕ4mm	个	40	
16	塑料软铜线	BVR-1.5mm^2，颜色自定	米	40	
17	塑料软铜线	BVR-0.75mm^2，颜色自定	米	10	
18	别径压端子	UT2.5-4，UT1-4	个	40	
19	行线槽	TC3025，两边打ϕ3.5mm 孔	条	5	
20	异型塑料管	ϕ3mm	米	0.2	

五、操作方法

1. 硬件设计

如图 9.10 所示为变频与工频切换的电路。

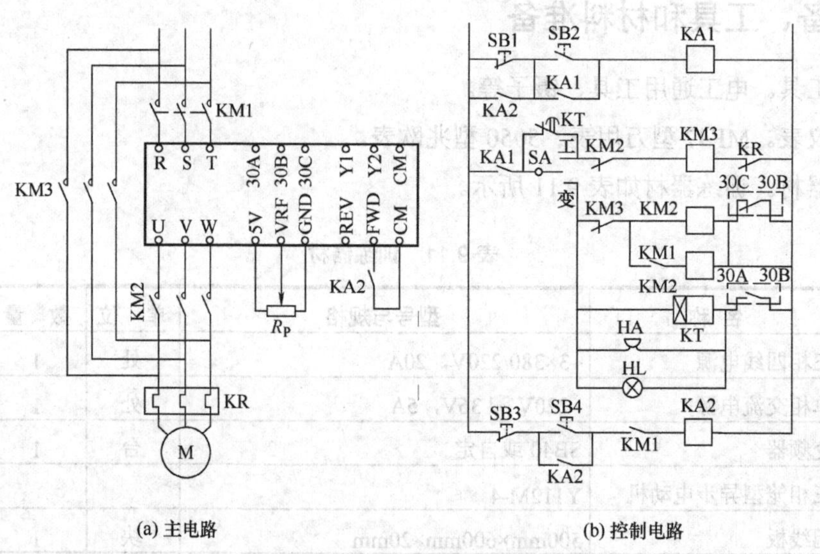

(a) 主电路　　(b) 控制电路

图 9.10　继电器控制的切换电路

主电路如图 9.10(a)所示，接触器 KM1 用于将电源接至变频器的输入端，KM2 用于将变频器的输出端接至电动机，KM3 用于将工频电源直接接至电动机，热继电器 KR 用于工频运行时的过载保护。

对控制电路的要求是：接触器 KM2 和 KM3 绝对不允许同时接通，互相间必须有可靠的互锁。

控制电路如图 9.10(b)所示，运行方式由 3 位开关 SA 进行选择。

当 SA 合至“工频”运行方式时，按下启动按钮 SB2，中间继电器 KA1 动作并自锁，进而使接触器 KM3 动作，电动机进入“工频运行”状态。按下停止按钮 SB1，中间继电器 KA1 和接触器 KM3 均断电，电动机停止运行。

当 SA 合至“变频”运行方式时，按下启动按钮 SB2，中间继电器 KA1 动作，并自锁，进而使接触器 KM2 动作，将电动机接至变频器的输出端。KM2 动作后，KM1 也动作，将工频电源接到变频器的输入端，并允许电动机启动。

按下 SB4，中间继电器 KA2 动作，电动机开始升速，进入“变频运行”状态。KA2 动作后，停止按钮 SB1 将失去作用，以防止直接通过切断变频器电源使电动机停机。

在变频运行过程中，如果变频器因故障而跳闸，则 30B-30C 断开，接触器 KM2 和 KM1 均断电，变频器和电源之间，以及电动机和变频器之间，都被切断；与此同时，30B-30A 闭合，一方面，由蜂鸣器 HA 和指示灯 HL 进行声光报警。同时，时间继电器 KT 延时后闭合，使 KM3 动作，电动机进入工频运行状态。

操作人员发现后，应将选择开关 SA 旋至“工”频运行位置。这时，声光报警停止，并使时间继电器断电。

2. 参数设计

相关参数设定如下。

(1) F01 设定为 2(频率由外控端子 VRF 设定)。

(2) F02 设定为 2(设定用端子 FWD、REV 控制变频器运行，面板停止/复位键无效)。

(3) F94 设定为 12(继电器输出设定为故障输出)。

3. 注意事项

(1) 对控制电路加入的供电电源一定要根据元件型号和变频器要求的相关规定来选择。

(2) 必须在断电以后才能够进行变频器的外围线路连接。

六、训练内容

设计电动机变频与工频切换的运行控制电路，要求在变频运行到 45Hz 时切换。

七、评分标准

评分标准如表 9.12 所示。

表 9.12 评分标准

序 号	主要内容	考核要求	评分标准	配 分	扣 分	得 分
1	电路设计	能根据项目要求设计电路	① 画图不符合标准，每处扣 3 分 ② 设计电路不正确，每处扣 5 分	20		
2	参数设置	能根据项目要求正确设计变频器参数	① 漏设置参数，每处扣 5 分 ② 参数设置错误，每处扣 5 分	40		
3	接线	能正确使用工具和仪表，按照电路图接线	① 元件安装不符合要求，每处扣 2 分 ② 实际接线中有反圈或其他不符合接线规范的情况，每处扣 1 分	10		
4	调试	能正确、合理地根据接线和参数设置现场调试变频器的运行	① 不能正确操作变频器，扣 15 分 ② 不能正确调试，扣 15 分	30		
5	安全文明生产	在保证人身和设备安全的情况下生产	违反安全文明生产规程，扣 5~20 分			
备注			合计			
			教师签字	年 月 日		

项目 5 PID 控制电路

一、项目目的

熟练使用变频器的 PID 控制功能。

二、项目内容

用 BT12S 系列变频器的 PID 控制功能实现恒压供水。

三、相关知识点分析

PID 是属于闭环控制中的一种常见形式，反馈信号取自拖动系统的输出端，当输出量偏离要求的给定值时，反馈信号成比例地变化。在输出端，给定信号和反馈信号相比较，存在一个偏差值。对该偏差值经过 PID 调节，变频器通过改变其输出频率，迅速、正确地消除拖动系统的偏差，回到给定值，振荡和误差都比较小。

1. 反馈信号的接入方法

反馈信号的接入常有两种方法，具体介绍如下。

(1) 变频器在使用 PID 功能时，将传感器测得的反馈信号直接接到给定信号端，其目标量由键盘给定。

(2) 有的变频器专门配置了独立的反馈信号输入端，有的变频器还为传感器配置了电源，这类变频器的目标值可以由键盘给定，也可以从给定输入端输入。

2. 常见的压力传送器及其接线方法

(1) 远传压力表。其基本结构是在压力表的指针轴上附加一个能够带动电位器的滑动触点装置。因此，从电路器件的角度看，实际上是一个电阻值随压力而变的电位器。使用时，需另外设计电路，将压力的大小转换成电压或电流信号。

远传压力表的价格较低廉，但由于电位器的滑动点总在一个地方摩擦，故寿命较短。

(2) 压力传感器。其输出信号是随压力而变的电压或电流信号。

当距离较远时，应取电流信号，以消除因线路压降引起的误差。通常取 4~20mA，以利区别零信号和无信号(零信号：信号系统工作正常，信号值为零；无信号：信号系统因断路或未工作而没有信号)。

(3) 电接点压力表。这是比较老式的一种，在压力的上限位和下限位都有电接点。这种压力表比较直观，为相当一部分用户所熟悉。

上述三种压力传感装置的接线如图 9.11 所示。

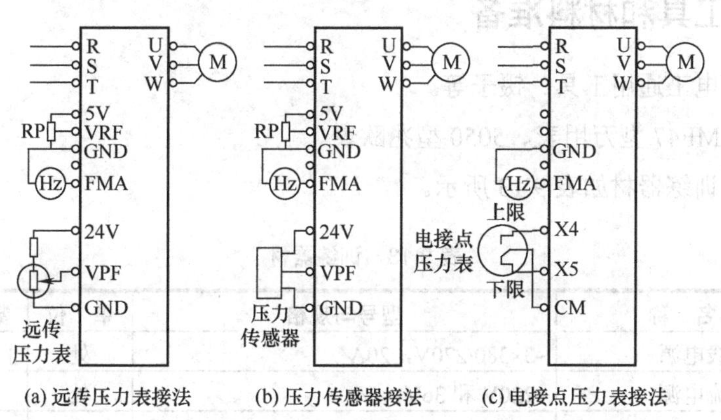

图 9.11　压力传感装置的接线

3. BT12S 变频器相关端子介绍

(1) 5V：作为频率设定器(可调电阻 1~5kΩ)用电源。

(2) GND：为 VRF、IRF、VPF、IPF、FMA 的公共端。

(3) VRF：模拟电压信号输入端(DC0~5V)或(DC0~10V)，输入电阻 10kΩ。

(4) VPF：传感器反馈电压信号输入。

4．BT12S 系列变频器相关参数介绍

(1) F01：频率给定方式　　　　设定范围：0~2

0：触摸面板控制。

1：外控 0~5V(0~10V)控制。

2：外控 4~20mA 控制。

(2) F60：比例常数　　　　　　设定范围：1~8000

说明：比例系数设定误差值的增益，此参数越大，比例调节越强。

(3) F61：积分时间　　　　　　设定范围：最小设定量为 0.1s

说明：此功能用于为解除 PID 控制所产生的残留偏差而对积分时间进行设置。当用于水位控制时，此功能用于调节运行电动机的切换时间。

(4) F62：反馈采样周期　　　　设定范围：0.1~100.0s

说明：此功能设置传感器反馈信号采样的周期，根据系统时间常数设定。

(5) F63：偏差范围　　　　　　设定范围：0.1~100

说明：闭环系统的相对偏差值=|给定值-反馈值|，如果此相对偏差值大于偏差范围的设定值，则 PID 系统进行调节，如果此相对偏差值不大于偏差范围的设定值，则 PID 系统停止调节，输出保持不变。

四、设备、工具和材料准备

(1) 工具。电工通用工具、镊子等。

(2) 仪表。MF47 型万用表、5050 型兆欧表。

(3) 器材。训练器材如表 9.13 所示。

表 9.13　训练器材

序　号	名　称	型号与规格	单　位	数　量	备　注
1	三相四线电源	~3×380/220V，20A	处	1	
2	单相交流电源	~220V 和 36V，5A	处	1	
3	变频器	SB40 或自定	台	1	
4	三相笼型异步电动机	Y112M-4			
5	配线板	500mm×600mm×20mm	块	1	
6	交流接触器	CJT1-20	块	1	
7	空气断路器	DZ47-C20	个	1	
8	导轨	C45	米	0.4	

续表

序　号	名　称	型号与规格	单　位	数　量	备　注
9	熔断器及熔芯配套	RL1-60/20	套	3	
10	熔断器及熔芯配套	RL1-15/4	套	2	
11	三联按钮	LA10-3H 或 LA4-3H	个	2	
12	电位器	47kΩ，2W	个	1	
13	接线端子排	JX2-1015，500V、10A、15 节或配套自定	条	1	
14	木螺钉	ϕ3×20mm；ϕ3×15mm	个	40	
15	平垫圈	ϕ4mm	个	40	
16	塑料软铜线	BVR-1.5mm^2，颜色自定	米	40	
17	塑料软铜线	BVR-0.75mm^2，颜色自定	米	10	
18	别径压端子	UT2.5-4，UT1-4	个	40	
19	行线槽	TC3025，两边打ϕ3.5mm 孔	条	5	
20	异型塑料管	ϕ3mm	米	0.2	

五、操作方法

1. 硬件设计

图 9.12 所示为恒压供水系统接线示意图。

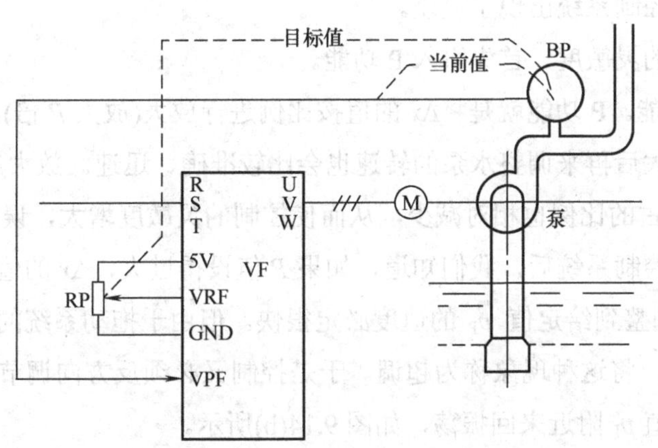

图 9.12　恒压供水系统接线示意图

2. 过程分析

图 9.13 所示为 PID 调节的恒压供水系统示意图，供水系统的实际压力由压力传感器转换成电量(电压或电流)，反馈到 PID 调节器的输入端(即 x_f)，下面介绍其 PID 调节功能。

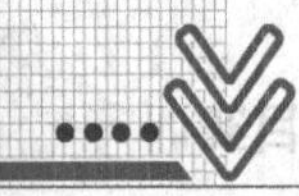

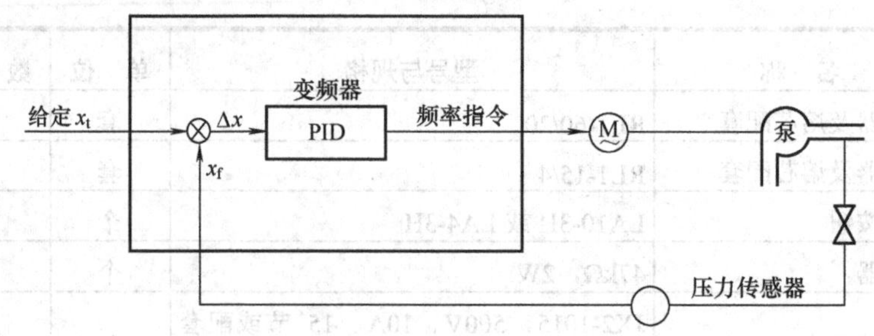

图 9.13 PID 调节的恒压供水系统示意图

(1) 比较与判断功能。首先为 PID 调节器给定一个电信号 X_t，该给定信号对应着系统的给定压力 p_P，当压力传感器将供水系统的实际压力 p_x 转变成电信号(即 X_f)，送回 PID 调节器的输入端时，调节器首先将它与压力给定电信号 X_t 相比较，得到的偏差信号为Δx(见图 9.14(a))，即：$\Delta x = x_t - x_f$。

当$\Delta x>0$ 时：给定值>供水压力，在这种情况下，水泵应升速。Δx 越大，水泵的升速幅度就越大。

当$\Delta x<0$ 时：给定值<供水压力，在这种情况下，水泵应降速。$|\Delta x|$ 越大，水泵的降速幅度也越大。

如果Δx 的值很小，则反应就可能不够灵敏。另外，不管控制系统的动态响应多么好，也不可能完全消除静差。这里的静差是指Δx 的值不可能完全降到 0，而始终有一个很小的静差存在，从而使控制系统出现了误差。

为了增大控制的灵敏度，首先引入 P 功能。

(2) P(比例)功能。P 功能就是将Δx 的值按比例进行放大(放大 P 倍)，这样，尽管Δx 的值很小，但是经放大后再来调整水泵的转速也会比较准确、迅速。放大后，Δx 的值大大增加，静差 s 在Δx 中占的比例也相对减少，从而使控制的灵敏度增大，误差减小。

通过学习自动控制系统后，我们知道，如果 P 值设得过大，Δx 的值变得很大，供水系统的实际压力 p_x 调整到给定值 p_P 的速度必定很快。但由于拖动系统的惯性原因，很容易发生 $p_x>p_P$ 的情况，将这种现象称为超调。于是控制又必须反方向调节，这样就会使系统的实际压力在给定值 p_P 附近来回振荡，如图 9.14(b)所示。

分析产生振荡现象的原因：主要是加、减速过程都太快的缘故，为了缓解因 P 功能给定过大而引起的超调振荡，可以引入 I 功能。

(3) I(积分)功能。I 功能就是对偏差信号Δx 取积分后再输出，其作用是延长加速和减速的时间，以缓解因 P(比例)功能设置过大而引起的超调。P 功能与 I 功能结合，就是 PI 功能，图 9.14(c)就是经 PI 调节后供水系统实际压力 p_x 的变化波形。

从图中可看出，尽管增加 I 功能后使得超调减少，避免了供水系统的压力振荡，但是也延长了供水压力重新回到给定值 p_P 的时间。为了克服上述缺陷，又增加了 D 功能。

(4) D(微分)功能。D 功能就是对偏差信号Δx 取微分后再输出。也就是说，当供水压力 p_x 刚开始下降时，dp_x/dt 最大，此时Δx 的变化率最大，D 功能输出也就最大。此时水泵的转速会突然增大一下。随着水泵转速的逐渐升高，供水压力会逐渐恢复，dp_x/dt 会逐渐减小，D 功能输出也会迅速衰减，供水系统又呈现 PI 调节。图 9.14(d)即为 PID 调节后，供水压力 p_x 的变化情况。

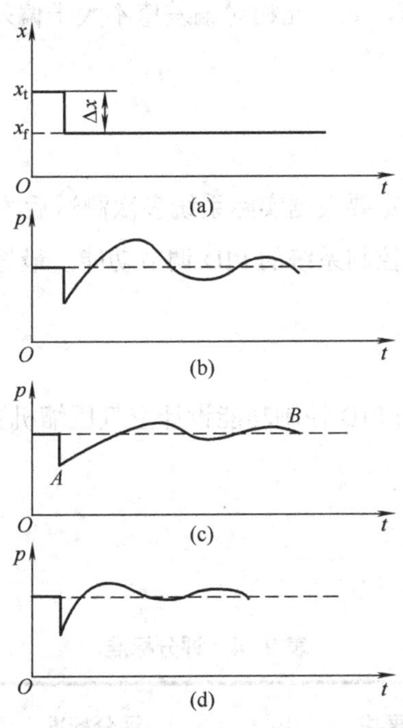

图 9.14　PID 调节波形

可以看到，经 PID 调节后的供水压力，既保证了系统的动态响应进度，又避免了在调节过程中的振荡，因此，变频器的 PID 调节功能在控制系统中得到了广泛的应用。

3. 参数设计

现代大部分的通用变频器都自带了 PID 调节功能，也有少部分是通过附加选件补充的。以 BT12S 变频器为例，当选择了 PID 功能后，需要输入以下几个参数(但具体每个参数输入多大的值，必须根据实际系统来选择)。

(1) F01 设定为 1(设定频率由外控 0~5V 或 0~10V 控制)。

(2) F60 设定(设定比例常数)。

说明：该值设计得越大，反馈的微小变化量就会引起执行值很大的变化。也有些变频器是以比例范围给出该参数。

(3) F61 设定(设定积分时间)。

说明：积分时间是指积分作用时 p_x 到达给定值的时间。也就是图 9.14(c)中 A 点到 B 点的时间。该时间设计得越小，到达给定值就越快，但也越易振荡。

(4) F62 设定(设定反馈采样周期)。

(5) F63 设定(设定偏差范围)。

说明：闭环系统的相对偏差值=|给定值-反馈值|，如果此相对偏差值大于偏差范围的设定值，则 PID 系统进行调节，如果此相对偏差值不大于偏差范围的设定值，则 PID 系统停止调节，输出保持不变。

4．注意事项

(1) 输入的相应参数值一定要根据实际系统多次测试后才能最终确定。

(2) 如果想要更好地实现控制系统的 PID 调节功能，最好选择功能强的变频器。

六、训练内容

利用 BT12S 系列变频器的 PID 控制功能设计空气压缩机变频运行控制电路。

七、评分标准

评分标准如表 9.14 所示。

表 9.14　评分标准

序 号	主要内容	考核要求	评分标准	配 分	扣 分	得 分
1	电路设计	能根据项目要求设计电路	① 画图不符合标准，每处扣 3 分 ② 设计电路不正确，每处扣 5 分	20		
2	参数设置	能根据项目要求正确设计变频器参数	① 漏设置参数，每处扣 5 分 ② 参数设置错误，每处扣 5 分	40		
3	接线	能正确使用工具和仪表，按照电路图接线	① 元件安装不符合要求，每处扣 2 分 ② 实际接线中有反圈或其他不符合接线规范的情况，每处扣 1 分	10		
4	调试	能正确、合理地根据接线和参数设置现场调试变频器的运行	① 不能正确操作变频器，扣 15 分 ② 不能正确调试，扣 15 分	30		

续表

序 号	主要内容	考核要求	评分标准		配 分	扣 分	得 分
5	安全文明生产	在保证人身和设备安全的情况下生产	违反安全文明生产规程，扣 5~20 分				
备注			合计				
			教师签字	年　　月　　日			

项目 6　多段速控制电路

一、项目目的

熟练利用变频器实现多段速控制运行。

二、项目内容

用森兰 SB40 系列变频器设计变速提升和下放液态物体的多段速控制运行电路，传输示意图如图 9.15 所示，图中画有用于控制的 4 个接近开关 SQ_1、SQ_2、SQ_3、SQ_4。

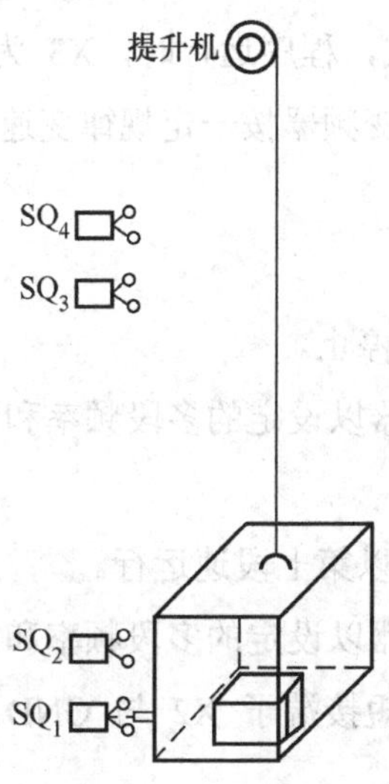

图 9.15　液态物体上、下传输的示意图

三、相关知识点分析

当用电动机来驱动一个传送液态物体的设备时，如果传送过程中速度变化不够合理，很容易使液体溅出，造成材料浪费，甚至酿成事故。

使用变频器可以很容易地满足液态物体的程序控制。变频器可以任意设置启动升速时间和制动减速时间，使启动和制动过程平稳；还可以轻易地做到多挡转速程序控制。

相关参数说明如下。

(1) F38：程序运行时间倍率　设定范围：0~1

0：变频器程序运行的时间为每一段运行时间的和乘以 10。

1：变频器程序运行的时间为每一段运行时间的和。

(2) F44：多段频率 1　设定范围：0.10~400Hz

F45：多段频率 2　设定范围：0.10~400Hz

F46：多段频率 3　设定范围：0.10~400Hz

F47：多段频率 4　设定范围：0.10~400Hz

F48：多段频率 5　设定范围：0.10~400Hz

F49：多段频率 6　设定范围：0.10~400Hz

F50：多段频率 7　设定范围：0.10~400Hz

说明：程序运行时设定各段速度的运行频率，也作为外控端子 X1~X3 多段速运行时的各段频率，多段频率受最大频率(F04)和上、下限频率的控制，做多段速运行时，可参阅 F69 的介绍。

(3) F51：程序运行模式选择　设定范围：0~4

说明：F51 设定程序运行模式，程序运行时，X3 为运行控制，X2 为程序运行暂停，X1 为优先运行指令。此功能实现变频器按一定规律变速运行。

F51=0：禁止程序运行模式。

禁止变频器的 PLC 运行模式。

F51=1：程序运行一个周期后停止。

短接端子 X3 与 GND，变频器以设定的多段频率和加减速时间从第 1 段频率运行到第 7 段频率后停止。

F51=2：程序运行一个周期后以第七段速运行。

短接端子 X3 与 GND，变频器以设定的多段频率和加减速时间从第 1 段频率运行到第 7 段频率后以第 7 段频率运行；短接端子 X2 与 GND，程序运行暂停；断开端子 X3 与 GND，变频器停止。

F51=3：程序循环运行。

短接端子 X3 与 GND，变频器以设定的多段频率和加、减速时间从第 1 段频率运行到第 7 段频率，循环运行；短接端子 X2 与 GND，程序运行暂停；断开端子 X3 与 GND，变频器停止。

F51=4：程序优先运行指令运行。

短接端子 X3 与 GND，变频器以设定的多段频率和加、减速时间从第 1 段频率运行到第 7 段频率后，变频器将以 F00 设置的频率运行；短接端子 X2 与 GND，程序运行暂停；断开端子 X3 与 GND，变频器停止。

(4) F52：程序运行时间 1　　设定范围：0.0~3600s

F54：程序运行时间 2　　设定范围：0.0~3600s

F56：程序运行时间 3　　设定范围：0.0~3600s

F58：程序运行时间 4　　设定范围：0.0~3600s

F60：程序运行时间 5　　设定范围：0.0~3600s

F62：程序运行时间 6　　设定范围：0.0~3600s

F64：程序运行时间 7　　设定范围：0.0~3600s

说明：设置程序运行 7 阶段的运行时间，若 F52~F64 中任意一段时间为 0，则此阶段运转将被省略，自动跳到下个阶段执行。如果 F38=0，运行时间=设定值×10s，如果 F38=1，运行时间=设定值。

(5) F53：程序运行方向及加、减速选择 1　　设定范围：01~14

F55：程序运行方向及加、减速选择 2　　设定范围：01~14

F57：程序运行方向及加、减速选择 3　　设定范围：01~14

F59：程序运行方向及加、减速选择 4　　设定范围：01~14

F61：程序运行方向及加、减速选择 5　　设定范围：01~14

F63：程序运行方向及加、减速选择 6　　设定范围：01~14

F65：程序运行方向及加、减速选择 7　　设定范围：01~14

说明：设定程序运行中 7 个阶段的运行方向及加、减速时间。个位表示第 1/2/3/4 的加、减速时间。十位 0 表示正转，1 表示反转。具体功能如表 9.15 所示。

表 9.15　F53~F65 参数的功能

设 定 值	功　能	设 定 值	功　能
01	第 1 段加、减速时间正转	11	第 1 段加、减速时间反转
02	第 2 段加、减速时间正转	12	第 2 段加、减速时间反转
03	第 3 段加、减速时间正转	13	第 3 段加、减速时间反转
04	第 4 段加、减速时间正转	14	第 4 段加、减速时间反转

(6) F69：X1~X3 端子功能　　设定范围：0~1

当 F69 设定为 0 时，X1~X3 的功能如表 9.16 所示。

表 9.16　X1~X3 的功能

端　子			频 率 值	程序运行
X1	X2	X3		
OFF	OFF	OFF	F00	程序运行停止
ON	OFF	OFF	F44	
OFF	ON	OFF	F45	
ON	ON	OFF	F46	
OFF	OFF	ON	F47	程序运行执行
ON	OFF	ON	F48	优先频率(F00)运行
OFF	ON	ON	F49	程序运行暂停
ON	ON	ON	F50	

(7)　F85：S 曲线加、减速　　设定范围：0~7

说明：设定变频器加、减速曲线的模式，F85=0 时为直线加、减速，输出频率按恒定斜率递增或递减；F85=1~7 时为 S 曲线加、减速，输出频率按 S 曲线递增或递减。

四、设备、工具和材料准备

(1)　工具。电工通用工具、镊子等。

(2)　仪表。MF47 型万用表、5050 型兆欧表。

(3)　器材。训练器材如表 9.17 所示。

表 9.17　训练器材

序　号	名　称	型号与规格	单　位	数　量	备　注
1	三相四线电源	~3×380/220V，20A	处	1	
2	单相交流电源	~220V 和 36V，5A	处	1	
3	变频器	SB40 或自定	台	1	
4	三相笼型异步电动机	Y112M-4			
5	配线板	500mm×600mm×20mm	块	1	
6	交流接触器	CJT1-20	块	1	
7	空气断路器	DZ47-C20	个	1	
8	导轨	C45	米	0.4	
9	熔断器及熔芯配套	RL1-60/20	套	3	
10	熔断器及熔芯配套	RL1-15/4	套	2	
11	三联按钮	LA10-3H 或 LA4-3H	个	2	

续表

序　号	名　称	型号与规格	单　位	数　量	备　注
12	电位器	47kΩ，2W	个	1	
13	接线端子排	JX2-1015，500V、10A、15 节或配套自定	条	1	
14	木螺钉	ϕ3×20mm；ϕ3×15mm	个	40	
15	平垫圈	ϕ4mm	个	40	
16	塑料软铜线	BVR-1.5mm^2，颜色自定	米	40	
17	塑料软铜线	BVR-0.75mm^2，颜色自定	米	10	
18	别径压端子	UT2.5-4，UT1-4	个	40	
19	行线槽	TC3025，两边打ϕ3.5mm 孔	条	5	
20	异型塑料管	ϕ3mm	米	0.2	

五、操作方法

1. 硬件设计

图 9.16 所示为变频器用于液态物体上、下传输系统的电路原理。

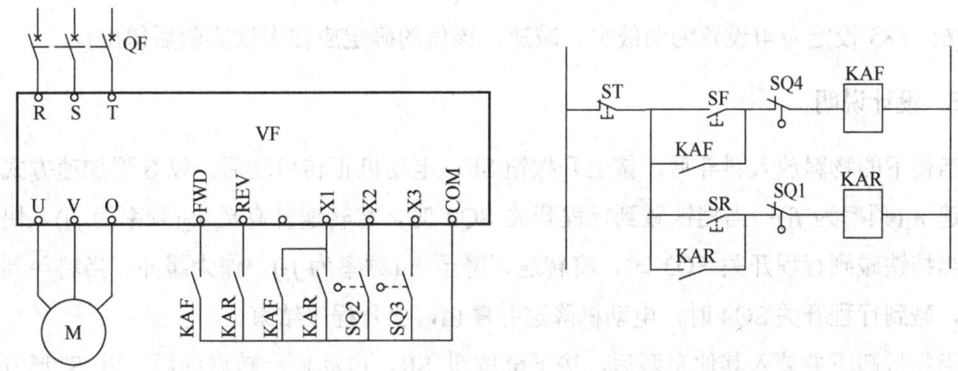

图 9.16　变频器用于液态物体上下传输系统的电路原理

变频器的多挡频率转速间的转换可由外接开关的通断组合来实现。使用 3 个输入端子可切换 7 挡频率转速。

设计时，按照液态物体上下传输的程序要求，由控制按钮 SF、SR 以及行程开关 SQ1、SQ2、SQ3、SQ4 的通断，形成 X1、X2、X3 的状态组合，来实现各程序段之间的切换，具体切换方法如表 9.18 所示。

表 9.18　液态物体上下传输控制程序

	物料上传				空箱下降			
	正转启动	碰 SQ2	碰 SQ3	碰 SQ4	反转启动	SQ3 复位	SQ2 复位	SQ1 复位
X3	0	0	1	1	1	0	0	0
X2	0	1	1	1	1	1	0	0
X1	1	1	1	0	1	1	1	0
转速挡次	1	3	7	6	7	3	1	
频率	20	50	15	0	15	50	20	0

2. 参数设计

相关参数设计如下。

(1) F69 设定为 0(设定为外部端子有效)。

(2) F44 设定为 20Hz(设置第 1 挡转速频率 f_1 为 20Hz)。

(3) F46 设定为 50Hz(设置第 3 挡转速频率 f_3 为 50Hz)。

(4) F49 设定为 0Hz(设置第 6 挡转速频率 f_6 为 0Hz)。

(5) F50 设定为 15Hz(设置第 7 挡转速频率 f_7 为 15Hz)。

(6) F85 设定为 4(设置为曲线加、减速，该值的确定应在多次实验后得出)。

3. 设计说明

当楼下的物料放入料斗后，按上升按钮 SF，电动机正转启动后，以 S 形加速方式升速至转速 n_1(频率为 f_1)；当挡铁碰到行程开关 SQ2 时，将转速升高至 n_2(频率为 f_2)，快速上升；当挡铁碰到行程开关 SQ3 时，将转速下降至 n_3(频率为 f_3)，作为缓冲；当料斗到达楼上时，碰到行程开关 SQ4 时，电动机降速并停止，上升程序结束。

当物料卸下并装入其他东西后，按下降按钮 SR，电动机反转启动后，以 S 形方式升速至转速 n_3(频率为 f_3)；当挡铁碰到行程开关 SQ3 时使其复位，将转速升高至 n_2(频率为 f_2)，快速下降；当挡铁碰到行程开关 SQ2 时使其复位，将转速下降至 n_1(频率为 f_1)，作为缓冲；当料斗到达楼下时，挡铁碰到行程开关 SQ1 时，电动机降速并停止，此时，下降程序结束。

现对变频器实现液态物料上下传输系统的原理图(见图 9.16)予以说明。

(1) 上升启动。按上升按钮 SF，使继电器 KAF 的线圈得电并自锁，其触点一方面将变频器的 FWD 与 COM 接通，电动机开始启动，另一方面，KAF 将变频器的 X1 与 COM 接通，X3、X2、X1 处于 001 状态，工作频率为 f_1，使料斗慢速上升。

(2) 升速。当挡铁使 SQ2 动作时，变频器的 X2 与 COM 接通，X3、X2、X1 处于 011 状态，工作频率上升为f_3。

(3) 降速。当挡铁使 SQ3 动作时，变频器的 X3 与 COM 接通，X3、X2、X1 处于 111 状态，工作频率下降为f_7。

(4) 上升停止。当挡铁使 SQ4 动作时，切断继电器 KAF 的自锁电路，KAF 的线圈断电，其触点使变频器的 FWD 与 COM 之间断开，电动机降速并停止。这时，X3、X2、X1 处于 110 状态。

(5) 下降启动。按下下降按钮 SR，使继电器 KAR 的线圈得电并自锁，其触点一方面将变频器的 REV 与 COM 接通，使电动机开始反转启动；另一方面，KAR 将变频器的 X1 与 COM 接通，X3、X2、X1 又处于 111 状态，工作频率为f_7，使料斗慢速下降。

(6) 升速。当挡铁使 SQ3 复位时，变频器的 X3 与 COM 断开，X3、X2、X1 又处于 011 状态，工作频率又上升为f_3。

(7) 降速。当挡铁使 SQ2 复位时，变频器的 X3 与 COM 接通，X3、X2、X1 又处于 001 状态，其输出频率下降为第 1 挡工作频率f_1。

(8) 下降停止。当挡铁使 SQ1 复位时，切断继电器 KAR 的自锁电路，KAR 断电，变频器的 REV 与 COM 之间断开，使得电动机降速并停止。这时，X1、X2、X3 处于 000 状态。

系统中的 QF 为断路器，具有隔离、过电流、欠电压等保护作用。急停按钮 ST、上升按钮 SF、下降按钮 SR 根据操作方便的需要，可安装在楼上，也可安装在楼下，或者两地都安装。操作时，只须按下 SF 或 SR，系统就可自动实现程序控制。

4. 注意事项

(1) X1~X5 端子在 F69 设定为 0 而变得有效时，端子的接通/断开是具备特定意义的。

(2) 设定为程序运行模式后，那么它运行就是自动且有规律(根据设定频率运行)的，除非让其暂停或停止。

六、训练内容

(1) 利用 SB40 系列变频器设计一个 5 段速运行控制电路，5 段的运行频率分别为 10Hz、20Hz、25Hz、30Hz、50Hz，加、减速时间自定。

(2) 利用 SB40 系列变频器设计一个 7 段速程序运行控制电路，7 段速运行频率分别为 10Hz、20Hz、25Hz、30Hz、50Hz、30Hz、0Hz，加、减速时间和转向自定，要求循环运行。

七、评分标准

评分标准如表 9.19 所示。

表 9.19 评分标准

序 号	主要内容	考核要求	评分标准	配 分	扣 分	得 分
1	电路设计	能根据项目要求设计电路	① 画图不符合标准，每处扣 3 分 ② 设计电路不正确，每处扣 5 分	20		
2	参数设置	能根据项目要求正确设计变频器参数	① 漏设置参数，每处扣 5 分 ② 参数设置错误，每处扣 5 分	40		
3	接线	能正确使用工具和仪表，按照电路图接线	① 元件安装不符合要求，每处扣 2 分 ② 实际接线中有反圈或其他不符合接线规范的情况，每处扣 1 分	10		
4	调试	能正确、合理地根据接线和参数设置现场调试变频器的运行	① 不能正确操作变频器，扣 15 分 ② 不能正确调试，扣 15 分	30		
5	安全文明生产	在保证人身和设备安全的情况下生产	违反安全文明生产规程，扣 5~20 分			
备注			合计			
			教师签字　　　　年　　月　　日			

项目 7　1 控 X 切换电路

一、项目目的

熟练利用变频器实现 1 控 X 的运行控制。

二、项目内容

利用 BT12S 变频器的 1 控 X 功能来实现用一台变频器控制 3 台水泵电动机，切换上限频率为 50Hz，切换下限频率为 30Hz。

三、相关知识点分析

当有若干台水泵同时供水时，由于在不同时间(如白天和夜晚)、不同季节(如冬季和夏季)，用水流量的变化是很大的，为了节约能源，本着多用多开、少用少开的原则，常常需要进行切换。

1. “1 控 X”的切换(X 为水泵台数)

由于变频器的价格偏高，故许多用户常采用由一台变频器控制多台水泵的方案，即所谓 1 拖 X 方案。其工作过程如下。

首先，由“1 号泵”在变频控制的情况下工作。

当用水量增大，1 号泵已经达到额定频率而水压仍不足时，经过短暂的延时后，将 1 号泵切换为工频工作。同时，变频器的输出频率迅速降为 0Hz，然后使 2 号泵投入变频运行。

当 2 号泵也到达额定频率而水压仍不足时，又使 2 号泵切换为工频工作，而 3 号泵投入变频运行。

反之，当用水量减少时，则先从 1 号泵，然后 2 号泵依次退出工作，完成一次加减泵的循环。

此方案所需设备费用较少，但因只有一台水泵实行变频调速，故节能效果较差。

2. “1 控 1”的切换

“1 控 1”即每台水泵都由一台变频器来控制。这时，须指定一台作为主泵，系统的工作过程如下。

首先启动 1 号泵(主泵)，进行变频控制。

当 1 号泵变频器的输出频率已经上升到 50Hz，而水压仍不足时，2 号泵启动并升速，使 1 号泵、2 号泵同时进行变频控制。

当 2 号泵变频器的输出频率又上升到 50Hz，水压还不足时，3 号泵启动并升速，使 3 台泵同时进行变频控制。

当 1 号泵变频器的输出频率下降到下限频率(如 30Hz)，而水压偏高时，2 号泵减速并停止，进入 1 号泵、3 号泵同时进行变频控制的状态。

当 1 号泵变频器的输出频率再次下降到下限频率，而水压仍偏高时，3 号泵也减速并停止，又进入 1 号泵单独工作的状态。

为了均衡 3 台泵的工作情况，可以进行切换，使 3 台泵轮流担任主泵，但主控变频器则不变。

此方案的一次性投入费用较高，但节能效果十分显著，可以很快回收设备费用。

我国在初期大多采用 1 控 X 方案，经济较发达地区采用 1 控 1 方案的也不少。但总的趋势是采用 2 控 3、2 控 4、3 控 5 方案。

3. BT12S 变频器简要介绍

(1) BT12S 变频器的接线图。

BT12S 变频器的接线如图 9.17 所示。

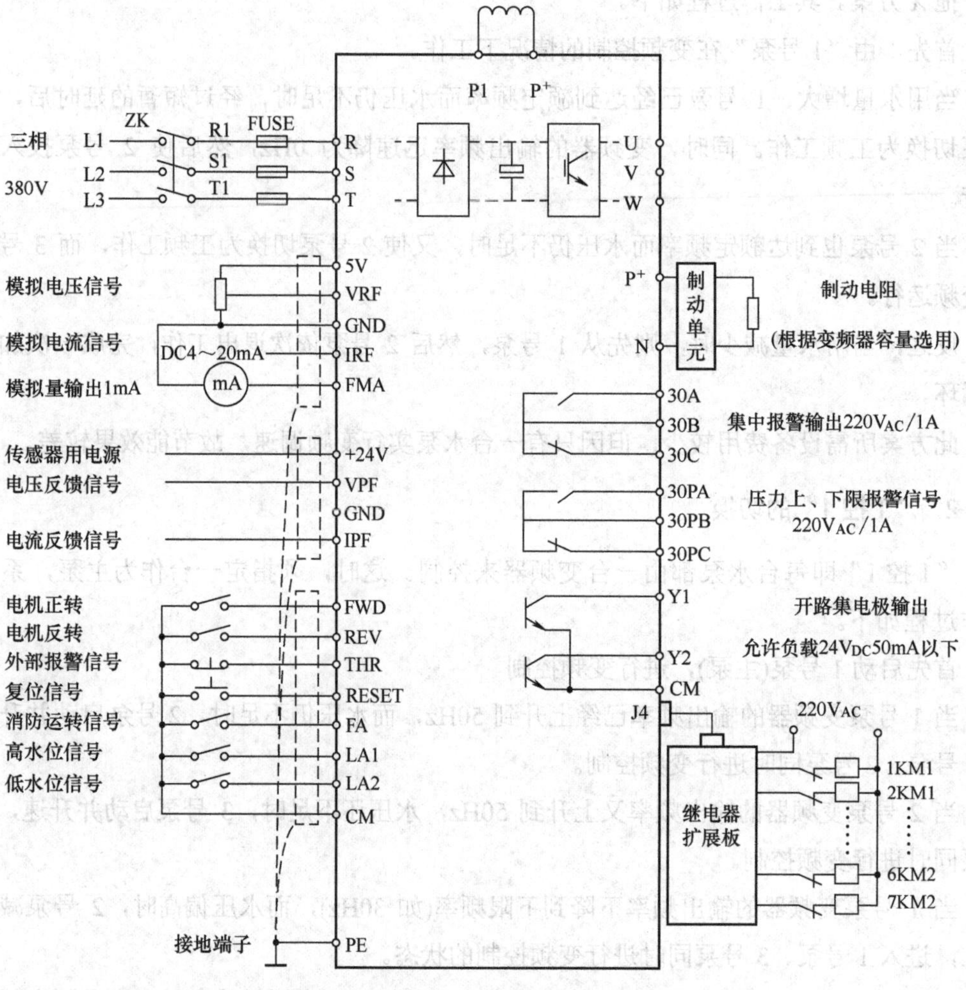

图 9.17 BT12S 的接线

(2) 继电器扩展板输出。

*N*KM1：多台电动机变频控制输出　　*N*=1~6

*N*KM2：多台电动机工频控制输出　　*N*=1~6

7KM*T*：附属电动机　　*T*=1~2

说明：1KM1~6KM1 为多台电动机变频运行控制信号输出。1KM2~6KM2 为多台电动机工频运行控制信号输出。7KM1 为附属电动机变频运行控制信号输出。7KM2 为附属电动机工频运行控制信号输出。

4．BT12S 变频器相关参数的介绍

(1)　F53：电动机台数　　　　　设定范围：0~11

0：一拖一模式。

1：一拖二模式。

2：一拖三模式。

3：一拖四模式。

4：一拖五模式。

5：一拖六模式。

6：一拖二模式，0#电动机变频运行，其余工频运行。

7：一拖三模式，0#电动机变频运行，其余工频运行。

8：一拖四模式，0#电动机变频运行，其余工频运行。

9：一拖五模式，0#电动机变频运行，其余工频运行。

10：一拖六模式，0#电动机变频运行，其余工频运行。

11：一拖七模式，0#电动机变频运行，其余工频运行。

说明：此功能选择多台电动机经济运行的电动机台数。0~5——变频工频自动切换；6~11——0#电动机不受继电器扩展板控制，固定为变频运行，其余为工频运行，此时继电器扩展板 7KM1 继电器用于 1#~6#电动机的启动控制。电动机功率大于 55kW 时，选用变频器+软启动器方式控制(6~11)，选择变频器+休眠运行时，F53 只有 0~5 有效，此时，附属电动机(由继电器扩展板 7KM1 端子控制)作为休眠电动机运行。

(2)　F54：电动机启动顺序　　　设定范围：0~5

0：外控端子 1KM 所控制的电动机首先启动。

1：外控端子 2KM 所控制的电动机首先启动。

2：外控端子 3KM 所控制的电动机首先启动。

3：外控端子 4KM 所控制的电动机首先启动。

4：外控端子 5KM 所控制的电动机首先启动。

5：外控端子 6KM 所控制的电动机首先启动。

说明：用于设置首先启动的变频运行电动机。如果有 4 台电动机，当 F54=1 时，电动机启动顺序为 2#→3#→4#→1#→2#。

(3)　F55：附属电动机设定　　　设定范围：0~2

0：无。

1：变频运行。

2：工频运行。

(4) F56：换机间隙时间设定　　设定范围：0.1~5.0s

说明：此功能用于设定变频运行切换到工频运行的间隙时间，根据电动机功率设定。

(5) F57：切换频率上限　　　　设定范围：0.50~120.0Hz

F58：切换频率下限　　　　设定范围：0.50~120.0Hz

说明：变频器一拖多时，对变频器进行工频切换时的频率上、下限值进行设定，在F53=1~5 时，当变频器运行到切换频率上限值时，将变频电动机切换到工频工况，同时启动另一台电动机变频运行；当变频器运行到切换频率下限值时，停止一台工频电动机。在F53=6~11 时，当变频器运行到切换频率上限值时，通过软启动器启动一台电动机后，将其切换到工频运行；当变频器运行到切换频率下限值时，停止一台工频电动机。

四、设备、工具和材料准备

(1) 工具。电工通用工具、镊子等。

(2) 仪表。MF47 型万用表、5050 型兆欧表。

(3) 器材。训练器材如表 9.20 所示。

表 9.20　训练器材

序　号	名　称	型号与规格	单　位	数　量	备　注
1	三相四线电源	~3×380/220V，20A	处	1	
2	单相交流电源	~220V 和 36V，5A	处	1	
3	变频器	SB40 或自定	台	1	
4	三相笼型异步电动机	Y112M-4			
5	配线板	500mm×600mm×20mm	块	1	
6	交流接触器	CJT1-20	块	1	
7	空气断路器	DZ47-C20	个	1	
8	导轨	C45	米	0.4	
9	熔断器及熔芯配套	RL1-60/20	套	3	
10	熔断器及熔芯配套	RL1-15/4	套	2	
11	三联按钮	LA10-3H 或 LA4-3H	个	2	
12	电位器	47kΩ，2W	个	1	
13	接线端子排	JX2-1015，500V、10A、15 节或配套自定	条	1	
14	木螺钉	ϕ3×20 mm；ϕ3×15mm	个	40	
15	平垫圈	ϕ4mm	个	40	
16	塑料软铜线	BVR-1.5mm^2，颜色自定	米	40	
17	塑料软铜线	BVR-0.75mm^2，颜色自定	米	10	
18	别径压端子	UT2.5-4，UT1-4	个	40	
19	行线槽	TC3025，两边打ϕ3.5mm 孔	条	5	
20	异型塑料管	ϕ3mm	米	0.2	

五、操作方法

1. 硬件设计

(1) 主电路设计。

以 1 控 3 为例，如图 9.18 所示，图中，接触器 1KM2、2KM2、3KM2 分别用于将各台水泵电动机接至变频器；接触器 1KM3、2KM3、3KM3 分别用于将各台水泵电动机直接接至工频电源。

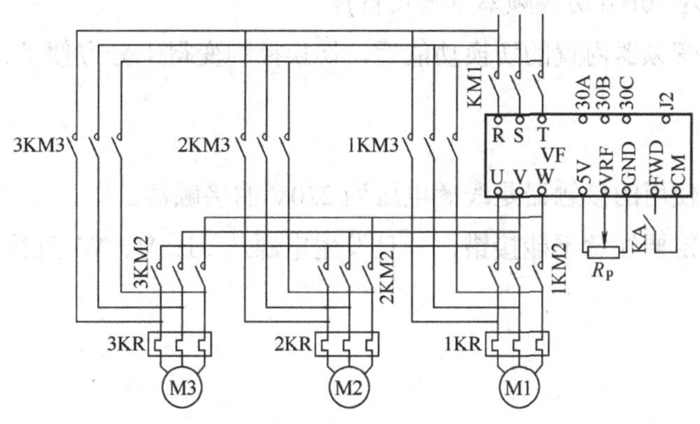

图 9.18　1 控 3 系统的主电路

(2) 控制电路设计。

一般来说，在多台水泵供水系统中，应用 PLC 进行控制是十分灵活方便的。但近年来，由于变频器在恒压供水领域的广泛应用，各变频器制造厂纷纷推出了具有内置 1 控 *X* 功能的新系列变频器，简化了控制系统，提高了可靠性和通用性。

森兰 BT12S 型变频器在进行多台切换控制时，须附加一块继电器扩展板，以便控制线圈电压为交流 220V 的接触器。具体接线方法如图 9.19 所示。

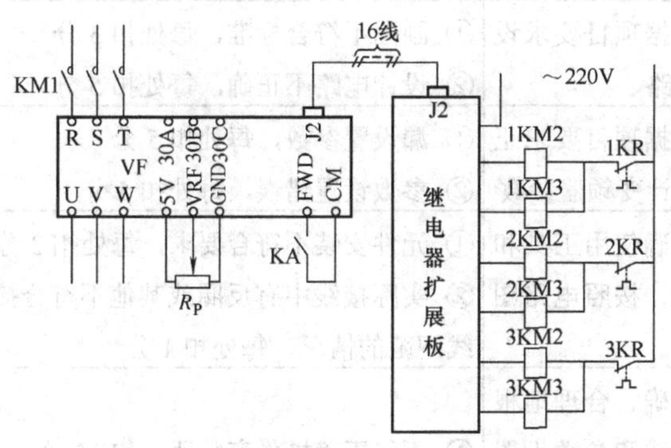

图 9.19　1 控 *X* 的扩展控制电路

2. 参数设计

(1) F53 设定为 2(电动机台数设置为“1 控 3”模式)。

(2) F54 设定为 0(启动顺序设置为 $1^{\#}$机首先启动)。

(3) F55 设定为 0(设置为无附属电动机)。

(4) F56 设定为 3s(设置换机间隙时间，该参数根据电动机的容量大小来设定，容量越大，时间越长。一般情况下，2~3s 已经足够)。

(5) F57 设定为 50Hz(切换频率上限设置)。

(6) F58 设定为 30Hz(切换频率下限设置)。

可见，采用了变频器内置的切换功能后，切换控制变得十分方便了。

3. 注意事项

(1) 线路中所使用的接触器是线圈电压为 220V 的接触器。

(2) 接线时一定要注意不能接错，一旦发生电源从 U、V、W 直接进入的情况，则变频器会立刻损坏。

六、训练内容

利用 BT12S 变频器的 1 控 *X* 功能来实现用一台变频器控制 4 台水泵电动机，切换上限频率为 48Hz，切换下限频率为 33Hz。

七、评分标准

评分标准如表 9.21 所示。

表 9.21 评分标准

序 号	主要内容	考核要求	评分标准	配 分	扣 分	得 分
1	电路设计	能根据项目要求设计电路	① 画图不符合标准，每处扣 3 分 ② 设计电路不正确，每处扣 5 分	20		
2	参数设置	能根据项目要求正确设计变频器参数	① 漏设置参数，每处扣 5 分 ② 参数设置错误，每处扣 5 分	40		
3	接线	能正确使用工具和仪表，按照电路图接线	① 元件安装不符合要求，每处扣 2 分 ② 实际接线中有反圈或其他不符合接线规范的情况，每处扣 1 分	10		
4	调试	能正确、合理地根据接线和参数设置现场调试变频器的运行	① 不能正确操作变频器，扣 15 分 ② 不能正确调试，扣 15 分	30		

续表

序　号	主要内容	考核要求	评分标准		配　分	扣　分	得　分
5	安全文明生产	在保证人身和设备安全的情况下生产	违反安全文明生产规程，扣 5~20 分				
备注			合计				
			教师签字	年　　月　　日			

项目 8　输入端子操作控制

一、项目目的

(1) 掌握 MM440 变频器的基本参数输入。

(2) 掌握 MM440 变频器的输入端子操作控制。

(3) 熟练掌握 MM440 变频器的运行操作。

二、项目内容

用自锁按钮 SB1 和 SB2，控制 MM440 变频器，实现电动机正转和反转功能，电动机加/减速时间为 15s。DIN1 端口设为正转控制，DIN2 端口设为反转控制。

三、相关知识点分析

MM440 变频器有 6 个数字输入端口(DIN1~DIN6)，即端口 5、6、7、8、16 和 17，每一个数字输入端口功能很多，可根据需要进行设置。从 P0701~P0706 为数字输入 1 功能至数字输入 6 功能，每一个数字输入功能设置参数值范围均为 0~99，默认值为 1。下面列出其中的几个参数值，并说明其含义。

参数值为 0：禁止数字输入。

参数值为 1：ON/OFF1(接通正转/停车命令 1)。

参数值为 2：ON/OFF1(接通反转/停车命令 1)。

参数值为 3：OFF2(停车命令 2)——按惯性自由停车。

参数值为 4：OFF3(停车命令 3)——按斜坡函数曲线快速降速。

参数值为 9：故障确认。

参数值为 10：正向点动。

参数值为 11：反向点动。

参数值为 12：反转。

参数值为 13：MOP(电动电位计)升速(增加频率)。

参数值为 14：MOP 降速(减少频率)。

参数值为 15：固定频率设定值(直接选择)。

参数值为 16；固定频率设定值(直接选择+ON 命令)。

参数值为 17：固定频率设定值(二进制编码选择+ON 命令)。

参数值为 25：直流注入制动。

四、设备、工具和材料准备

(1) 工具。电工通用工具、镊子等。

(2) 仪表。MF47 型万用表、5050 型兆欧表。

(3) 器材。训练器材如表 9.22 所示。

表 9.22 训练器材

序 号	名 称	型号与规格	单 位	数 量	备 注
1	三相四线电源	~3×380/220V，20A	处	1	
2	单相交流电源	~220V 和 36V，5A	处	1	
3	变频器	西门子 MM440 或自定	台	1	
4	配线板	500mm×600mm×20mm	块	1	
5	空气断路器	DZ47-C20	个	1	
6	导轨	C45	米	0.4	
7	熔断器及熔芯配套	RL1-60/20	套	3	
8	熔断器及熔芯配套	RL1-15/4	套	2	
9	三联按钮	LA10-3H 或 LA4-3H	个	2	
10	电位器	47kΩ，2W	个	1	
11	接线端子排	JX2-1015，500V、10A、15 节或配套自定	条	1	
12	木螺钉	ϕ3×20mm；ϕ3×15mm	个	40	
13	平垫圈	ϕ4mm	个	40	
14	塑料软铜线	BVR-1.5mm^2，颜色自定	米	40	
15	塑料软铜线	BVR-0.75mm^2，颜色自定	米	10	
16	别径压端子	UT2.5-4，UT1-4	个	40	
17	行线槽	TC3025，两边打ϕ3.5mm 孔	条	5	
18	异型塑料管	ϕ3mm	米	0.2	

五、操作方法

1. 电路接线

按图 9.20 所示连接电路。检查线路正确后，合上主电源开关 QS。

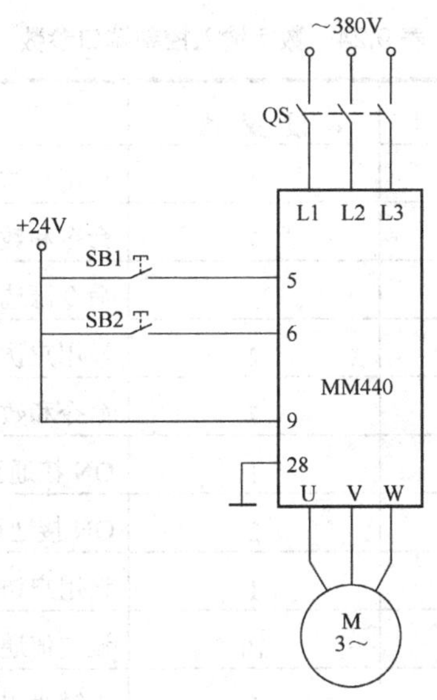

图 9.20 输入端子操作控制运行接线

2. 参数设置

(1) 恢复变频器工厂默认值。

设定 P0010=30 和 P0970=1，按下 P 键，开始复位，复位过程大约为 3min，这样就保证了变频器的参数恢复到工厂默认值。

(2) 设置电动机参数。

电动机参数设置见表 9.23。电动机参数设置完成后，设 P0010=0，变频器当前处于准备状态，可正常运行。

表 9.23 电动机参数的设置

参 数 号	出 厂 值	设 置 值	说 明
P0003	1	1	设用户访问级为标准级
P0010	0	1	快速调试
P0100	0	0	功率以 kW 表示，频率为 50Hz
P0304	230	380	电动机额定电压(V)
P0305	3.25	0.95	电动机额定电流(A)
P0307	0.75	0.37	电动机额定功率(kW)
P0308	0	0.8	电动机额定功率因数(cosφ)
P0310	50	50	电动机额定频率(Hz)
P0311	0	2800	电动机额定转速(r/min)

(3) 设置数字输入控制端口参数。

根据表 9.24 设置数字输入控制端口参数。

表 9.24 数字输入控制端口参数

参 数 号	出 厂 值	设 置 值	说 明
P0003	1	1	设用户访问级为标准级
P0004	0	7	命令和数字 I/O
P0700	2	2	命令源选择“由端子排输入”
P0003	1	2	设用户访问级为扩展级
P0004	0	7	命令和数字 I/O
P0701	1	1	ON 接通正转，OFF 停止
P0702	1	2	ON 接通反转，OFF 停止
P0003	1	1	设用户访问级为标准级
P0004	0	10	设定值通道和斜坡函数发生器
P1000	2	1	由键盘(电动电位计)输入设定值
P1080	0	0	电动机运行的最低频率(Hz)
P1082	50	50	电动机运行的最高频率(Hz)
P1120	10	15	斜坡上升时间(s)
P1121	10	15	斜坡下降时间(s)
P0003	1	2	设用户访问级为扩展级
P0004	0	10	设定值通道和斜坡函数发生器
P1040	5	40	设定键盘控制的频率值

3. 操作控制

(1) 电动机正向运行。当按下带锁按钮 SB1 时，变频器数字输入端口 DIN1 为 ON，电动机按 P1120 所设置的 15s 斜坡上升时间正向启动，经 15s 后，稳定运行在 2240r/min 的转速上。此转速与 P1040 所设置的 40Hz 频率对应。

放开带锁按钮 SB1，数字输入端口 DIN1 为 OFF，电动机按 P1121 所设置的 15s 斜坡下降时间停车，经 15s 后，电动机停止运行。

(2) 电动机反向运行。如果要使电动机反转，则按下带锁按钮 SB2，变频器数字输入端口 DIN2 为 ON，电动机按 P1120 所设置的 15s 斜坡上升时间反向启动，经 15s 后稳定运行在 2240r/min 的转速上。此转速与 P1040 所设置的 40Hz 频率对应。

(3) 电动机停止。放开带锁按钮 SB2，数字输入端口 DIN2 为 OFF，电动机按 P1121 所设置的 15s 斜坡下降时间停车，经 15s 后电动机停止运行。

六、训练内容

(1) 电动机正转运行控制电路，要求稳定运行频率为 40Hz。DIN4 端口设为正转控制。画出变频器外部接线图，写出参数设置。

(2) 变频器外部端子实现电动机正转和反转功能，电动机的加/减速时间为 5s。DIN4 端口设为正转控制，DIN3 端口设为反转控制，写出参数设置。

七、评分标准

评分标准如表 9.25 所示。

表 9.25 评分标准

序 号	主要内容	考核要求	评分标准	配 分	扣 分	得 分
1	电路设计	能根据项目的要求设计电路	① 画图不符合标准，每处扣 3 分 ② 设计电路不正确，每处扣 5 分	20		
2	参数设置	能根据项目的要求正确设计变频器参数	① 漏设置参数，每处扣 5 分 ② 参数设置错误，每处扣 5 分	40		
3	接线	能正确使用工具和仪表，按照电路图接线	① 元件安装不符合要求，每处扣 2 分 ② 实际接线中有反圈或其他不符合接线规范的情况，每处扣 1 分	10		
4	调试	能正确、合理地根据接线和参数设置现场调试变频器的运行	① 不能正确操作变频器，扣 15 分 ② 不能正确调试，扣 15 分	30		
5	安全文明生产	保证人身和设备安全	违反安全文明生产规程，扣 5~20 分			
备注			合计			
			教师签字	年 月 日		

项目 9 模拟信号操作控制

一、项目目的

(1) 掌握 MM440 变频器的模拟信号控制。

(2) 进一步掌握变频器基本参数输入。

(3) 熟练掌握变频器运行操作。

二、项目内容

用自锁按钮 SB1 和 SB2，控制 MM440 变频器，实现电动机正转和反转功能，由模拟输入端控制电动机转速的大小。DIN1 端口设为正转控制，DIN2 端口设为反转控制。

三、相关知识点分析

MM440 变频器的 1、2 输出端为用户的给定单元提供了一个高精度的+10V 直流稳压电源。转速调节电位器 R_{P1} 串接在电路中，调节 R_{P1} 时，输入端口 $AN1^+$给定模拟输入电压改变，变频器的输出量紧紧跟踪给定量的变化，平滑无级地调节电动机转速的大小。

MM440 变频器可以通过 6 个数字输入端口对电动机进行正/反转运行、正/反转点动运行方向控制，可通过基本操作板 BOP，按▲增加、按▼减少输出频率，来设置正/反向转速的大小。也可以由模拟输入端控制电动机转速的大小。MM440 变频器为用户提供了两对模拟输入端口 $AN1^+$、$AN1^-$和端口 $AN2^+$、$AN2^-$，即端口 3、4 和端口 10、11。

四、设备、工具和材料准备

(1) 工具。电工通用工具、镊子等。

(2) 仪表。MF47 型万用表、5050 型兆欧表。

(3) 器材。训练器材如表 9.26 所示。

表 9.26 训练器材

序 号	名 称	型号与规格	单 位	数 量	备 注
1	三相四线电源	~3×380/220V，20A	处	1	
2	单相交流电源	~220V 和 36V，5A	处	1	
3	变频器	西门子 MM440 或自定	台	1	
4	配线板	500mm×600mm×20mm	块	1	
5	空气断路器	DZ47-C20	个	1	
6	导轨	C45	米	0.4	
7	熔断器及熔芯配套	RL1-60/20	套	3	
8	熔断器及熔芯配套	RL1-15/4	套	2	
9	三联按钮	LA10-3H 或 LA4-3H	个	2	
10	电位器	47kΩ，2W	个	1	
11	接线端子排	JX2-1015，500V、10A、15 节或配套自定	条	1	

续表

序　号	名　称	型号与规格	单　位	数　量	备　注
12	木螺钉	ϕ3×20mm；ϕ3×15mm	个	40	
13	平垫圈	ϕ4mm	个	40	
14	塑料软铜线	BVR-1.5mm^2，颜色自定	米	40	
15	塑料软铜线	BVR-0.75mm^2，颜色自定	米	10	
16	别径压端子	UT2.5-4，UT1-4	个	40	
17	行线槽	TC3025，两边打ϕ3.5mm 孔	条	5	
18	异型塑料管	ϕ3mm	米	0.2	

五、操作方法

1. 电路接线

按图 9.21 所示连接电路。检查线路正确后，合上主电源开关 QS。

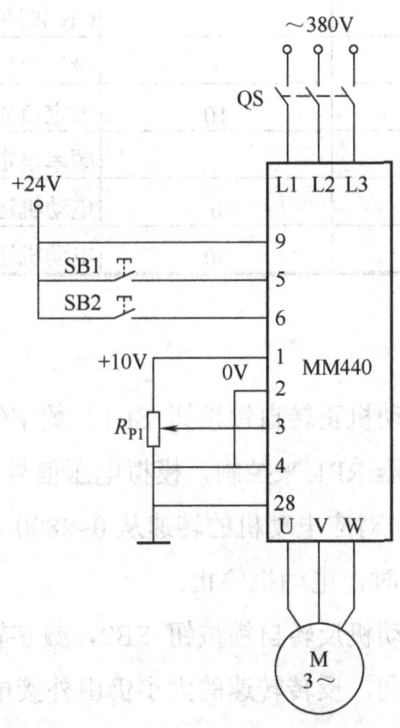

图 9.21　模拟信号操作控制电路

2. 参数设置

(1)　恢复变频器工厂默认值。

设定 P0010=30 和 P0970=1，按下 P 键，开始复位，复位过程大约为 3min，这样就保证了让变频器的参数恢复到工厂默认值。

(2) 设置电动机参数。

电动机参数设置同表 9.23。电动机参数设置完成后，设 P0010=0，变频器当前处于准备状态，可正常运行。

(3) 设置模拟信号操作控制参数。

模拟信号操作控制参数如表 9.27 所示。

表 9.27 模拟信号操作控制参数

参数号	出厂值	设置值	说明
P0003	1	1	设用户访问级为标准级
P0004	0	7	命令和数字 I/O
P0700	2	2	命令源选择“由端子排输入”
P0003	1	2	设用户访问级为扩展级
P0004	0	7	命令和数字 I/O
P0701	1	1	ON 接通正转，OFF 停止
P0702	1	2	ON 接通反转，OFF 停止
P0003	1	1	设用户访问级为标准级
P0004	0	10	设定值通道和斜坡函数发生器
P1000	2	2	频率设定值选择为“模拟输入”
P1080	0	0	电动机运行的最低频率(Hz)
P1082	50	50	电动机运行的最高频率(Hz)

3．操作控制

(1) 电动机正转。按下电动机正转自锁按钮 SB1，数字输入端口 DIN1 为 ON，电动机正转运行，转速由外接电位器 RP1 来控制，模拟电压信号在 0~+10V 范围内变化，对应变频器的频率从 0~50Hz 变化，对应电动机的转速从 0~2800r/min 变化。

(2) 当放开带锁按钮 SB1 时，电动机停止。

(3) 电动机反转。按下电动机反转自锁按钮 SB2，数字输入端口 DIN2 为 ON，电动机反转运行。与电动机正转相同，反转转速的大小仍由外接电位器 RP1 来调节。

(4) 当放开带锁按钮 SB2 时，电动机停止。

六、训练内容

用自锁按钮 SB1 控制实现电动机启/停功能，由模拟输入端控制电动机转速的大小。画出变频器外部接线图，写出参数设置。

七、评分标准

评分标准如表 9.28 所示。

表 9.28 评分标准

序 号	主要内容	考核要求	评分标准	配 分	扣 分	得 分
1	电路设计	能根据项目要求设计电路	① 画图不符合标准，每处扣 3 分 ② 设计电路不正确，每处扣 5 分	20		
2	参数设置	能根据项目要求正确设计变频器参数	① 漏设置参数，每处扣 5 分 ② 参数设置错误，每处扣 5 分	40		
3	接线	能正确使用工具和仪表，按照电路图接线	① 元件安装不符合要求，每处扣 2 分 ② 实际接线中有反圈或其他不符合接线规范的情况，每处扣 1 分	10		
4	调试	能正确、合理地根据接线和参数设置现场调试变频器的运行	① 不能正确操作变频器，扣 15 分 ② 不能正确调试，扣 15 分	30		
5	安全文明生产	保证人身和设备安全	违反安全文明生产规程，扣 5~20 分			
备注			合计			
			教师签字	年 月 日		

项目 10 多段速频率控制

一、项目目的

(1) 掌握变频器多段速频率控制。

(2) 熟练掌握变频器的运行操作。

二、项目内容

MM440 变频器，控制实现电动机三段速频率运转。DIN3 端口设为电动机启/停控制，DIN1 和 DIN2 端口设为三段速频率输入选择，三段速度设置如下。

第一段：输出频率为 15Hz；电动机的转速为 840r/min。

第二段：输出频率为 35Hz；电动机的转速为 1960r/min。

第三段：输出频率为 50Hz；电动机的转速为 2800r/min。

三、相关知识点分析

由于工艺上的要求，很多生产机械在不同的阶段需要在不同的转速下运行。为方便这种负载，大多数变频器均提供了多挡频率控制功能。它是通过几个开关的通、断组合来选择不同的运行频率。

MM440 变频器的 6 个数字输入端口(DIN1~DIN6)，可以通过 P0701~P0706 设置实现多频段控制。每一频段的频率可分别由 P1001~P1015 参数设置，最多可实现 15 频段控制。在多频段控制中，电动机的转速方向是由 P1001~P1015 参数所设置的频率正负决定的。6 个数字输入端口，哪一个作为电动机运行、停止控制，哪些作为多段频率控制，是可以由用户任意确定的。一旦确定了某一数字输入端口控制功能，其内部参数的设置值必须与端口的控制功能相对应。例如，用 DIN1、DIN2、DIN3、DIN4 这四个输入端来选择 16 挡频率，其组合形式如表 9.29 所示。

表 9.29 DIN 状态组合与转速频率的对应关系

状态 频率	DIN4 状态	DIN3 状态	DIN2 状态	DIN1 状态
OFF	0	0	0	0
FF1	0	0	0	1
FF2	0	0	1	0
FF3	0	0	1	1
FF4	1	0	0	0
FF5	1	0	0	1
FF6	1	0	1	0
FF7	1	0	1	1
FF8	0	1	0	0
FF9	0	1	0	1
FF10	0	1	1	0
FF11	0	1	1	1
FF12	1	1	0	0
FF13	1	1	0	1
FF14	1	1	1	0
FF15	1	1	1	1

将表 9.29 所示的开关状态的组合与各挡频率之间的关系画成曲线图，如图 9.22 所示。

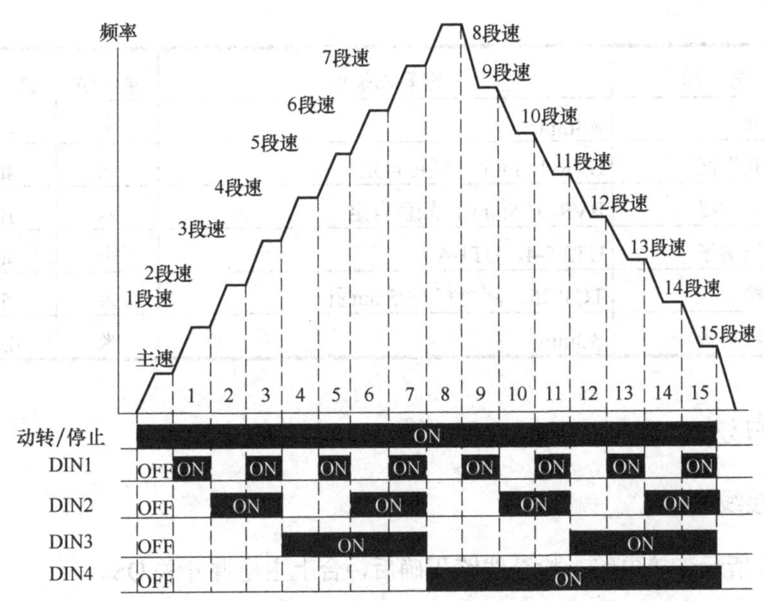

图 9.22　开关状态的组合与各挡频率之间的关系

四、设备、工具和材料准备

(1) 工具。电工通用工具、镊子等。

(2) 仪表。MF47 型万用表、5050 型兆欧表。

(3) 器材。训练器材如表 9.30 所示。

表 9.30　训练器材

序　号	名　称	型号与规格	单　位	数　量	备　注
1	三相四线电源	~3×380/220V，20A	处	1	
2	单相交流电源	~220V 和 36V，5A	处	1	
3	变频器	西门子 MM440 或自定	台	1	
4	配线板	500mm×600mm×20mm	块	1	
5	空气断路器	DZ47-C20	个	1	
6	导轨	C45	米	0.4	
7	熔断器及熔芯配套	RL1-60/20	套	3	
8	熔断器及熔芯配套	RL1-15/4	套	2	
9	三联按钮	LA10-3H 或 LA4-3H	个	2	
10	电位器	47kΩ，2W	个	1	
11	接线端子排	JX2-1015，500V、10A、15 节或配套自定	条	1	
12	木螺钉	ϕ3×20mm；ϕ3×15mm	个	40	

续表

序　号	名　称	型号与规格	单　位	数　量	备　注
13	平垫圈	ϕ4mm	个	40	
14	塑料软铜线	BVR-1.5mm^2，颜色自定	米	40	
15	塑料软铜线	BVR-0.75mm^2，颜色自定	米	10	
16	别径压端子	UT2.5-4，UT1-4	个	40	
17	行线槽	TC3025，两边打ϕ3.5mm 孔	条	5	
18	异型塑料管	ϕ3mm	米	0.2	

五、操作方法

1. 电路接线

按图 9.23 所示连接电路。检查线路正确后，合上主电源开关 QS。

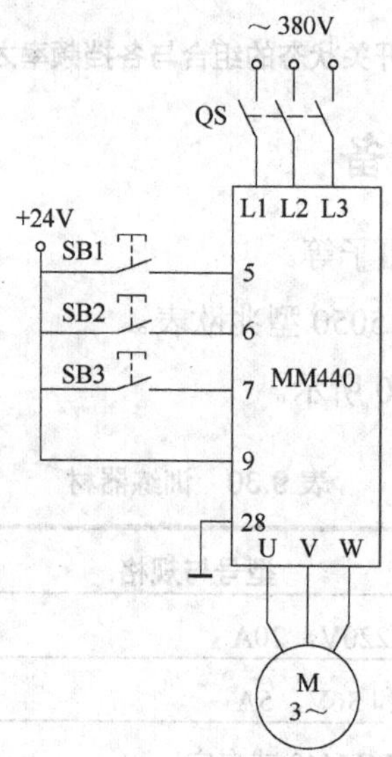

图 9.23　三段频率控制接线

2. 参数设置

(1) 恢复变频器工厂默认值。

设定 P0010=30 和 P0970=1，按下 P 键，开始复位，复位过程大约为 3min，这样就保证了变频器的参数恢复到工厂默认值。

(2) 设置电动机参数。

电动机的参数设置同表 9.23。电动机参数设置完成后，设 P0010=0，变频器当前处于准备状态，可正常运行。

(3) 设置三段固定频率控制参数。

设置三段固定频率控制参数，如表 9.31 所示。

表 9.31　三段固定频率控制参数的设置

参 数 号	出 厂 值	设 置 值	说　明
P0003	1	1	设用户访问级为标准级
P0004	0	7	命令和数字 I/O
P0700	2	2	命令源选择“由端子排输入”
P0003	1	2	设用户访问级为扩展级
P0004	0	7	命令和数字 I/O
P0701	1	17	选择固定频率
P0702	1	17	选择固定频率
P0703	1	1	ON 接通正转，OFF 停止
P0003	1	1	设用户访问级为标准级
P0004	0	10	设定值通道和斜坡函数发生器
P1000	2	3	选择固定频率设定值
P0003	1	2	设用户访问级为扩展级
P0004	0	1O	设定值通道和斜坡函数发生器
P1001	0	15	设置固定频率 1(Hz)
P1002	5	35	设置固定频率 2(Hz)
P1003	10	50	设置固定频率 3(Hz)

3. 操作控制

当按下带锁按钮 SB3 时，数字输入端口 DIN3 为 ON，允许电动机运行。

(1) 第 1 段控制。当 SB1 按钮开关接通、SB2 按钮开关断开时，变频器数字输入端口 DIN1 为 ON，端口 DIN2 为 OFF，变频器工作在由 P1001 参数所设定的频率为 15Hz 的第 1 段上，电动机运行在对应的 840r/min 转速上。

(2) 第 2 段控制。当 SB1 按钮开关断开、SB2 按钮开关接通时，变频器数字输入端口 DIN1 为 OFF，端口 DIN2 为 ON，变频器工作在由 P1002 参数所设定的频率为 35Hz 的第 2 段上，电动机运行在对应的 1960r/min 转速上。

(3) 第 3 段控制。当 SB1 和 SB2 按钮开关接通时，变频器数字输入端口 DIN1 为 ON，端口 DIN2 为 ON，变频器工作在由 P1003 参数所设定的频率为 50Hz 的第 3 段上，电动机运行在对应的 2800r/min 转速上。

(4) 电动机停车。当 SB1、SB2 按钮开关都断开时，变频器数字输入端口 DIN1、DIN2 均为 OFF，电动机停止运行。或在电动机正常运行的任何频段，将 SB3 断开，使数字输入端口 DIN3 为 OFF，电动机也能停止运行。

六、训练内容

用自锁按钮控制实现电动机 10 段速频率运转。10 段速设置分别为：第 1 段的输出频率为 5Hz；第 2 段的输出频率为 10Hz；第 3 段的输出频率为 15Hz；第 4 段的输出频率为 5Hz；第 5 段的输出频率为-5Hz；第 6 段的输出频率为-20Hz；第 7 段的输出频率为 25Hz；第 8 段的输出频率为 40Hz；第 9 段的输出频率为 50Hz；第 10 段的输出频率为 30Hz。画出变频器外部接线图，写出参数设置。

七、评分标准

评分标准如表 9.32 所示。

表 9.32　评分标准

序　号	主要内容	考核要求	评分标准	配　分	扣　分	得　分
1	电路设计	能根据项目要求设计电路	① 画图不符合标准，每处扣 3 分 ② 设计电路不正确，每处扣 5 分	20		
2	参数设置	能根据项目要求正确设计变频器参数	① 漏设置参数，每处扣 5 分 ② 参数设置错误，每处扣 5 分	40		
3	接线	能正确使用工具和仪表，按照电路图接线	① 元件的安装不符合要求，每处扣 2 分 ② 实际接线中有反圈或其他不符合接线规范的情况，每处扣 1 分	10		
4	调试	能正确、合理地根据接线和参数设置现场调试变频器的运行	① 不能正确操作变频器，扣 15 分 ② 不能正确调试，扣 15 分	30		
5	安全文明生产	保证人身和设备安全	违反安全文明生产规程，扣 5~20 分			
备注			合计			
			教师签字	年　月　日		

项目 11　PLC 联机延时控制操作

一、项目目的

(1) 熟练掌握 PLC 和变频器联机操作。

(2) 熟练掌握 PLC 和变频器联机调试。

二、项目内容

通过 S7-224 型 PLC 和 MM440 变频器联机，控制实现电动机三段速频率运转，按下启动按钮 SB1，电动机启动并运行于第一段频率(为 10Hz)，对应的转速为 560r/min，延时 20s 后，电动机反向运行于第二段频率(为 30Hz)，对应的转速为 1680r/min，再延时 20s 后，电动机正向运行于第三段频率(为 50Hz)，对应的转速为 2800r/min。按下停车按钮，电动机停止运行。

三、相关知识点分析

1. 控制信号的连接

PLC 与变频器的连接如图 9.24 所示。

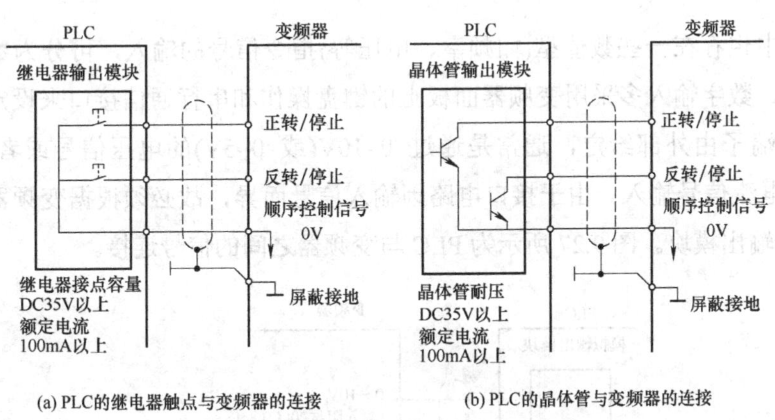

(a) PLC的继电器触点与变频器的连接　　(b) PLC的晶体管与变频器的连接

图 9.24　PLC 与变频器的连接

在使用继电器接点时，常常因为接触不良而带来误动作；使用晶体管进行连接时，则需考虑晶体管本身的电压、电流等因素，保证系统的可靠性。

在设计变频器的输入信号电路时还应该注意，当输入信号电路连接不当时，也会造成变频器的误动作。例如，当输入信号电路采用继电器等感性负载时，继电器开闭产生的浪涌电流带来的噪声有可能引起变频器的误动作，应尽量避免。

图 9.25 给出了正确的接线例子。

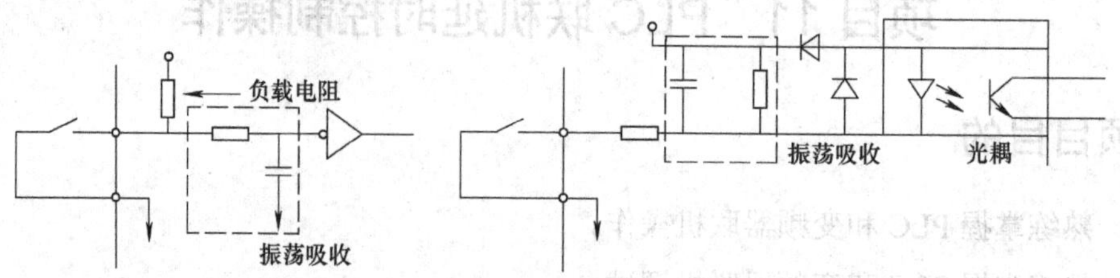

图 9.25　变频器输入信号的接法

当输入开关信号进入变频器时，有时会发生外部电源和变频器控制电源(DC24V)之间的串扰。正确的连接是利用 PLC 电源，将外部晶体管的集电极经过二极管接到 PLC，如图 9.26 所示。

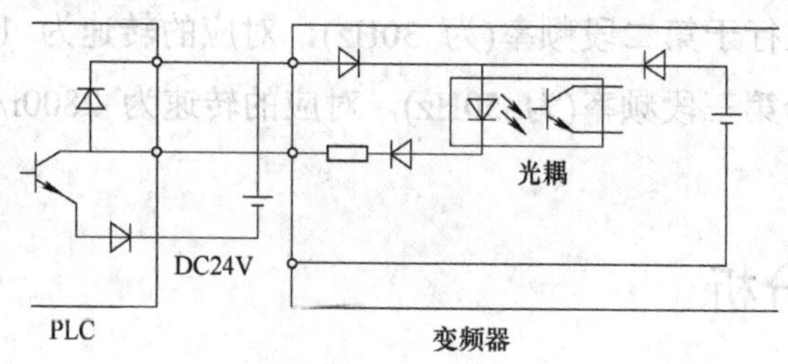

图 9.26　输入信号抗干扰接法

2. 数值信号连接

变频器中也存在一些数值型(如频率、电压等)指令信号的输入，可分为数字输入和模拟输入两种，数字输入多采用变频器面板上的键盘操作和串行通信接口来设定；模拟输入则通过接线端子由外部给定，通常是通过 0~10V(或 0~5V)的电压信号或者 0~20mA(或 4~20mA)的电流信号输入。由于接口电路因输入信号而异，故必须根据变频器的输入阻抗选择 PLC 的输出模块。图 9.27 所示为 PLC 与变频器之间的信号连接。

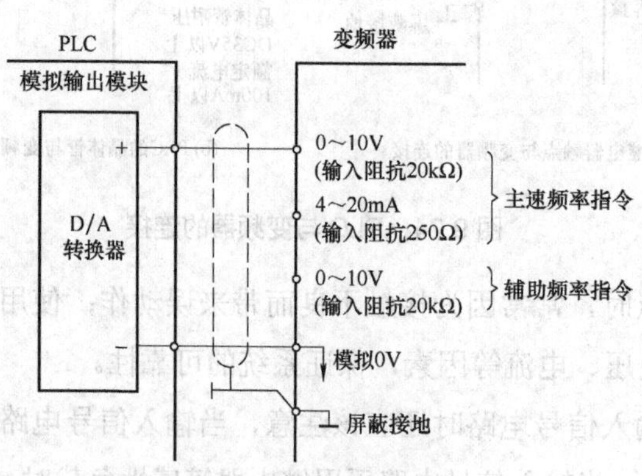

图 9.27　PLC 与变频器之间的信号连接

当变频器和 PLC 的电压信号范围不同时，例如，变频器的输入信号范围为 0~10V 而 PLC 的输出电压信号范围为 0~5V 时，或 PLC 一侧的输出信号电压范围为 0~10V 而变频器的输入信号电压范围为 0~5V 时，由于变频器和晶体管的允许电压、电流等因素的限制，则需用串联电阻分压，以保证进行开关时不超过 PLC 和变频器相应部分的容量。此外，在连线时，还应该注意将布线分开，保证主电路一侧的噪声不传至控制电路。

3．连接注意事项

因为变频器在运行中会产生较强的电磁干扰，为保证 PLC 不因为变频器主电路断路器及开关器件等产生的噪声而出现故障，将变频器与 PLC 相连接时，应该注意以下几点。

(1) 对 PLC 本身，应按规定的接线标准和接地条件进行接地，而且应注意避免与变频器使用共同的接地线，且在接地时使二者尽可能分开。

(2) 当电源条件不太好时，应在 PLC 的电源模块及输入/输出模块的电源线上接入噪声滤波器和降低噪声用的变压器等，另外，若有必要，在变频器一侧也应采取相应的措施。

(3) 当把变频器和 PLC 安装于同一操作柜中时，应尽可能使与变频器有关的电线和与 PLC 有关的电线分开。

(4) 通过使用屏蔽线和双绞线达到提高抗噪声干扰水平的目的。

四、设备、工具和材料准备

(1) 工具。电工通用工具、镊子等。

(2) 仪表。MF47 型万用表、5050 型兆欧表。

(3) 器材。训练器材如表 9.33 所示。

表 9.33　训练器材

序　号	名　称	型号与规格	单　位	数　量	备　注
1	三相四线电源	~3×380/220V，20A	处	1	
2	单相交流电源	~220V 和 36V，5A	处	1	
3	变频器	西门子 MM440 或自定	台	1	
4	可编程控制器	S7-224 或自定	台	1	
5	配线板	500mm×600mm×20mm	块	1	
6	空气断路器	DZ47-C20	个	1	
7	导轨	C45	米	0.4	
8	熔断器及熔芯配套	RL1-60/20	套	3	
9	熔断器及熔芯配套	RL1-15/4	套	2	
10	三联按钮	LA10-3H 或 LA4-3H	个	2	
11	电位器	47kΩ，2W	个	1	
12	接线端子排	JX2-1015，500V、10A、15 节或配套自定	条	1	

续表

序 号	名 称	型号与规格	单 位	数 量	备 注
13	木螺钉	ϕ3×20mm；ϕ3×15mm	个	40	
14	平垫圈	ϕ4mm	个	40	
15	塑料软铜线	BVR-1.5mm^2，颜色自定	米	40	
16	塑料软铜线	BVR-0.75mm^2，颜色自定	米	10	
17	别径压端子	UT2.5-4，UT1-4	个	40	
18	行线槽	TC3025，两边打ϕ3.5mm 孔	条	5	
19	异型塑料管	ϕ3mm	米	0.2	

五、操作方法

1. S7-224 PLC 输入/输出分配表

根据控制要求写出 PLC 输入/输出分配情况，如表 9.34 所示。

表 9.34　S7-200 PLC 输入/输出分配情况

电路符号	输 入		输 出	
	地 址	功 能	地 址	功 能
SB1	I0.1	电动机正转按钮	Q0.1	电动机正转/停止
SB2	I0.2	电动机停止按钮	Q0.2	电动机反转/停止
SB3	I0.3	电动机反转按钮		

2. 绘制电路接线图

根据 PLC 的输入/输出分配表，绘制电路接线图，如图 9.28 所示。

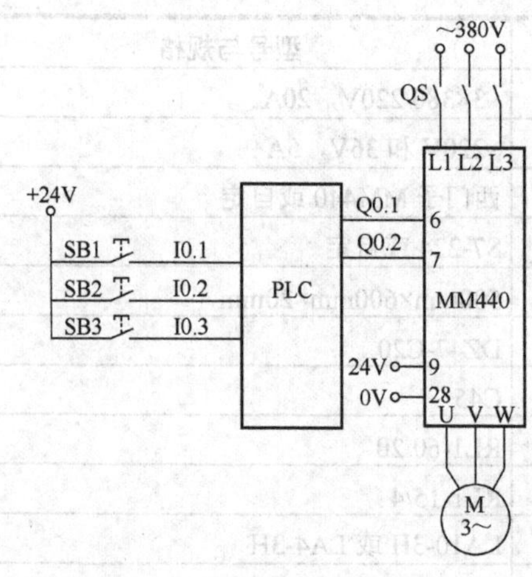

图 9.28　PLC 和 MM440 变频器联机延时正/反向控制的接线

3. PLC 程序设计及变频器参数的设置

(1) PLC 程序设计。

PLC 程序设计的编程输入步骤省略，只列出程序，如图 9.29 所示。

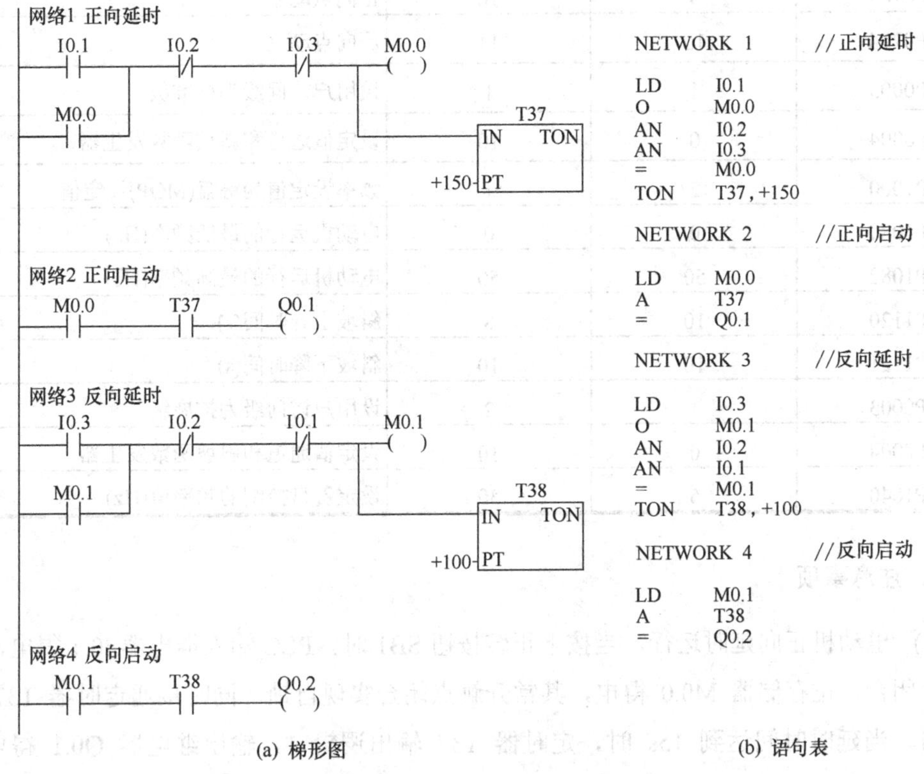

(a) 梯形图　　(b) 语句表

图 9.29 延时运行 PLC 程序

(2) 变频器参数的设置。

变频器参数的设置如表 9.35 所示。

表 9.35 变频器参数的设置

参数号	出厂值	设置值	说明
P0003	1	1	设用户访问级为标准级
p0004	0	7	命令，二进制 I/O
P0700	2	2	由端子排输入
P0003	1	2	设用户访问级为扩展级
P0004	0	7	命令，二进制 I/O

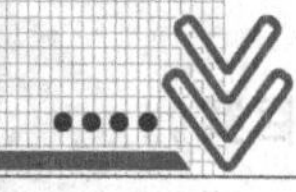

续表

参数号	出厂值	设置值	说明
P0701	1	1	ON 接通正转，OFF 停止
P0702	1	2	ON 接通反转，OFF 停止
P0703	9	10	正向点动
P0704	15	11	反向点动
P0003	1	1	设用户访问级为标准级
P0004	0	10	设定值通道和斜坡函数发生器
P1000	2	1	频率设定值为键盘(MOP)设定值
P1080	0	0	电动机运行的最低频率(Hz)
P1082	50	50	电动机运行的最高频率(Hz)
P1120	10	8	斜坡上升时间(s)
P1121	10	10	斜坡下降时间(s)
P0003	1	2	设用户访问级为扩展级
P0004	0	10	设定值通道和斜坡函数发生器
P1040	5	30	设定键盘控制的频率值(Hz)

4．注意事项

(1) 电动机正向延时运行。当按下正转按钮 SB1 时，PLC 输入继电器 I0.1 得电，其常开触点闭合，位存储器 M0.0 得电，其常开触点闭合实现自锁，同时接通定时器 T37 并开始延时，当延时时间达到 15s 时，定时器 T37 输出逻辑 1，输出继电器 Q0.1 得电，使 MM440 的数字输入端口 DIN2 为 ON，电动机在发出正转信号延时 8s 后，按 P1120 所设置的 8s 斜坡上升时间正向启动，经 8s 后电动机正向运行在由 P1040 所设置的 30Hz 频率对应的转速上。

(2) 电动机反向延时运行。当按下反转按钮 SB3 时，PLC 输入继电器 I0.3 得电，其常开触点闭合，位存储器 M0.1 得电，其常开触点闭合实现自锁，同时接通定时器 T38 并开始延时，当延时时间达到 10s 时，定时器 T38 输出逻辑 1，输出继电器 Q0.2 得电，使 MM440 的数字输入端口 DIN3 为 ON，电动机在发出反转信号延时 10s 后，按 P1121 所设置的 8s 斜坡上升时间反向启动，经 8s 后，电动机反向运行在由 P1040 所设置的 30Hz 频率对应的转速上。

为了保证运行安全，在程序设计中，利用位存储器 M0.0 和 M0.1 的常闭触头实现互锁。

(3) 电动机停止。无论电动机当前处于正向还是反向工作状态，当按下停止按钮 SB2 时，输入继电器 I0.2 得电，其常闭触点断开，使 M0.0(或 M0.1)失电，其常开触点断开，取消自锁，同时使定时器 T1(或 T2)断开，输出继电器 Q0.1(或 Q0.2)失电，MM440 端口

5(或 6)为 OFF，电动机按 P1121 所设置的 10s 斜坡下降时间正向(或反向)停车，经 10s 后，电动机停止运行。

六、训练内容

联机控制实现电动机正转和反转功能，电动机加/减速时间为 10s。画出 PLC 和变频器联机接线图，写出 PLC 程序和变频器参数设置。

七、评分标准

评分标准如表 9.36 所示。

表 9.36　评分标准

序　号	主要内容	考核要求	评分标准	配　分	扣　分	得　分
1	电路设计	能根据项目要求设计电路	① 画图不符合标准，每处扣 3 分 ② 设计电路不正确，每处扣 5 分	20		
2	参数设置	能根据项目要求正确设计变频器参数	① 漏设置参数，每处扣 5 分 ② 参数设置错误，每处扣 5 分	30		
3	PLC 编程及调试	能正确编写 PLC 程序	① 梯形图程序编写错误，扣 5~15 分 ② 程序调试方法错误，每处扣 5 分	20		
4	综合调试	能正确、合理地根据接线和参数设置现场调试变频器的运行	① 不能正确操作变频器，扣 15 分 ② 不能正确调试，扣 15 分	30		
5	安全文明生产	保证人身和设备安全	违反安全文明生产规程，扣 5~20 分			
备注			合计			
			教师签字	年　月　日		

项目 12　PLC 联机多段速频率控制

一、项目目的

(1) 掌握 PLC 和变频器多段速频率联机操作。

(2) 熟练掌握 PLC 和变频器联机调试。

二、项目内容

通过 S7-224 型 PLC 和 MM440 变频器联机，控制实现电动机三段速频率运转，按下启动按钮 SB1，电动机启动并运行于第一段频率(为 10Hz)，对应的转速为 560r/min，延时 20s 后，电动机反向运行于第二段频率(为 30Hz)，对应的转速为 1680r/min，再延时 20s 后，电动机正向运行于第三段频率(为 50Hz)，对应的转速为 2800r/min。按下停车按钮，电动机停止运行。

三、设备、工具和材料准备

(1) 工具。电工通用工具、镊子等。

(2) 仪表。MF47 型万用表、5050 型兆欧表。

(3) 器材。训练器材如表 9.37 所示。

表 9.37　训练器材

序　号	名　称	型号与规格	单　位	数　量	备　注
1	三相四线电源	~3×380/220V，20A	处	1	
2	单相交流电源	~220V 和 36V，5A	处	1	
3	变频器	西门子 MM440 或自定	台	1	
4	可编程控制器	S7-224 或自定	台	1	
5	配线板	500mm×600mm×20mm	块	1	
6	空气断路器	DZ47-C20	个	1	
7	导轨	C45	米	0.4	
8	熔断器及熔芯配套	RL1-60/20	套	3	
9	熔断器及熔芯配套	RL1-15/4	套	2	
10	三联按钮	LA10-3H 或 LA4-3H	个	2	
11	电位器	47kΩ，2W	个	1	
12	接线端子排	JX2-1015，500V、10A、15 节或配套自定	条	1	
13	木螺钉	ϕ3×20mm；ϕ3×15mm	个	40	
14	平垫圈	ϕ4mm	个	40	
15	塑料软铜线	BVR-1.5mm^2，颜色自定	米	40	
16	塑料软铜线	BVR-0.75mm^2，颜色自定	米	10	
17	别径压端子	UT2.5-4，UT1-4	个	40	
18	行线槽	TC3025，两边打ϕ3.5mm 孔	条	5	
19	异型塑料管	ϕ3mm	米	0.2	

四、操作方法

1. S7-224 PLC 输入/输出分配表

变频器数字输入 DIN1、DIN2 端口通过 P0701、P0702 参数设为三段固定频率控制端，每一频段的频率可分别由 P1001、P1002 和 P1003 参数设置。变频器数字输入 DIN3 端口设为电动机运行、停止控制端，可由 P0703 参数设置，如表 9.38 所示。

表 9.38 S7-200 PLC 输入/输出的分配

电路符号	输入		输出	
	地址	功能	地址	功能
SB1	I0.1	启动按钮	Q0.1	DIN1
SB2	I0.2	停止按钮	Q0.2	DIN2
			Q0.3	DIN3

2. 绘制电路接线图

根据写出 PLC 的输入/输出分配表，绘制电路接线图，如图 9.30 所示。

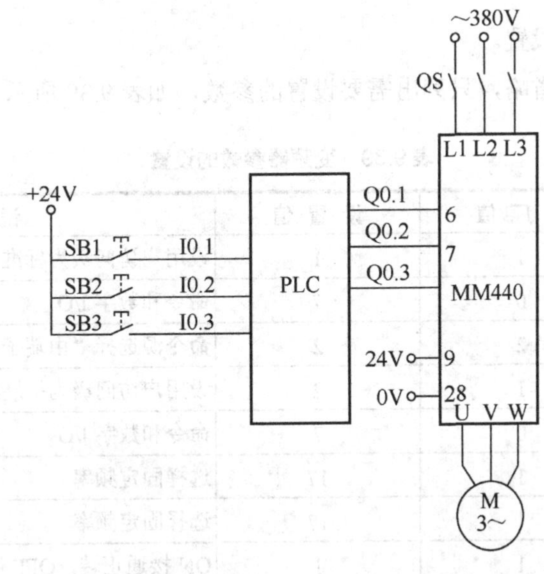

图 9.30 PLC 和 MM440 变频器联机三段速控制

3. PLC 程序设计及变频器参数设置

(1) PLC 程序的设计。

PLC 程序设计的编程输入步骤省略，只列出程序，如图 9.31 所示。

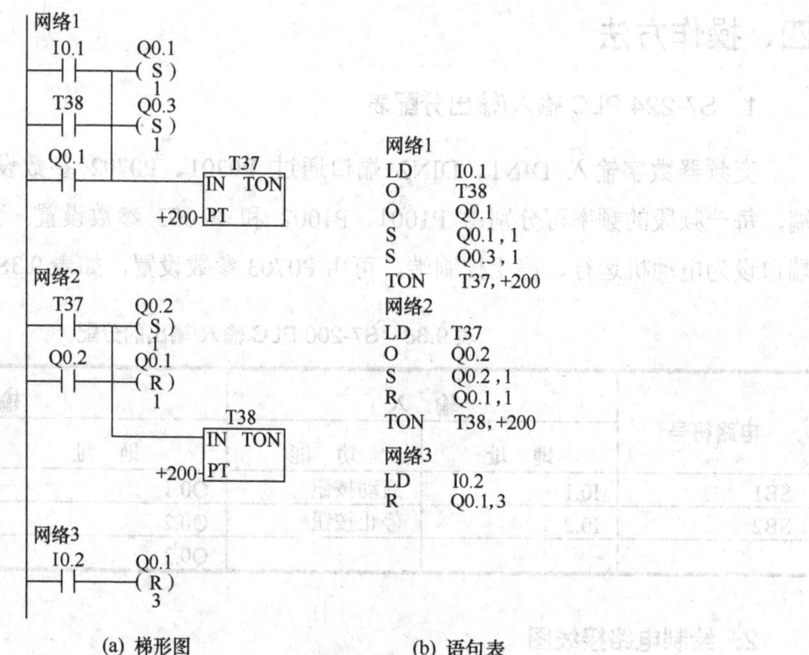

图 9.31 联机延时运行 PLC 程序

(2) 变频器参数的设置。

变频器的操作步骤省略，只列出需要设置的参数，如表 9.39 所示。

表 9.39 变频器参数的设置

参 数 号	出 厂 值	设 置 值	说 明
P0003	1	1	设用户访问级为标准级
P0004	0	7	命令和数字 I/O
P0700	2	2	命令源选择“由端子排输入”
P0003	1	2	设用户访问级为扩展级
P0004	0	7	命令和数字 I/O
P0701	1	17	选择固定频率
P0702	1	17	选择固定频率
P0703	1	1	ON 接通正转，OFF 停止
P0003	1	1	设用户访问级为标准级
P0004	0	10	设定值通道和斜坡函数发生器
P1000	2	3	选择固定频率设定值
P0003	1	2	设用户访问级为扩展级

续表

参 数 号	出 厂 值	设 置 值	说　明
P0004	0	10	设定值通道和斜坡函数发生器
P1001	0	10	设置固定频率 1(Hz)
P1002	5	-30	设置固定频率 2(Hz)
P1003	10	50	设置固定频率 3(Hz)

五、训练内容

联机控制实现电动机 10 段速频率运转。10 段速设置分别为：第 1 段的输出频率为 5Hz；第 2 段的输出频率为-10Hz；第 3 段的输出频率为 15Hz；第 4 段的输出频率为 5Hz；第 5 段的输出频率为-5Hz；第 6 段的输出频率为-10Hz；第 7 段的输出频率为 25Hz；第 8 段的输出频率为 40Hz；第 9 段的输出频率为 50Hz；第 10 段的输出频率为 30Hz。画出 PLC 和变频器联机接线图，写出 PLC 程序和变频器参数设置。

六、评分标准

评分标准如表 9.40 所示。

表 9.40　评分标准

序　号	主要内容	考核要求	评分标准	配　分	扣　分	得　分
1	电路设计	能根据项目要求设计电路	① 画图不符合标准，每处扣 3 分 ② 设计电路不正确，每处扣 5 分	20		
2	参数设置	能根据项目要求正确设计变频器参数	① 漏设置参数，每处扣 5 分 ② 参数设置错误，每处扣 5 分	30		
3	PLC 编程及调试	能正确编写 PLC 程序	① 梯形图程序编写错误，扣 5~15 分 ② 程序调试方法错误，每处扣 5 分	20		
4	综合调试	能正确、合理地根据接线和参数设置现场调试变频器的运行	① 不能正确操作变频器，扣 15 分 ② 不能正确调试，扣 15 分	30		
5	安全文明生产	保证人身和设备安全	违反安全文明生产规程，扣 5~20 分			
备注			合计			
			教师签字	年　　月　　日		

附 录 A

表 A.1 三菱 FR-E500 系列变频器的功能参数

功能	参数号	名称	设定范围	最小设定单位	出厂设定
基本功能	0	转矩提升	0~30%	0.1%	6%/4%
	1	上限频率	0~120Hz	0.01Hz	120Hz
	2	下限频率	0~120Hz	0.01Hz	0Hz
	3	基波频率	0~400Hz	0.01Hz	50Hz
	4	3 速设定(高速)	0~400Hz	0.01Hz	50Hz
	5	3 速设定(中速)	0~400Hz	0.01Hz	50Hz
	6	3 速设定(低速)	0~400Hz	0.01Hz	50Hz
	7	加速时间	(0~3600s)/(0~360s)	0.1s/0.01s	5s/101s
	8	减速时间	(0~3600s)/(0~360s)	0.1s/0.01s	5s/101s
	9	电子过电流保护	0~500A	0.01A	额定输出电流
标准运行功能	10	直流制动动作频率	0~120Hz	0.01Hz	3Hz
	11	直流制动动作时间	0~10s	0.1s	0.5s
	12	直流制动电压	0~30%	0.1%	6%
	13	启动频率	0~60Hz	0.01Hz	0.5Hz
	14	适用负荷选择	0~3	1	1
	15	点动频率	0~400Hz	0.01Hz	0.01Hz
	16	点动加减速时间	(0~3600s)/(0~360s)	0.1s/0.01s	0.5s
	18	高速上限频率	120~400Hz	0.01Hz	120Hz
	19	基波频率电压	0~1000V 8888，9999	0.01V	9999
	20	加减速基准频率	1~400Hz	0.01Hz	50Hz
	21	加减速时间单位	0.1	1	0
	22	失速防止动作水平	0~200%	0.1%	150%
	23	倍速时失速防止动作水平补正系数	0~200%，9999	0.1%	9999
	24	多段速度设定(速度 4)	0~400Hz，9999	0.01Hz	9999
	25	多段速度设定(速度 5)	0~400Hz，9999	0.01Hz	9999
	26	多段速度设定(速度 6)	0~400Hz，9999	0.01Hz	9999
	27	多段速度设定(速度 7)	0~400Hz，9999	0.01Hz	9999

续表

功能	参数号	名称	设定范围	最小设定单位	出厂设定
标准运行功能	29	加减速曲线	0，1，2	1	0
	30	再生功能选择	0，1	1	0
	31	频率跳变 1A	0~400Hz，9999	0.01Hz	9999
	32	频率跳变 1B	0~400Hz，9999	0.01Hz	9999
	33	频率跳变 2A	0~400Hz，9999	0.01Hz	9999
	34	频率跳变 2B	0~400Hz，9999	0.01Hz	9999
	35	频率跳变 3A	0~400Hz，9999	0.01Hz	9999
	36	频率跳变 3B	0~400Hz，9999	0.01Hz	9999
	37	旋转速度显示	0，0.01~9999	0.001r/min	0
	38	5V(10V)输入时频率	1~400Hz	0.01Hz	50Hz
	39	20mA 输入时频率	1~400Hz	0.01Hz	50Hz
输出端子功能	41	频率到达动作范围	0~100%	0.1%	10%
	42	输出频率检测	0~400Hz	0.01Hz	6Hz
	43	反转时输出频率检测	0~400Hz，9999	0.01Hz	9999
第二功能	44	第二加减速时间	(0~3600s)/(0~360s)	0.1s/0.01s	5s/10s
	45	第二减速时间	(0~3600s)/(0~360s) 9999	0.1s/0.01s	9999
	46	第二转矩提升	0~30%，9999	0.1%	9999
	47	第二 V/F (基波频率)	0~400Hz，9999	0.01Hz	9999
	48	第二电子过流保护	0~500A，9999	0.01A	9999
显示功能	52	操作面板/PU 主显示数据选择	0，23，100	1	0
	55	频率监视基准	0~400Hz	0.01Hz	50Hz
	56	电流监视基准	0~500A	0.01A	额定输出 电流
自动再起动功能	57	再启动惯性运行时间	0~5s，9999	0.1s	9999
	58	再启动上升时间	0~60s	0.1s	1.0s
附加功能	59	遥控设定功能选择	0，1，2	1	0
动作选择功能	60	最短加减速模式	0，1，2，11，12	1	0
	61	基准电流	0~500A，9999	0.01A	9999
	62	加速时电流基准值	0~200%，9999	1%	9999
	63	减速时电流基准值	0~200%，9999	1%	9999
	65	再试选择	0，1，2，3	1	0
	66	失速防止动作 降低开始频率	0~400Hz	0.01Hz	50Hz
	67	报警发生时 再试次数	0~10，101~360s	1	0

续表

功能	参数号	名称	设定范围	最小设定单位	出厂设定
动作选择功能	68	再试等待时间	0.1~360s	0.1s	1s
	69	再试次数显示的消除	0	1	0
	70	特殊再生制动使用率	0~30%	1%	0%
运行选择功能	71	适用电机	0，1，3，5，6，13，15，16，23，100，101，103，105，106，113，115，116，123	1	0
	72	PWM 频率选择	0~15	1	1
	73	0~5V/0~10V 选择	0，1	1	0
	74	输入滤波时间常数	0~8	1	1
	75	复位选择/PU 脱落检测/PU 停止选择	0~3，14~17	1	14
	77	参数写入禁止选择	0，1，2	1	0
	78	逆转防止选择	0，1，2	1	0
	79	操作模式选择	0~4，6~8	1	0
通用磁通矢量控制	80	电机容量	0.2~7.5kW，9999	0.01kW	9999
	82	电机励磁电流	0~500A，9999	0.01A	9999
	83	电机额定电压	0~1000V	0.1V	200V/400V
	84	电机额定频率	50~120Hz	0.01Hz	50Hz
	90	电机常数(R1)	0~50Ω，9999	0.001Ω	9999
	96	自动调整设定/状态	0，1	1	0
通信功能	117	站号	0~31	1	0
	118	通信速度	48，96，192	1	192
	119	停止位字长	0，1(数据长 8) 10，11(数据长 8)	1	1
	120	有无奇偶校验	0，1，2	1	2
	121	通信再试次数	0~10，9999	1	2
	122	通信校验时间间隔	0，0.1~999.8s，9999	0.1s	9999
	123	等待时间设定	0~150，9999	1	9999
	124	有无 CR，LF 选择	0，1，2	1	1
PID 控制	128	PID 动作选择	0，20，21	1	0
	129	PID 比例常数	0.1~1000%，9999	0.1%	100%
	130	PID 积分时间	0.1~3600s，9999	0.1s	1s
	131	上限	0~100%，9999	0.1%	9999
	132	下限	0~100%，9999	0.1%	9999
	133	PU 操作时的 PID 目标设定值	0~100%	0.01%	0%
	134	PID 微分时间	0.01~10.00s，9999	0.01s	9999
附加功能	145	选件(PR-PU04)用参数			
	146	厂家设定用参数，请不要设定			

续表

功能	参数号	名称	设定范围	最小设定单位	出厂设定
电流检测	150	输出电流检测水平	0~200%	0.1%	150%
	151	输出电流检测周期	0~10s	0.1s	0
	152	零电流检测水	0~200.0%	0.1%	5.0%
	153	零电流检测周期	0.05~1s	0.01s	0.5s
辅助功能	156	失速防止动作选择	0~31，100	1	0
	158	AM 端子功能选择	0，1，2	1	0
附加功能	160	用户参数组读选择			
	168	厂家设定用参数，请不要设定			
	169				
监视器初始化	171	实际运行计时器清零	0	—	0
用户功能	173	用户第一组参数注册	0~999	1	0
	174	用户第一组参数删除	0~999，9999	1	0
	175	用户第二组参数注册	0~999	1	0
	176	用户第二组参数删除	0~999，9999	1	0
端子安排功能	180	RL 端子功能选择	0~8，16，18	1	0
	181	RM 端子功能选择	0~8，16，18	1	1
	182	RH 端子功能选择	0~8，16，18	1	2
	183	端子功能选择	0~8，16，18	1	6
	190	RUN 端子功能选择	0~99		0
	191	FU 端子功能选择	0~99	1	4
	192	A，B，C 端子功能选择	0~99	1	99
多段速度运行	232	多段速度设定(速度 8)	0~400Hz，9999	0.01Hz	9999
	233	多段速度设定(速度 9)	0~400Hz，9999	0.01Hz	9999
	234	多段速度设定(速度 10)	0~400Hz，9999	0.01Hz	9999
	235	多段速度设定(速度 11)	0~400Hz，9999	0.01Hz	9999
	236	多段速度设定(速度 12)	0~400Hz，9999	0.01Hz	9999
	237	多段速度设定(速度 13)	0~400Hz，9999	0.01Hz	9999
	238	多段速度设定(速度 14)	0~400Hz，9999	0.01Hz	9999
	239	多段速度设定(速度 15)	0~400Hz，9999	0.01Hz	9999
子功能	240	Soft-PWM 设定	0，1	1	1
	244	冷却风扇动作选择	0，1	1	0
	245	电机额定滑差	0~50%，9999	0.01%	9999
	246	滑差补正响应时间	0.01~10s	0.01s	0.5s
	247	恒定输出领域滑差补正选择	0，9999	1	9999
停止选择	250	停止选择	0~100s 1000~1100 8888，9999	1	9999

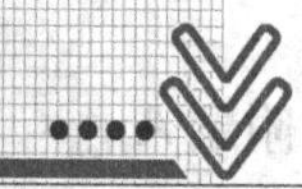

续表

功能	参数号	名称	设定范围		最小设定单位	出厂设定	
附加功能	251	输出欠相保护选择	0，1		1	1	
	342	E^2PROM 写入无效	0，1		1	1	
校准功能	901	AM 端子校准	—			—	
	902	频率设定电压偏置	0~10V	0~60Hz	0.01Hz	0V	0Hz
	903	频率设定电压增益	0~10V	0~400Hz	0.01Hz	5V	5Hz
	904	频率设定电流偏置	0~20mA	0~60Hz	0.01Hz	4mA	0Hz
	905	频率设定电流增益	0~20mA	1~400Hz	0.01Hz	20mA	50Hz
	990	选件(FR-PU04)用参数					
	991						

附 录 B

1. 森兰 SB60 系列变频器

森兰“全能王”SB60 系列变频器是一种通用数字变频调试器，它由高性能数字信号处理器(DSP)控制，功能齐全，操作方便。

(1) 森兰 SB60 系列变频器的基本配线如图 B.1 所示。

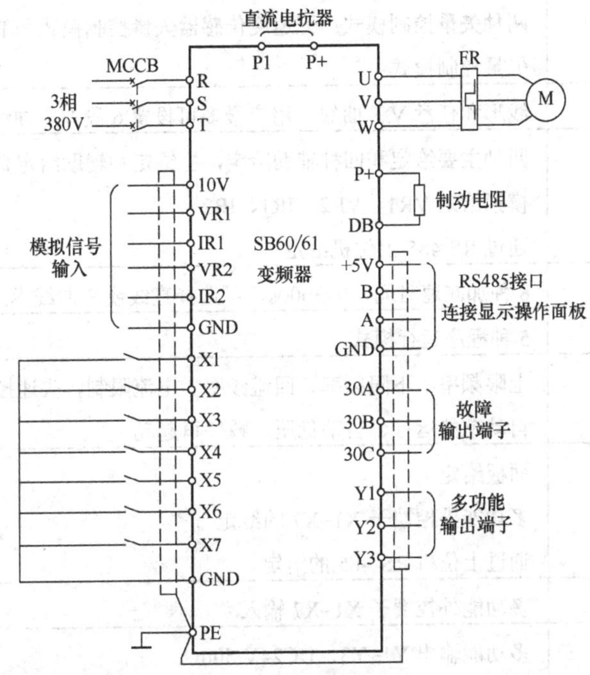

变频器出厂时 PI、P+之间接有断路片，在需要提高功率因数时，应去掉短路片，在 P1、P+之间接直流电抗器。R、S、T、U、V、W、P1、P+、DB、PE 为主回路端子；其余为控制回路端子

图 B.1　森兰 SB60 系列变频器的基本配线

(2) 森兰 SB60G 系列变频器的型号规格见表 B.1。

表 B.1　森兰 SB60G 系列变频器的型号规格

森兰 SB60G		0.75	1.5	2.2	4	5.5	7.5	11
电动机容量/kW		0.75	1.5	2.2	4	5.5	7.5	11
输出	额定容量/kVA	1.6	2.4	3.6	6.4	8.5	12	16
	额定电流/A	2.5	3.7	5.5	9.7	13	18	24

续表

输出	电压	0~380V，0~400Hz
	过载能力	150%，1mini
输入电流		三相 380V，50/60Hz

(3) 森兰 SB60G 系列变频器的公共规范见表 B.2。

表 B.2 森兰 SB60G 系列变频器的公共规范

控制	调整方式	磁场定向矢量控制 PWM
	控制模式	两种 V/F 控制模式：V/F 开环控制模式和 V/F 闭环控制模式 两种矢量控制模式：无速度传感器矢量控制模式和 PG 速度传感器矢量控制模式
	V/F 曲线比	线形和任意 V/F 曲线，用户最多可设置 6 段 V/F 曲线
	频率设定方式	四种主要给定和四种辅助给定，主给定和辅助给定叠加同时控制 模拟给定 VR1、VR2、IR1、IR2 通过 RS-485 上位机给定
	加减速控制	8 种加减速时间，0~3600s，可选择直线或 S 曲线模式
	程序运行模式	5 种程序运行模式
	附属功能	上限频率、下限频率、回避频率、电流限制、失速控制、自动复位、自动节能运行、自动稳压、瞬停再起动
运行	运转命令给定	面板给定 多功能外控端子 X1~X7 的给定 通过上位机 RS-485 的给定
	输入信号	多功能外控端子 X1~X7 输入
	输出信号	多功能输出 Y1~Y3，DC24V/50mA 多功能继电器输出 30A、30B、30C、AC22V/1A
制动功能		外接制动电阻：SB60G 0.75~11kW　SB60P 1.5~15kW 外接制动单元和制动电阻：SB61G 15~315kW SB61P 18.5~315kW
保护功能		过流、断路、接地、过压、欠压、过载、过热、缺相、外部报警
	使用场所	室内，海拔 1000m 以下
	环境温度/湿度	-10~40℃/20~90%RH 不结露
	振动	$5.9m^2/s(0.6g)$以下
	保存温度	-20~60℃
冷却方式		强制冷风
防护等级		IP20

(4) 森兰 SB60/61 系列变频器的功能见表 B.3。

① 功能参数表“更改”一栏中，“○”表示该功能运行中可以更改；“×”表示该功能运行中不可以更改；“△”表示该功能停止、运行中都不可以更改。

② 功能参数表的“出厂值”一栏中，“*”表示该功能不受数据锁定控制。

③ 功能参数的修改。森兰 SB60 系列变频器共有 240 多个功能，它们分为 12 个相关的功能组，用户可以在进入功能号显示后，用>>键切换选择修改功能组或功能号，用∧键或∨键选择需要的功能组或功能号，按 FUNC/DATA 键或功能/数据键进入数据显示页，用∧键或∨更改数据，再按 FUNC/DATA 键或功能/数据键保存。

表 B.3 森兰 SB60/61 系列变频器的功能参数

分类	代码	功能名称	设定范围	更改	出厂值
基本功能	F000	频率给定	0.00~400.0Hz	○	50.00
	F001	频率给定模式	0．主、辅给定设定频率；1．主、辅给定和 X4、X5 设定频率，存储△F；2．主、辅给定和 X4、X5 设定频率，不存储△F；3．主、辅给定和 X4、X5 设定频率，停电或掉电时△F=0；4．上电时，频率由 F000 给定，不存储面板 UP/DOWN 键修改的频率，只能修改 F000 设定的频率；5．上位机设定频率	×	0
	F002	给定信号	0．F000；1．面板电位器；2．VR1；3．IR1	×	0
	F003	辅助给定信号	0．VR1；1．IR1；2．VR2；3．IR2	×	0
	F004	运转给定方式	1．面板控制；2．外控端子控制；3．上位机控制	×	0
	F005	STOP 键选择	0．停止无效，故障复位 1；1．停止无效，故障复位 2；2．停止有效，故障复位 1；3．停止有效，故障复位 2；4．急停有效，故障复位 1；5．急停有效，故障复位 2	×	0
	F006	自锁控制	0．FWD/REV 两线制；1．自由停车；2．自锁控制	×	0
	F007	电机停车方式	0．减速停车；1．自由停车；2．减速停车加制动	○	0
	F008	最高操作频率	50.00~400.0Hz	×	50.00
	F009	减速时间	1~3600s	○	20.0
	F010	减速时间	1~3600s	○	20.0
	F011	电子热保护	0．均不动作；1．电子热保护部动作，过载预报动作；2．均动作	○	0
	F012	电子热保护值	25~105%	○	100
	F013	电动机控制模式	0．V/F 开环控制模式；1．V/F 闭环控制模式；2．无速度传感器矢量控制模式；3．PG 速度传感器矢量控制模式	×	0

续表

分类	代码	功能名称	设定范围	更改	出厂值
V/F控制功能	F100	V/F 曲线模式	0．线性电压/频率；1．任意电压/频率	×	0
	F101	基本频率	10.00~400.0Hz	×	50.00
	F102	最大输出电压	220~380V	×	380
	F103	转矩提升	0~50	×	10
	F104	VF1 频率	0.00，5.00~400.0Hz	×	8.00
	F105	VF1 电压	0~380V	×	9
	F106	VF2 频率	0.00，5.00~400.0Hz	×	16.00
	F107	VF2 电压	0~380V	×	37
	F108	VF3 频率	0.00，5.00~400.0Hz	×	24.00
	F109	VF3 电压	0~380V	×	84
	F110	VF4 频率	0.00，5.00~400.0Hz	×	32.00
	F111	VF4 电压	0~380V	×	151
	F112	VF5 频率	0.00，5.00~400.0Hz	×	40.00
	F113	VF5 电压	0~380V	×	246
	F114	转差补偿	0.00~10.0Hz	○	0.00
	F115	自动节能模式	0．禁止自动节能模式；1．允许自动节能模式	×	0
	F116	瞬停再起动	0．电恢复时再起的不动作； 1．频率从零起动； 2．转速跟踪起动	×	0
	F117	复电跟踪时间	0.3~5.0s	×	0.5
	F118	过压防失速	0．防过压失速及放电均无效；1．过压防失速有效，放电无效；2．过压防失速及放电均有效；3．过压防失速无效，放电有效	×	1
	F119	防过流失速	0．防过流失速无效；1．防过流失速有效	×	1
	F120	过流失速值	G：20~150　P：20~120	×	110
	F121	速度 PID 比例增益	0.0~1000	×	1.0
	F122	速度 PID 积分时间	0.1~100.0s	×	0.1
	F123	速度 PID 微分时间	0.0~10.00s	×	0.1
	F124	速度 PID 微分增益	0.0~50.0	×	5.0
	F125	速度 PID 低通滤波器	0.00~10.00s	×	0.01
矢量控制	F200	电机参数测试	0．电机参数手动测试；1．电机参数自动测试	×	0
	F201	电机额定频率	20.00~400.0Hz	×	50.00
	F202	电机额定转速	50.0~2400.0(×10)	×	144.0
	F203	电机额定电压	220~380V	×	380
	F204	电机额定电流		×	Ie

续表

分类	代码	功能名称	设定范围	更改	出厂值
矢量控制	F205	电机空载电流		×	In
	F206	电机常数 R	1~5000	×	2000
	F207	电机常数 X	1~5000	×	1000
	F208	驱动转矩	G：20~200 P：20~150	○	100
	F209	制动转矩	G：0~150 P：0~120	○	100
	F210	ASR 比例系数	0.00~2.00	×	1.00
	F211	ASR 积分系数	0.00~2.00	×	1.00
模拟给定	F300	主给定为 0 时的模拟量	0.00~10.00	×	0.00
	F301	主给定为 100%的模拟量	0.00~10.00	×	10.00
	F302	主给定为0时的频率	0.00~400Hz	×	0.00
	F303	辅助给定为负最大时的模拟量	0.00~10.00	×	0.00
	F304	辅助给定为正最大时的模拟量	0.00~10.00	×	10.00
	F305	辅助给定为 0 时的模拟量	0.00~10.00	×	5.00
	F306	辅助给定增益	0.00~10.00	×	0.00
	F307	辅助给定频率极性	0．正极性；1．负极性	×	0
	F308	VR1 滤波时间常数	0.00~10.0s	○	1.0
	F309	VR2 滤波时间常数	0.00~10.0s	○	1.0
	F310	IR1 滤波时间常数	0.00~10.0s	○	1.0
	F311	IR2 滤波时间常数	0.00~10.0s	○	1.0
辅助功能	F400	数据锁定	0．禁止数据锁定；1．允许数据锁定	○	0*
	F401	数据初始化	0．禁止数据初始化；1．允许数据初始化	○	0*
	F402	转向锁定	0．正反转均可；1．正转有效；2．反转有效	×	0
	F403	直流制动起始频率	0.00~60.00Hz	○	5.00
	F404	直流制动量	0~100	○	25
	F405	直流制动时间	1.0~20.0s	○	5.0
	F406	制动电阻过热	0．无效；1．提醒制动电阻过热	○	0
	F407	载波频率设定	G：0~7 P：0~5	×	0
	F408	自动复位	0~7	○	0

续表

分类	代码	功能名称	设定范围	更改	出厂值
辅助功能	F409	自动复位时间	0~20.0s	○	5.0
	F410	欠电压保护值	350~450V	○	400
	F411	缺相保护	0．禁止缺相保护；1．容许缺相保护	×	1
	F412	自动稳压(AVR)	0．禁止自动稳压(AVR)； 1．容许自动稳压(AVR)	×	1
	F413	加减速选择	0．直线加速；1．S 曲线加速	×	0
	F414	S 曲线选择	0~4	×	0
	F415	冷却风机控制	0．自动运转；1．一直运转	○	0
	F416	编码器输入相数	0．单相；1．双相	×	1
	F417	编码器脉冲数	1~4096	×	1024
端子功能	F500	X1 功能选择	0．多段频率端子 1(PID 给定值 1)；1．多段频率端子 2(PID 给定值 2)；2．多段频率端子 3；3．多段频率端子 4；4．加速时间 1；5．加速时间 2；6．加速时间 3；7．外部故障常开输入；8．外部故障常闭输入；9．外部复位输入；10．外部点动输入；11．程序运行优先输入；12．程序运行暂停输入；13．反转输入；14．正转输入；15．三线制运转输入 EF；16．X1：面板与外控切换；X2：IR1/VR1 切换；X3：X4/X5 清零；X4：频率加；X5：频率减；X6：测速输入 SM1；X7：测速输入 SM2	×	13
	F501	X2 功能选择		×	14
	F502	X3 功能选择		×	0
	F503	X4 功能选择		×	1
	F504	X5 功能选择		×	4
	F505	X6 功能选择		×	5
	F506	X7 功能选择		×	7
	F507	继电器输出端	0．运行中；1．停止中；2．频率到达；3．任意频率到达；4．过载报警；5．外部报警；6．面板操作；7．欠电压停止中；8．程序运转中；9．程序运转完成；10．程序运转暂停；11．程序阶段运转完成；12．反馈过高输出；13．反馈过低输出；14．故障报警输出；15．继电器：外部制动接通。Y1：输出频率模拟输出；Y2：输出频率模拟输出；Y3：PO；16．Y1：输出电流模拟输出；Y2：输出电流模拟输出；Y3：频率减输出；17．Y1：给定值模拟输出；Y2：给定值模拟输出；18．Y2：频率加输出	×	14
	F508	Y1 输出端		×	0
	F509	Y2 输出端		×	1
	F510	Y3 输出端		×	2
	F511	电气机械制动选择	0．禁止电气机械制动； 1．容许电气机械制动	×	0

续表

分类	代码	功能名称	设定范围	更改	出厂值
端子功能	F512	外部抱闸投入延时	0.0~20.0s	×	1.0
	F513	输入脉冲频率	0.01~10.00Hz	×	0.01
	F514	输入输出脉冲倍率	0.01~10.00	×	1.00
	F515	Y1 增益	50~200	○	100
	F516	Y2 增益	50~200	○	100
	F517	P0 脉冲倍率	1~100	○	10
	F518	Y1 偏置	0~100	○	0
	F519	Y2 偏置	0~100	○	0
辅助频率功能	F600	起动频率	0.01~50.00Hz	○	1.00
	F601	起动频率持续时间	0.0~20s	○	0.5
	F602	停止频率	0.01~50.00Hz	○	2.00
	F603	正反转死区时间	0.0~3000s	○	0.0
	F604	点动频率	0.01~400.0Hz	○	5.00
	F605	点动加速时间	0.1~600.0s	○	0.5
	F606	点动减速时间	0.1~600.0s	○	0.5
	F607	上限频率	0.50~400.0Hz	○	50.00
	F608	下限频率	0.10~400.0Hz	○	0.50
	F609	回避频率 1	0.00~400.0Hz	○	0.00
	F610	回避频率 2	0.00~400.0Hz	○	0.00
	F611	回避频率 3	0.00~400.0Hz	○	0.00
	F612	回避频率宽度	0.00~10.00Hz	○	0.50
	F613	频率到达宽度	0.00~10.00Hz	○	1.00
	F614	任意检出频率	0.00~10.00Hz	○	40.00
	F615	任意检出频率宽度	0.00~10.00Hz	○	1.00
	F616	多段频率 1	0.00~400Hz	○	2.00
	F617	多段频率 2	0.00~400Hz	○	5.00
	F618	多段频率 3	0.00~400Hz	○	8.00
	F619	多段频率 4	0.00~400Hz	○	10.00
	F620	多段频率 5	0.00~400Hz	○	14.00
	F621	多段频率 6	0.00~400Hz	○	18.00
	F622	多段频率 7	0.00~400Hz	○	20.00

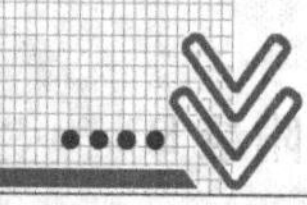

续表

分类	代码	功能名称	设定范围	更改	出厂值
辅助频率功能	F623	多段频率 8	0.00~400Hz	○	25.00
	F624	多段频率 9	0.00~400Hz	○	30.00
	F625	多段频率 10	0.00~400Hz	○	35.00
	F626	多段频率 11	0.00~400Hz	○	40.00
	F627	多段频率 12	0.00~400Hz	○	45.00
	F628	多段频率 13	0.00~400Hz	○	50.00
	F629	多段频率 14	0.00~400Hz	○	55.00
	F630	多段频率 15	0.00~400Hz	○	60.00
	F631	加速时间 2	0.1~3600s	○	20.0
	F632	减速时间 2	0.1~3600s	○	20.0
	F633	加速时间 3	0.1~3600s	○	20.0
	F634	减速时间 3	0.1~3600s	○	20.0
	F635	加速时间 4	0.1~3600s	○	20.0
	F636	减速时间 4	0.1~3600s	○	20.0
	F637	加速时间 5	0.1~3600s	○	20.0
	F638	减速时间 5	0.1~3600s	○	20.0
	F639	加速时间 6	0.1~3600s	○	20.0
	F640	减速时间 6	0.1~3600s	○	20.0
	F641	加速时间 7	0.1~3600s	○	20.0
	F642	减速时间 7	0.1~3600s	○	20.0
	F643	加速时间 8	0.1~3600s	○	20.0
	F644	减速时间 8	0.1~3600s	○	20.0
简易 PLC 功能	F700	程序运行	0．程序运行取消；1．程序运行 N 周期后停止；2．程序运行 N 周期以后以 15 段频率运行；3．程序运行循环运转；4．程序运行优先指令有效；5．扰动运行	×	0
	F701	程序运行时间单位	0．1s；1．1min	×	0
	F702	程序运行循环次数	1~1000	○	1
	F703	程序运行时间 1	0.0~3600s	○	1.0
	F704	运行方向及加减速 1	01~18	○	01
	F705	程序运行时间 2	0.0~3600s	○	1.0
	F706	运行方向及加减速 2	01~18	○	11
	F707	程序运行时间 3	0.0~3600s	○	2.0
	F708	运行方向及加减速 3	01~18	○	02
	F709	程序运行时间 4	0.0~3600s	○	2.0

续表

分类	代码	功能名称	设定范围	更改	出厂值
简易PLC功能	F710	运行方向及加减速 4	01~18	○	12
	F711	程序运行时间 5	0.0~3600s	○	3.0
	F712	运行方向及加减速 5	01~18	○	03
	F713	程序运行时间 6	0.0~3600s	○	3.0
	F714	运行方向及加减速 6	01~18	○	13
	F715	程序运行时间 7	0.0~3600s	○	4.0
	F716	运行方向及加减速 7	01~18	○	04
	F717	程序运行时间 8	0.0~3600s	○	4.0
	F718	运行方向及加减速 8	01~18	○	14
	F719	程序运行时间 9	0.0~3600s	○	5.0
	F720	运行方向及加减速 9	01~18	○	05
	F721	程序运行时间 10	0.0~3600s	○	5.0
	F722	运行方向及加减速 10	01~18	○	15
	F723	程序运行时间 11	0.0~3600s	○	6.0
	F724	运行方向及加减速 11	01~18	○	06
	F725	程序运行时间 12	0.0~3600s	○	6.0
	F726	运行方向及加减速 12	01~18	○	16
	F727	程序运行时间 13	0.0~3600s	○	7.0
	F728	运行方向及加减速 13	01~18	○	07
	F729	程序运行时间 14	0.0~3600s	○	7.0
	F730	运行方向及加减速 14	01~18	○	17
	F731	程序运行时间 15	0.0~3600s	○	8.0
	F732	运行方向及加减速 15	01~18	○	08
过程PID	F800	过程 PID 控制	0．禁止过程 PID 控制； 1．允许过程 PID 控制	×	0
	F801	设定值 1	0.0~100	○	50.0*
	F802	设定值 2	0.0~100	○	50.0*
	F803	设定值 3	0.0~100	○	50.0*
	F804	设定值 4	0.0~100	○	50.0*
	F805	反馈信号选择	0．反馈通道 1+反馈通道 2； 1．反馈通道 1-反馈通道 2	×	0
	F806	反馈通道 1 选择	0．VR2；1．IR2	×	0
	F807	反馈通道 2 选择	0．VR1；1．IR1；2．VR2；3．IR2	×	0

续表

分类	代码	功能名称	设定范围	更改	出厂值
简易PLC功能	F808	反馈通道 1 零点	0.0~10.00	×	0.00
	F809	反馈通道 1 极性	0．正极性；1．负极性	×	0
	F810	反馈通道 1 增益	0.00~10.00	×	1.00
	F811	反馈通道 2 零点	0.00~10.00	×	0.00
	F812	反馈通道 2 极性	0．正极性；1．负极性	×	0
	F813	反馈通道 2 增益	0.00~10.00	×	0.00
	F814	比例常数	0.0~1000.0	○	1.0
	F815	积分时间	0.1~100.0s	○	1.0
	F816	微分时间	0.0~10.0s	○	0.5
	F817	微分增益	5.0~50.0	○	10.0
	F818	采样周期	0.01~10.00s	○	0.05
	F819	PID 低通滤波器	0.00~2.00	○	0.10
	F820	偏差范围	0.1~20.0	○	0.5
	F821	PID 关断频率	0．正常运行； 1．当等于或小于下限频率时停机	○	1
	F822	反馈过高报警	100~150	○	120
	F823	反馈过低报警	10~120	○	80
	F824	电机台数	0．一拖一模式；1．一拖二模式；2．一拖三模式；3．一拖二加启动器模式；4．一拖三加启动器模式；5．一拖四加启动器模式	×	0
	F825	换机延时时间	0.0~600.0s	○	30.0
	F826	切换互锁时间	0.1~20.0s	×	0.5
	F827	定时换机时间	0~1000h	○	120
	F828	休眠电机设定	0．禁止休眠电机；1．允许休眠电机	×	0
	F829	休眠频率	20.00~50.00Hz	○	40.00
	F830	休眠时间	60.0~5400.0s	○	1800
	F831	休眠设定值	0.0~100.0	○	40.0
	F832	休眠偏差	10~50	○	50
通信参数	F900	上位机选择	0．监视参数；1．设定和监视参数	○	0
	F901	本机地址	0，1，2~32	×	2
	F902	波特率选择	0．1200；1．2400；2．4800； 3．9600；4．19200	×	3
	F903	数据格式	0．1, 8, 1, N；1．1, 8, 1, O；2．1, 8, 1, E	×	0
显示功能	FA00	LED 显示	0~5	○	0*
	FA01	速度显示系数	0.01~10.00	○	1.00
	FA02	变频器输出功率		△	Pe
	FA03	模块温度	0~100℃	△	50
	FA04	电度表值	0~6553.5kWH	△	0.0*
	FA05	累计运转时间	0~6553.5h	△	0.0*
	FA06	电度表清零	0．禁止电度表清零；1．允许电度表清零	○	0

续表

分类	代码	功能名称	设定范围	更改	出厂值
显示功能	FA07	累计运转时间清零	0．禁止电度表清零；1．允许电度表清零	△	0
	FA08	故障记录 1		△	corr
	FA09	故障记录 2		△	corr
	FA10	故障记录 3		△	corr
	FA11	最近一次的故障时的 U		△	0
	FA12	最近一次的故障时的 I		△	0.0
	FA13	最近一次的故障时的 F		△	0.00
	FA14	最近一次的故障时的 T		△	0
	FA15	故障记录清除	0．禁止故障存储清除； 1．允许故障存储清除	○	0
厂家保留	FB00	用户密码	0~9999	○	0*
	FB01	厂家密码		○	Ma*
	FC00			△	50.00
	FC01			△	0.00
	FC02			△	0.0
	FC03			△	0
	FC04			△	1500
	FC05			△	0
	FC06			△	50
	FC07			△	0
	FC08			△	0
	FC09			△	50.0
	FC10			△	0.0
	FC11			△	537

附　录　C

1. 西门子 MMV 变频器参数表

参　数	功　能	参数范围	说　明
P000	运行显示		
P001	显示选择	0~9	=0　输出频率 =2　电机电流 =5　电机转速 =8　输出电压
P002	加速时间	0~650.0 秒	
P003	减速时间	0~650.0 秒	
P004	平滑	0~40.0 秒	
P005	数字量频率设定	0~650.00Hz	
P006	频率设定方式选择	0~3	=0　数字式电位计 =1　模拟式输入 =2　固定频率(多段速) =3　附加数字给定
P007	面板操作	0~1	=0　端口操作 =1　面板操作
P009	参数保护设置	0~3	=0　P001~P009 可读写 =1　P001~P009 可读写，其余参数可读 =2　所有参数可读写，断电 P009 复位为 0 =3　所有参数可读写
P010	显示量标称	0~500	显示量比例系数
P011	频率设定值存储	0~1	=0　禁止使用 =1　关断后有效
P012	最小电机频率	0~650.00Hz	
P013	最大电机频率	0~650.00Hz	
P014	跳转频率 1	0~650.00Hz	
P015	断电后自动再起动	0~1	=0　无效 =1　自动再起动
P016	捕捉再起动	0~4	=0　正常再起动 =1　上电捕捉再起动 =2　总具有捕捉起动功能

续表

参 数	功 能	参数范围	说 明
P017	平滑类型	1~2	=1 连续平滑 =2 不连续平滑
P018	故障后自动再起动	0~1	=0 无效 =1 一次故障后再起动五次
P019	跳转频率幅值	0.00~10.00Hz	
P021	最小模拟量频率	0~650.00Hz	
P022	最大模拟量频率	0~650.00Hz	
P023	模拟量输入 1 类型	0~3	=0 0~10V 0~20mA 单极输入 =1 2~10V 4~20mA 单极输入 =2 2~10V 4~20mA 单极输入，带起动停止功能 =3 -10V~+10V 双极输入
P024	模拟量设定值叠加	0~2	=0 不叠加于 P006 设定的频率值 =1 将模拟量输入 1 叠加到 P006 设定的频率值 =2 由模拟量输入 1 在 0~100%范围标称数字量/固定频率设定值(P006)
P025	模拟量输出 1	0~105	
P026	模拟量输出 2	0~105	
P027	跳转频率 2	0~650.00Hz	
P028	跳转频率 3	0~650.00Hz	
P029	跳转频率 4	0~650.00Hz	
P031	向右点动频率	0~650.00Hz	
P032	向左点动频率	0~650.00Hz	
P033	点动加速时间	0~650.00Hz	
P034	点动减速时间	0~650.00Hz	
P041	第一固定频率	0~650.00Hz	
P042	第二固定频率	0~650.00Hz	
P043	第三固定频率	0~650.00Hz	
P044	第四固定频率	0~650.00Hz	
P045	第一到第四固定频率转向	0~7	
P046	第五固定频率	0~650.00Hz	
P047	第六固定频率	0~650.00Hz	
P048	第七固定频率	0~650.00Hz	
P049	第八固定频率	0~650.00Hz	

续表

参　数	功　能	参数范围	说　明
P050	第五到第八固定频率转向	0~7	
P051	端子 5 控制功能	0~24	=0　禁止输入 =1　运行，向右转 =2　运行，向左转 =3　反转 =7　向右点动 =8　向左点动 =17　二进制固定频率控制
P052	端子 6 控制功能	0~24	
P053	端子 7 控制功能	0~24	
P054	端子 8 控制功能	0~24	
P055	端子 16 控制功能	0~24	
P356	端子 17 控制功能	0~24	
P056	数字量输入颤动时间	0~2	=0　12.5ms =1　7.5ms =2　2.5ms
P057	数字量输入 Watchdog 触发周期	0~650.00 秒	
P061	继电器输出 RL1 功能选择	0~13	=0　无功能 =1　变频器在运行 =2　变频器频率为 0.0Hz =3　电机向右旋转 =6　故障指示 =10　电机电流极限值报警 =11　电机过热报警
P062	继电器输出 RL2 功能选择	0~13	
P063	外部制动故障延迟	0~20.00 秒	
P064	外部制动抱闸时间	0~20.00 秒	
P065	继电器门槛电流	0~300.0A	
P066	混合制动	0~250	=0　关断 =1~250　定义叠加于交流中的直流量比例
P070	制动电阻负荷周期	0~4	=0　5% =1　10% =2　20% =3　50% =4　100%
P071	滑差补偿(%)	0~200	
P072	滑差限幅(%)	0~500	
P073	直流注入制动(%)	0~250	
P074	电机降额曲线	0~7	

续表

参　数	功　能	参数范围	说　明
P075	制动单元使能	0~1	=0　没有接外部制动电阻 =1　接有外部制动电阻
P076	脉冲频率	0~7	
P077	控制方式	0~3	=0　线性电压/频率方式 =1　磁通电流控制 =2　平方电压/频率关系 =3　矢量控制
P078	连续提升(%)	0~250	
P079	起动提升(%)	0~250	
P080	电机额定功率因数	0.000~1.0	
P081	电机额定频率	0~650.00	
P082	电机额定转速	0~65535	
P083	电机额定电流	0.1~99.9	
P084	电机额定电压	0~1000	
P085	电机额定功率	0~100.0	
P086	电机电流限幅(%)	0~250	
P087	电机 PTC 使能	0~1	=0 禁止 =1 外部 PTC 使能
P088	自动测定	0~1	
P089	定子电阻	0.01~99.99	
P091	串口连接从站地址	0~30	
P092	串口连接波特率	3~7	=3　1200 波特 =4　2400 波特 =5　4800 波特 =6　9600 波特 =7　19200 波特
P093	串口通信超时时间	0~240	
P094	串行额定系统设定值	0~650.00	
P095	USS 的兼容性	0~2	=0　0.1Hz 分辨率兼容 =1　0.01Hz 分辨率有效
P099	选件模块类型	0~1	=0　没有选件模块 =1　PROFIBUS 模块
P101	欧洲或美国标准	0~1	=0　欧洲 =1　美国
P111	变频器额定功率	0.12~75.00	
P112	变频器类型	1~8	

续表

参 数	功 能	参数范围	说 明
P113	变频器型号	0~29	
P121	允许/禁止 RUN 键	0~1	=0 运行键禁止 =1 运行键允许
P122	允许/禁止正反转键	0~1	=0 正反向键禁止 =1 正反向键允许
P123	允许/禁止 JOG 键	0~1	=0 点动键禁止 =1 点动键允许
P124	允许/禁止△、▽	0~1	=0 △、▽键禁止 =1 △、▽键允许
P125	反向禁止	0~1	=0 反向禁止 =1 正常运行
P128	风机关断时间	0~600	
P131	频率设定值(Hz)	0.00~650.00	该参数为只读参数
P132	电机电流(A)	0.0~99.9	该参数为只读参数
P133	电机转矩(%额定转矩)	0~250	该参数为只读参数
P134	DC 直流电压(V)	0~1000	该参数为只读参数
P135	电机转速(RPM)	0~9999	该参数为只读参数
P137	输出电压(V)	0~1000	该参数为只读参数
P138	转子/轴瞬时频率(Hz)	0~650	该参数为只读参数
P140	最后故障码	0~255	
P141	最后故障码-1	0~255	
P142	最后故障码-2	0~255	
P143	最后故障码-3	0~255	
P186	电机瞬时电流限幅(%)	0~500	
P201	PID 闭环模式	0~1	=0 正常运行 =1 闭环过程控制，使用模拟量输入 2 作为反馈信号
P202	P 增益	0.0~999.9	
P203	I 增益	0.0~999.9	
P204	D 增益	0.0~999.9	
P205	采样周期(×25ms)	1~2400	
P206	传感器信号滤波	0~255	
P207	积分范围(%)	0~100	

续表

参　数	功　能	参数范围	说　明
P208	传感器类型	0~1	=0　当电机转速提高时，引起传感器输出电压/电流增加 =1　当电机转速提高时，引起传感器输出电压/电流降低
P210	传感器信号读值(%)	0.0~100.00	
P211	0%设定值	0.0~100.00	
P212	100%设定值	0.0~100.00	
P220	PID 频率关断	0~1	=0　正常操作 =1　在最小频率时或低于最小频率时关断变频器
P321	模拟量输入 2 的最小频率(Hz)	0~650.00	
P322	模拟量输入 2 的最大频率(Hz)	0~650.00	
P323	模拟量输入 2 的类型	0~2	=0　0~10V　0~20mA 单极输入 =1　2~10V　4~20mA 单极输入 =2　2~10V　4~20mA 单极输入，带起动停止功能
P386	免测速机方式速度环增益	0.0~20.0	
P700			专用于 PROFIBUS-DP
P701			专用于 PROFIBUS-DP
P702			专用于 PROFIBUS-DP
P720	直接输入/输出功能	0~7	通过串行接口允许直接控制继电器输出和模拟量输出： =0　正常运行 =1　直接控制继电器 1 =2　直接控制继电器 2 =3　直接控制继电器 1 和 2 =4　仅用于直接控制模拟量输出 1 =5　直接控制模拟量输出 1 和继电器 1 =6　直接控制模拟量输出 1 和继电器 2 =7　直接控制模拟量输出 1、继电器 1 和 2
P721	模拟量输入 1 电压(V)	0.00~10.0	
P722	模拟量输入 1 电流(A)	0.00~20.0	
P723	数字量输入状态	0~3	

续表

参　数	功　能	参数范围	说　明
P724	继电器输出控制	0~3	=0　两个继电器断开 =1　继电器 1 合 =2　继电器 2 合 =3　两个继电器合
P725	模拟量输入 2 电压(V)	0.00~10.0	
P726	模拟量输入 2 电流(A)	0.00~20.0	
P880			专用于 PROFIBUS-DP
P910	本机/远程模式	0~4	=0　本机控制 =1　远程控制(设定参数值) =2　本机控制(但频率通过远程控制) =3　远程控制(但频率通过本机控制) =4　本机控制(但通过远程读写参数和复位故障)
P918			专用于 PROFIBUS-DP
P922	软件版本	0.00~99.99	
P923	设备系统号	0~255	
P927			专用于 PROFIBUS-DP
P928			专用于 PROFIBUS-DP
P930	最后故障码	0~9999	只读参数
P931	最后报警类型	0~99	只读参数
P944	复位到出厂设置	0~1	=0　无效 =1　复位到出厂设置
P947			专用于 PROFIBUS-DP
P958			专用于 PROFIBUS-DP
P967			专用于 PROFIBUS-DP
P968			专用于 PROFIBUS-DP
P970			专用于 PROFIBUS-DP
P971	EEPROM 存储控制	0~2	=0　当断电后，参数的改变不存储(包括 P971) =1　当断电后，参数的改变存储 =2　当断电后，参数的改变不存储

2. 西门子 MMV 变频器的故障码

故障码	原　因	排除方法
F001	过电压	1. 检查电源电压是否在铭牌显示的额定值以内 2. 增加加速时间(P002)或使用制动电阻 3. 检查是否所需的制动功率在规定的限值以内
F002	过电流	1. 检查电动机功率与变频器功率是否相匹配 2. 确认电缆长度限值没有被超过 3. 检查电机引线和电机是否出现短路和接地故障 4. 检查是否电机参数(P081~P086)与所使用的电机相对应 5. 检查定子电阻(P089) 6. 增加加速时间(P002) 7. 减小 P078 和 P079 中的提升设定值 8. 检查电机是否堵转或过载
F003	过载	1. 检查是否电机过载 2. 如果使用高转差率电机，需要增加最大电机频率
F004	电机过热 (用 PTC 监控)	1. 检查是否电机过载 2. 检查 PTC 的连接 3. 检查当 PTC 未连接时，P087 没有设置成 1
F005	变频器过热 (内部 PTC)	1. 检查环境温度是否太高 2. 检查进风口和出风口是否畅通 3. 检查变频器内部风扇是否工作
F006	输入缺相 (仅限于三相输入)	检查主电源，并做必要的修正
F008	USS 通信超时	1. 检查串行接口 2. 检查总线上主站的设定和参数 P091~P093 3. 检查是否超时时间设置太短(P093)
F010	初始化故障	1. 在断电前，检查全部参数的设定 2. 设置 P009 为 000
F011	内部接口故障	关断电源后重新上电
F012	外部故障跳闸	1. 数字量输入的跳闸信号(设置为外部停机输入)为低电平状态 2. 检查外部信号
F013	程序故障	关断电源后并新上电
F016	免测速机矢量控制方式不稳定	1. 再进行定子电阻测定(将 P088 设置为 1，然后 RUN) 2. 对免测速电机控制回路增益重新调整(P386)
F030	PROFIBUS 通信失败	检查接口的完整性
F032	PROFIBUS 与变频器通信失败	检查接口的完整性
F033	PROFIBUS 配置错误	检查 PROFIBUS 的配置

续表

故障码	原因	排除方法
F036	PROFIBUS 模块 Watchdog 触发	更换 PROFIBUS 模块
F057	触发延迟	P051~P055=20 或 P356=20 并且在 P057 设定时间内触发输入没有变成高电平状态
F074	通过 I^2t 计算显示的电机过热	1. 只有当 P074=4、5、6 或 7 时发生跳闸 2. 检查电机电流是否超过 P083 和 P086 的值
F106	参数故障 P006	将开关量输入设定成固定频率
F112	参数故障 P012/P013	设定参数 P012<P013
F151~F156	开关量输入参数故障	修改开关量输入 P051~P055 和 P356 的设定
F188	自动测定失败	1. 电机未与变频器连接，则连接电动机 2. 若故障仍未消除，设定 P089=0 并手动输入定子电阻值至 P089
F212	参数故障 P211/P212	设定参数 P211<P212
F231	输出电流测量值不平衡	检查电机接线及电机短路和接地是否有故障

注：一旦发生故障，变频器将自动关断，并在显示屏上提示故障码，最后发生的故障代码存储在参数 P930 中

3. 西门子 MMV 变频器的报警码

报警码	原因	排除方法
002	电流限幅值达到	1. 检查电机功率与变频器的功率是否匹配 2. 检查电机电缆的长度是否超过了限定值 3. 对电机和电机电缆进行短路和接地故障检查 4. 检查是否电机参数(P081~P086)与所使用的电机相对应 5. 检查定子电阻(P089) 6. 增大加速时间(P002) 7. 减少 P078 和 P079 的提升设定值 8. 检查电机是否堵转或过载
003	电压达到限幅值	
004	滑差达到限幅值	
005	变频器过热(散热片)	1. 检查环境温度是否太高 2. 检查进风口或出风口是否畅通 3. 检查变频器内部风扇是否工作
006	电机过热	1. 检查电机是否过载 2. 检查当没有装 PTC 时 P087 没被设成 1

续表

报 警 码	原 因	排除方法
010	用户供电电源-电流限幅	警告：变频器随时都有可能运行
018	处于故障后的自动启动状态(P018)	
075	制动电阻过热	

注：当出现报警时，变频器的显示单元会闪烁，最后出现的报警码存储在参数 P931 中

参 考 文 献

1. 王树．变频调速系统设计与应用[M]．北京：机械工业出版社，2005.
2. 冯垛生，张淼．变频器的应用与维修[M]．广州：华南理工大学出版社，2001.
3. 刘俊美．通用变频器应用技术[M]．福州：福建科技出版社，2004.
4. 杨公源．常用变频器应用实例[M]．北京：电子工业出版社，2006.
5. 李方圆．变频器自动化工程实践[M]．北京：电子工业出版社，2007.
6. 莫正康．电力电子应用技术[M]．北京：机械工业出版社，2000.
7. 王廷才．电力电子技术[M]．北京：机械工业出版社，2000.
8. 王廷才．变频器原理及应用[M]．北京：机械工业出版社，2008.
9. 李良仁．变频调速技术与应用．北京：电子工业出版社，2004.
10. 张燕宾．电动机变频调速图解[M]．北京：机械工业出版社，2003.
11. 黄俊，王兆安．电力电子变流技术[M]．北京：机械工业出版社，1993.
12. 王仁祥．通用变频器选型与维修技术[M]．北京：中国电力出版社，2004.
13. 张燕宾．SPWM 变频调速应用技术[M]．北京：机械工业出版社，2002.
14. 粟书贤．电力电子技术试验[M]．北京：机械工业出版社，2004.
15. 石秋洁．变频器应用基础[M]．北京：机械工业出版社，2002.
16. 杜金城．电气变频调速设计技术[M]．北京：中国电力出版社，2001.
17. 袁任光．交流变频调速器选用手册[M]．广州：广东科技出版社，2002.
18. 符磊．电工技术与电子技术基础[M]．北京：清华大学出版社，1997.
19. 王也仿．可编程控制器应用技术[M]．北京：机械工业出版社，2003.
20. 梁森，王侃夫，黄杭美．自动检测与转换技术[M]．北京：机械工业出版，2005.
21. 王元庆．新型传感器原理及应用[M]．北京：机械工业出版社，2002.
22. 森兰变频器使用手册.
23. 三菱 FR-E500 系列变频器使用手册.